全国机械行业职业教育优质规划教材
经全国机械职业教育教学指导委员会审定

机械创新设计

第3版

主　编　徐起贺
参　编　康玉辉　徐文博

机械工业出版社

为了培养应用型创新人才，本书系统地介绍了机械创新设计的基本知识和方法，力求理论联系实际，提高学生的创新设计能力。

全书共10章，主要内容有机械创新设计概论、创新设计的基本思维、创新设计的基本原理、创新设计的基本技法、机构的创新设计、机械系统方案设计的创新、机械结构的创新设计、机械产品反求设计与创新、TRIZ创新理论及应用，以及机械创新设计实例分析。本书以机械创新设计为主线，密切结合工程实际，通过大量的机械创新设计实例分析，将设计过程和创新思维有机结合，突出体现创新特征，通过对学生创新能力和工程应用能力的培养，提高学生创新意识和解决实际问题的能力，体现应用型教育的特点。

本书配有电子课件，凡使用本书作教材的教师均可登录机械工业出版社教育服务网（http://www.cmpedu.com）注册后免费下载，咨询电话：010-88379375。本书还配有二维码，扫码即可观看各种机构的动画，形象直观。

本书可作为高职高专院校及应用型本科机械类各专业的教材，也可作为教师、工程技术人员及科研人员的参考用书。

图书在版编目（CIP）数据

机械创新设计/徐起贺主编．—3版．—北京：机械工业出版社，2019.9（2024.8重印）

全国机械行业职业教育优质规划教材　经全国机械职业教育教学指导委员会审定

ISBN 978-7-111-63861-2

Ⅰ.①机…　Ⅱ.①徐…　Ⅲ.①机械设计-高等职业教育-教材　Ⅳ.①TH122

中国版本图书馆CIP数据核字（2019）第214532号

机械工业出版社（北京市百万庄大街22号　邮政编码100037）

策划编辑：王英杰　责任编辑：王英杰

责任校对：梁彤晖　封面设计：鞠　杨

责任印制：郜　敏

中煤（北京）印务有限公司印刷

2024年8月第3版第11次印刷

184mm×260mm・14.25印张・1插页・351千字

标准书号：ISBN 978-7-111-63861-2

定价：46.00元

电话服务	网络服务
客服电话：010-88361066	机　工　官　网：www.cmpbook.com
010-88379833	机　工　官　博：weibo.com/cmp1952
010-68326294	金　　书　　网：www.golden-book.com
封底无防伪标均为盗版	机工教育服务网：www.cmpedu.com

前　言

当今世界，科技发展日新月异，以信息技术和生物技术为代表的高新技术产业迅猛发展，科技与经济的结合日益紧密，知识对人类社会经济和生活的影响日趋明显，人类社会已经步入了以知识的生产、分配和使用为基础，以创造性的人力资源为依托，以高科技产业为支柱的知识经济时代。知识经济的社会是创新的社会，创新是知识经济的灵魂，更是一个国家国民经济可持续发展的基石。一个国家的创新能力，决定了它在国际竞争和世界格局中的地位，所以我国正在为建设创新型国家而努力。

为了适应21世纪高新技术发展的需要，必须更新教育观念，探索教育改革之路，而教育改革的重点是加强学生素质教育和创新能力的培养。创新是科学技术和经济发展的原动力，当今世界各国之间在政治、经济、军事和科学技术方面的激烈竞争，归根到底是综合国力的竞争，实质上就是科技创新能力和人才的竞争，而人才竞争的本质是人才创造力的竞争。在培养具有创新能力的跨世纪的高素质人才上，高等教育具有义不容辞的责任。因此，在深化教育体制改革，全面推进素质教育的今天，极有必要在高等院校中开设创新设计课程，以培养学生的创新意识，掌握创新设计的基本理论和方法。这也是体现理论与实践相结合，知识服务于经济建设的有效举措。

应用型职业教育以培养生产一线所需要的技术应用型、适应型人才为目标，注重培养学生应用、适应、技术创新等方面的能力，因此更应关注企业的技术创新活动，这对正确定位应用型职业教育的功能，规划应用型职业教育的人才培养模式，更好地为企业服务是十分必要的。因此，通过对机械创新设计课程的学习，使学生充分了解专业技术的发展现状，尤其对技术应用创新的典型案例及创新思路、方法有较全面的了解和较为深入的理解，启发学生的创新意识，激发学生的创新欲望；同时注重培养学生的独立思维能力、创新能力、团队协作能力、科技成果转化能力及分析解决问题的能力。

为了配合开设机械创新设计课程的需要，本书结合目前国内外技术创新领域的研究成果与发展方向，从创造学、设计方法学以及各种创新理论出发，介绍了创新思维、创新原理和创新技法，以及机械产品设计中的机构设计、结构设计、方案设计、反求设计的各种创新原理与方法；此外还对TRIZ发明问题解决理论做了简要介绍；最后在机械创新设计实例分析部分，引入了全国机械创新设计大赛中的优秀作品，进一步说明创新设计的过程及各种创新技法的运用。在讲述过程中密切联系工程实际，引入大量创新实例，循序渐进，深入浅出，图文并茂，通俗易懂，突出体现创新思维特征，注重培养学生创新意识和能力，提高学生从事创新活动的兴趣和自信，为学生将来在工作实践中开展技术创新打下良好的基础。希望读者能从机械科学发展史上众多的创新实例中看到前人智慧的火花，用这些火花来点燃头脑中创造的欲望。如果在学完本书后，能发现并解决生产、生活中的一些问题，有所创意、创新、发现和发明，享受到创新活动带来的快乐，作者将感到无限欣慰。

参加本书编写的人员有：河南工学院徐文博（编写第七章），河南工学院康玉辉（编写第八章），河南工学院徐起贺（编写本书其他章节）。本书由徐起贺担任主编并负责统稿工作。

本书由郑州大学秦东晨教授审阅，他对本书的编写提出了许多宝贵的意见和建议，对提高本书的编写水平和质量给予了很大的帮助。本书的编写还得到了各兄弟院校有关领导和教师的指导与帮助，以及同仁们的热情鼓励和大力支持，编者在此表示衷心的感谢。

由于编者水平有限，书中不足和疏漏之处在所难免，敬请广大师生及各位读者批评指正。另外，由于实施创新教育是一项全新的课题，许多问题尚在探索之中，编者在编写过程中参考了许多论文、论著，有些地方引用了文中的部分成果和观点，参阅了目前已出版的许多相关教材，在此特向原作者表示衷心的感谢。

编　者

二维码索引

目录

第一章 机械创新设计概论

第一节 创新设计与社会发展

一、创新是人类文明进步的原动力

创新是人类文明进步、技术进步和经济发展的原动力，是国民经济发展的基础。纵观人类社会的进步史和中华民族的发展史，不难发现，生机勃勃的发展时期总是充满了科学技术的创新，发展和进步总是伴随着创新而存在。一个国家和民族善于创新，就会发展和强大；反之，墨守成规，因循守旧，就会落后和失败，在世界上就会处于被动挨打的地位。创新在人类社会进步过程中，不仅对科学世界观的形成和发展产生了重大的影响，而且使科学成为一种在历史上起推动作用的革命力量，极大地促进了人类文明发展的进程。在历史上，创新为建立近代科学体系奠定了知识基础；在现代，也正是创新使人类的视野得到前所未有的拓展。

中华民族五千年文明史的形成和持续发展，充分证明了中华民族是一个充满智慧、富于创新的民族。西方学者的统计表明，现代社会赖以建立的基本发明创造有一半以上来自中国。近代中国科技落后，并不能说明中国人缺乏创新能力，只是这种创新能力在政治、经济、文化、传统以及外来入侵等多种因素的作用下，被埋没于一个缺乏创新体系的社会之中，从而制约甚至扼杀了民族的创新能力。

近代以来，西方一些国家之所以迅速发展，就是由于它们通过文艺复兴等思想运动，使人们从封建专制中解放出来，观念发生了根本的转变，为人类智慧和才能的发展铺平了道路。在1953～1973年的20年间，全世界500种重大技术发明和创新中，美国的就占了一半。正因为如此，它在国际市场上总有最具竞争力的产业和商品，因此一个多世纪以来，它一直是经济实力最强的国家。仅以美国20世纪80年代以来发展具有高知识含量、高回报率的经济，向立足于制造业的日本经济挑战为例，在日本仍以数倍于美国的速度发展汽车、钢铁、家用电器等产业时，美国却以千倍于日本的速度发展具有高知识、大信息含量的计算机与软件产业。这些产业成了美国经济增长的主要源泉。现在信息产业已占其国内总产值的十分之一，超过了汽车、建筑等重要传统产业的产值。以微软公司为例，其资产一度以每周4亿美元的幅度增加，它的年产值已超过美国三大汽车公司的总和。在知识经济方面的明显优势，成为美国对日本取得经济胜利的重要原因。

新中国成立后，我国科技人员经过艰苦创业，取得了“两弹一星”、高速粒子同步加速器、万吨水压机、超级水稻等多项重大科技成果，特别是实行专利制度和知识产权保护法以来，每年的发明成果数以万计。这些成果凝聚着我国广大科技人员的心血和智慧，是极其宝贵的财富。正是这种永不满足的创新精神，给我们展现了一个五彩缤纷的“发明世界”，推动着人类社会的发展。中国的联想集团、方正集团等企业，其创造的价值成倍地增长，充分显示出知识创新和技术创新在促进国民经济发展中的巨大作用。

进入知识经济时代之后，创新更是一个国家国民经济可持续发展的基石。世界各国综合国力竞争的核心，是知识创新、技术创新和高新技术产业化。对于一个国家而言，拥有持续创新能力和大量的高素质人力资源，就具备了发展知识经济的巨大潜力。建设创新型国家的核心是把增强自主创新能力作为发展科学技术的战略基点，走中国特色的自主创新道路，推动科学技术的跨越式发展，形成有利于自主创新的体制，大力推进理论创新、制度创新、科技创新，不断巩固和发展中国特色社会主义事业。

二、创新是技术进步的主要途径

技术进步一般通过技术创新来实现。技术创新的综合体现是生产出一流的技术产品，所以大到国家的工业进步，小到企业的产销兴衰，靠的是能否拥有在国内外市场上占绝对优势的技术产品。随着科学技术的进步，技术产品更新的速度越来越快，技术市场将被更加新颖、功能更加齐全的技术产品所取代。技术创新包括三个基本的方面：一是产品创新，即在技术变化基础上的产品商业化，既可以是全新技术的全新产品商业化，也可以是技术发现后的现有产品改进。二是过程创新，也称工艺创新，是指产品生产技术上的重大变革，包括新工艺、新设备及新的经营管理和组织方法的创新。三是技术的扩散，是指技术通过市场或非市场渠道的传播。没有技术扩散，创新的技术就不可能产生最佳的经济效益。

实现技术进步一般通过获得新技术、新产品来实现，其途径概括起来有两条：技术引进和自主技术开发。

1. 技术引进

技术引进可以使企业在短时间内获得先进技术，是企业发展的有效途径。但实施和完成技术引进却是一件非常不易的事。技术引进方完成技术引进有三个重要环节：技术引进、技术积蓄和技术普及。技术引进环节较易做到，但实现技术积蓄和技术普及则需付出极大的努力。我国在引进国外先进技术方面虽然取得不少成绩，但为数不少的技术引进仅仅做到了第一步，没能在引进的基础上消化、改进、发展和普及。经常发现有技术水平较高的进口设备被弃之不用，有的虽然在应用却没有发挥高水平设备的先进功能。

技术转让方在技术转让时，非常担心技术转让会带来“飞去来器效应”，即新技术拥有者将技术转让给他人后，会产生一种自身反受其害的现象，即技术引进者通过自己的开发，发展了引进技术，反过来向技术拥有者出口更新的技术和产品，并成为技术转让者的竞争对手。基于这一点，技术转让者转让的技术往往是即将过时的技术，自己却在不断地研究开发更新的技术，以便确保技术领先的地位。技术引进者应当明白，任何一家企业都不会轻易地把自己辛辛苦苦研究开发出来的最新技术和产品拱手让人，况且有许多新技术仅仅依靠技术引进是得不到的。以为引进技术就能使所有问题迎刃而解，是一种不切实际的想法。技术引进的原则是：重视技术引进，更重视技术的发展和推广。千万不能放松靠自己的双手、艰苦奋斗革新技术、开发新产品的努力。

2. 自主技术开发

形成自主技术开发能力的关键是建立起适合于技术市场竞争的科技体制和培养出能够不断提供创造性成果的人才群体。

人才领先是创造新技术、新产品的智力基础。事实已经充分表明，技术市场上的一切竞争都归结为人才的竞争。竞争越激烈，对创新能力的需求越迫切。只有具备人才济济的独到优势，才能不断创造出占绝对优势的创造性成果。

培养科技新人需要新理论、新技术、新方法的武装，提高在校大学生的机械创新能力，更需要新理论、新技术及新思想的充实。

第二节　创造与发明并不神秘

人类历史上有无数的发现、发明和创新，对人类的生产和生活产生了深远的影响，极大地推动了生产力的发展，促进了人们生活水平的提高。一谈到创造、发现、发明，人们会认为是很神秘的事情，以为发明创造是专家学者的专利品，一般人很难办到。实际上创造与发明并不神秘，通过加强创新思维的训练，掌握必要的创新技巧，积极投身于创造活动的实践，你也能进行创造与发明。因此创造力是每个人都具有的能力，不是个别天才所独有的神秘之物，正如著名教育家陶行知先生所说："处处是创造之地，天天是创造之时，人人是创造之人。"

一、留心生活中身边的发明

只要留心观察，身边的小事也会激发创造的灵感。例如，鲁班受到野草齿形的叶边能划破手的启发而发明了锯子，瓦特观察到水烧开后蒸汽能将壶盖顶起这一现象而发明了蒸汽机。人踏在香蕉皮上为什么会滑倒？一般无人思考和探索，而有心人注意到了这个问题，通过研究香蕉皮的结构，发现它是由几百个薄层组成的，因而层与层之间很容易产生滑动现象。由此想到如能找到与香蕉皮相似的物质，它将是很好的固体润滑剂。经过研究，发现二硫化钼的结构是极薄的薄层集合体，其层数相当于香蕉皮层数的数万倍，其易滑性也相当于香蕉皮的数万倍，所以二硫化钼很快成为一种性能优良的新型固体润滑剂，在生产中得到广泛的应用。

身边处处有发明，如日常生活中所见的带收音机和小灯的笔、一次性照相机、手摇削水果机、自动晒衣架、折叠自行车等。大家都熟知拉链，拉链的发明据说开始是为了代替鞋带，使穿鞋、脱鞋方便，后来又有人将拉链创造性地用于衣、裤、裙、帽、睡袋、笔盒、公文包、枕套、沙发垫、笔记本、钱包等物品中。而外科医生将这项技术移植到皮肤拉链缝合上，可使肌肉和表皮的愈合速度加快，且伤痕极小。一位名叫吉列的美国人，有一次因为要赶火车，起床急急忙忙刮胡子时不小心将脸刮伤了，他坐在火车上就想能不能设计出不会刮伤脸的安全剃须刀呢？此后，他常常思考此事。1895 年，有一天他到理发店理发时，无意中发现理发师正用梳子一边梳头，一边用剪刀剪梳子外的头发，突然由此得到灵感，经过多次试制，发明了安全剃须刀。

在生活中应时时做有心人，注意留心某些意外的事物与现象，并随时记录下来，以备后用。例如，法国科学家别奈迪克在实验室里整理仪器时，不小心将一只玻璃烧瓶掉在地上，当他拾起烧瓶时，发现烧瓶虽然遍体裂纹却没有碎，瓶内液体也没有流出来。当时他想，这一定是瓶内液体的作用。因当时很忙，没来得及仔细研究，他就及时在烧瓶上贴了一张纸条，上面写着"1903年11月，这只烧瓶从3m高处摔下来，拾起来就是这个样子。"几年以后，别奈迪克在报纸上看到一条新闻，一辆汽车发生了交通事故，车窗的碎玻璃把驾驶人与乘客划伤了。这时，他脑子里立即浮现出几年前实验室摔裂不碎的烧瓶，若车窗玻璃也能这样那该多好。别奈迪克赶紧跑回实验室，找出贴纸条的烧瓶，经过研究，他终于发现了瓶子裂而不碎的原因。原来，烧瓶曾装过硝酸纤维溶液，当溶液挥发后，在瓶壁上留下了一层坚韧而透明的薄膜，牢牢地粘在瓶子上，所以当它被摔时，只是震出裂纹而不破碎。这样，一种防震安全玻璃就诞生了。

二、创新需要勇气和毅力

从上述实例可以看出，大多数发明家在发明创新之前都是非常普通的，很多发明创新往往是通过一次偶然事件触发灵感从而开启智慧之窗而获得的，但是发明创新也不是轻而易举的事。

1763年，欧洲流行天花这种可怕的疾病，凡传染上天花的人几乎必死无疑，但英国15岁的少年爱德华·琴纳从一些医生中听到了"得牛痘者几乎不得天花"这样的说法，后来他详细研究这种说法是否正确。1796年他试着为8岁的儿子种植了牛痘，他的儿子开始稍有些发烧，但不久就恢复正常了，接着爱德华·琴纳冒着失去儿子的危险，将天花病人的脓移植到儿子身上，事实证明他儿子没有得天花。经过30多年的努力，琴纳终于发现了牛痘免疫天花的方法，攻克了这个曾被认为是不治之症的顽疾。诺贝尔为了发明安全的烈性炸药，进行了近20年的试验，在实验中他的弟弟被炸死，父亲受重伤，但他并没有因此而被吓倒，终于获得了成功。美国的杰克逊在发明了拉链后为了设计出生产拉链的机器，花费了19年的时间。发明家爱迪生为了找到实用的灯丝材料，经历了无数次的试验，用到了6000多种植物纤维，试验了1600多种耐热材料，终于发明制造出碳化灯丝的白炽电灯，为漫漫长夜带来光明。他还对电灯和用电设施不断加以改进，产生了一系列新的发明，像电线插座、电表、熔丝、配电盘、电力机车等。法拉第虽然出身于贫民家庭，连学校都没有进过，但他通过自学对科学研究产生了浓厚的兴趣，并在大科学家戴维的帮助下，到研究所担任戴维的助手，经过长达18年的大量实验研究之后，终于发现了电磁感应现象。居里夫人在发现放射性元素之后，花了5个多月的时间，终于从1t沥青铀矿石中提炼出了0.1g镭。达尔文经过5年的环球考察之后，又用了20多年的研究才完成巨著《物种起源》，揭开了生物进化之谜。

这些实例说明，任何一个发明创新都经过了人们长期的探索，不仅需要坚韧不拔的毅力和勇气，而且有些是以生命为代价换来的。如果没有不怕失败的勇气，没有不怕牺牲的冒险精神，就不可能达到光辉的彼岸。

三、创新人才的关键特征

科学技术贵在创新和探索，勇于探索和善于创新是创造型人才的主要特征。美国犹他州大学管理学教授赫茨伯格，通过分析各行各业涌现出的大量创新人才的实例，总结出了创新人才的关键特征，为创新人才的培养提供了很好的借鉴作用。

（1）智商高，但并非天才　智商高是创新人才的先决条件，但未必是天才；智商过高可能有害于创新，因为常规教育成绩超群，有时会妨碍寻求更多的新知识。

（2）善出难题，不谋权威　创新人才善于给自己出难题，而不追求权威地位和自我形象。在科学知识急剧增长的时代，创新人才的专长有赖于不断的学习来维持。驻足于以往的成就，是发扬创新精神的主要障碍。

（3）标新立异，不循陈规　创新人才不能靠传统做法建功立业。创新事业往往是“前无古人”，而惯于在陈规许可范围内工作的人，往往把精力消磨于重复性的劳动中，难以取得突破。

（4）甘认不知，善求答案　承认自己“不知道”是创新的起点，创新须借助“不知道”带来的压力。

（5）以干为乐，清心寡欲　创新人才能从自己的工作中获得乐趣，会积极自娱于自己的探索、追求和成就，避免在其他方面多费精力。

（6）积极解忧，不信天命　挫折、失败经常伴随在创新的全过程中，创新人才需相信自己的好奇心，不随波逐流或听天由命。

（7）才思敏锐，激情迸发　敏锐的思维和热情奔放的工作激情是生命的最充分延伸，是创新人才工作进入佳境的条件，也是其在成功道路上前进的标志。

第三节　创新人才的培养

教育部曾经组织的教学调查结果表明，我国高等学校的学生在校期间虽然学了很多知识，但可用于创造性劳动的知识太少。一方面我们每年培养了近百万的大学生；另一方面，在年轻人中只出现为数很少的发明家。这种状况说明，我们的高等教育对发明创造能力的培养相对薄弱。人才培养模式的改革实际上就是人才培养目标、培养规格和培养方式的改革，它决定着高等学校培养人才的根本特征。人才培养改革的重点，是加强对学生素质教育和创新能力的培养，鼓励学生的个性发展。因此必须把学生创新能力的培养提到议事日程上来，努力培养出大批具有创新精神和创新能力的复合型人才。创新人才的培养一般可以从培养创新意识、掌握创新原理和创新技法、加强创新实践等方面进行。

一、培养创新意识

创新活动是有目的的实践活动，创新实践起源于强烈的创新意识。强烈的创新意识促使人们在实践中积极地捕捉社会需求，选择先进的方法实现需求，努力争取创新实践的成功。一位诺贝尔物理学奖获得者曾说：“发明就是和别人看同样的东西却能想出不同的事情。”日常生活中的一些事物，常给人以联想和启迪，因此对日常生活的关注和思索，常常可以触发创新灵感。

多年前，一家酒店的电梯不够用，打算增加一部，于是请来专家研究增设新电梯的方案。专家们一致认为，最好的办法是每层楼打一个大洞，直接安装电梯。当几位专家进一步商谈工程计划时，一位正在扫地的清洁工听到了他们的谈话，清洁工对他们说：“每层楼都打一个大洞，会尘土飞扬、杂乱不堪的”，工程师说：“那是难免的”，清洁工又说：“施工期间最好将酒店关闭一段时间”，工程师说：“那可不行，那会影响酒店收益”。清洁工最后不经意地说道："我要是你们，就会把电梯装在楼外。"专家们听到这句话，对视良久，他们不约而同地为清洁工这一想法击掌叫绝。于是便有了近代建筑史上的伟大变革——把电梯装在楼外，既美观又可在电梯内观赏景色。

又如很多人都知道当灶里的煤火燃烧不旺时，只需用一根铁棍拨弄一下，火苗就会从拨开的洞眼中窜出，火一下子就会旺起来。山东有位叫王月山的炊事员就想到了做煤球煤饼时，主动在上面均匀地戳几个洞，不仅使火烧得旺，而且可节省燃煤，大家熟悉的蜂窝煤就是这样发明的。

加拿大的一位公司职员有一次去复印一些资料，由于前面的人需要复印的资料较多，他就坐在旁边等候。在等候时他无意中碰倒了放在桌上的一个瓶子，瓶子中的液体撒在他要复印的资料上。他赶快收拾起被污染的资料，等液体挥发干后他才去复印。他惊奇地发现，资料上刚才被液体污染的地方无法复印。正是受到这个意外发现的启发，他发明了一种可以防止资料被复印的保密纸。

因此，发明创新并非少数杰出人才的专利，人人都有创造力，人人都可以搞创新。在创新中要善于摆脱习惯性思维的束缚，突破自我，便能调动创造性而获得出乎意料的创新成果。要培养独立思考、勇于探索的意识，而不要做只会记住正确答案的"复印机"。

二、掌握创新原理和创新技法

设计过程是一个创造过程，设计人员创造能力的高低及发挥如何，将直接影响产品创新程度和设计质量。为此，必须使广大工程技术人员掌握创新原理和技法，调动和训练工程技术人员的创新思维能力。

创新本身存在一定的理论和规律，也具有科学的原理和方法。创新原理和创造技法是以总结创造学理论、创新思维规律为基础，通过大量的创造活动概括总结出来的原理、技巧和方法。创新者了解和掌握创新原理及创新技法，往往能更自觉、更巧妙地进行创新活动，进一步发掘自身的潜在能力，提高创新实践活动的成功率。

人的创造能力可以通过学习、训练得到激发和提高。通过改进自己的思维习惯，进行独立思考、多想多练，通过训练自己集中注意力、发挥想象力，进行扩散思维、求异思维训练等，能够提高创新思维能力；而只有将创新思维运用到实际中去，才能起到良好的效果。日本一家钢铁厂，把12名普通的高中毕业生集中起来，每周六进行创新能力的学习和训练，不到半年时间，参加人员就纷纷提出创造发明项目，结束时取得了70多项专利；美国通用电气公司在20世纪40年代率先对员工开设创造工程课程，开展创新实践训练，通过学习和训练，员工的创新能力得到明显提高，专利申请的数量大幅度提升。

三、加强创新实践

形成创新能力，除了学习理论以外，更重要的在于实践。创新实践是提高创新能力的重要手段，正如不下水学不会游泳，不开车上路不可能真正学会驾驶一样。积极参加创新设计活动，有意识地进行各种活动的培养与训练，可以显著地提高创新能力。实践活动不仅为创新者提供了大量的创新素材和施展创造能力的舞台，也促进了人际交往，营造了相互学习、取长补短的创新氛围。

一般情况下，创新实践可分为以下三个阶段：

（1）了解问题 目标是什么？未知量、已知量是哪些？情况如何？能满足情况的需要吗？能否决定未知量？是否足够？是否重复或抵触？可以通过画图，引入合适的标志，把情况的各部分加以分解。

（2）设计方案 遇到过这个问题吗？知道相关的问题吗？可能运用什么原理？通过不同方法设计各种方案，并进行优化。

（3）执行方案 实施设计方案，在每一步骤中对方案修改完善，必要时重新设计方案，以取得最好的成效。

任何一个创新几乎都要经过上述三个阶段，一般最困难的是第二阶段，最关键的往往是第三阶段。

对于应用型职业人才的培养，除了对其开展必要的理论教学外，必须设置一系列创新设计实践教学环节，使其进行大量的动手安装、维护、设计、制作等实践活动，才能培养其综合分析和创新设计的能力。因此，学校在开设创新设计课程的同时，还应进行创新设计实验，为学生营造一个良好的创新实践环境。另外，大学生的各种课外科技活动和创新大赛，也是很好的创新实践活动，为学生提供了良好的实践平台，极大地提高了学生参与创新实践活动的兴趣和热情，也会有效地提高学生的创新实践能力。人类社会所有的创新和发明，都是通过人们的双手来实现的，一个人的设想，如果不将它们物化，即使构思再好，那也可能只是水中月、雾中花。

麻省理工学院是美国最富创造力的“发明家”大学，学院的师生走在现代科学技术的最前沿，在这里描绘人类下一个千年的前景；在这里创造美国公司赖以占领全球未来市场的创新知识和技术，一直充当美国政府和公司的“发展实验室”，成为美国高科技的摇篮。麻省理工学院的研究人员和工业生产之间没有隔阂，几乎没有一所大学能像它那样把科研、市场营销、学术上的远大抱负和追求利润紧密地联系在一起。

四、培养协作精神

现代科技创新要想取得成功，一个很重要的方面就是要有团结协作的精神。现代科学学科门类繁多、学科知识更新快，如果仅凭一个人的知识和经历，完全靠个人取得有影响的科技创新成果，已经是极少有的了，而大多数有影响的科技创新成果，均是来自多方面人才的团结协作而取得的。在现代科研工作中，强调团队精神、强调集体力量、强调团结合作是取得成功的重要保证。“阿波罗”登月计划有120所大学、约400万人参加；中国的“两弹一星”和载人运载火箭的研制也是如此。这充分说明现代科研靠个人单枪匹马已很难取得有影响的创新成果。科技人才间的通力合作能充分发挥个人与集体的力量，是推动科技创新活动发展的重要动力。合作能使知识互用、才能互补，是解决重大科研课题、突破难关的重要途径。因此科技工作者应增强集体意识和集体观念，发扬团结协作的精神。

团队协作能力的培养，要从日常生活中的点点滴滴做起。例如，开展更多的团队活动，增强团员之间的思想交流，互相帮助，体验合作的快乐，使大家深刻领悟“我为人人，人人为我”的集体主义思想内涵，从而自觉地摒弃自私自利、唯我独尊的个人主义作风。另外，在团队合作中要加强目标管理，引导团队成员朝着共同的目标努力。

五、排除影响创新活动的障碍

（1）从众心理　从众是指个人自觉或不自觉地愿意与他人或多数人保持一致的个性特征，是求同思维极度发展的产物，俗称“随大流”。一般来说，普通人从10岁以后开始出现从众心理，会有意无意地同周围人尽量保持一致。国外一位心理学家曾做过一个试验，他让几位合作者扮成在医院候诊室等待看病的人，并让他们脱掉外衣，只穿内衣裤。当第一个真正的病人来时，先是吃惊地看了看这些人，思索一会后也脱掉自己的外衣顺序坐到长凳上，第二个病人，第三个病人……竟无一例外都重复了同样的行为，表现出惊人的从众性。

从人的心理特征来看这个例子，说明当与别人一致时，感到安全；而不一致时，则感到恐慌。从众倾向比较强烈的人，在认知、判定时，往往趋于多数，人云亦云，缺乏自信，缺乏独立思考的能力，缺乏创新观念。

法国一位科学家也做过一个有趣的试验，他把一些毛毛虫放在一个盘子的边缘，让它们头尾相连，一个接一个，沿着盘子边缘排成一圈。于是，这些虫子开始沿盘子爬行，每一只都紧跟着前面的一只，不敢走新路，它们连续爬了七天七夜，最终因饥饿而死去。而在那个盘子中央，就摆着毛毛虫爱吃的食物。从这个试验中可以看出，动物也具有从众心理特征。

（2）偏见与保守心理　指个性上的片面性与狭隘性，对新事物存在反感与抵触情绪。有这种个性特征的人在看待任何事物时，往往是先入为主，在头脑里形成对问题的固定看法，用先前的经验抵制后来的经验；对逐渐出现的变化反应迟钝，不愿意接受新事物；在思维上代表了封闭性与懒惰性。

国外一位心理学家做过一个试验，他先让受试者看一张狗的图片，然后再让受试者看一系列类似狗的图片，其中每一张图片都与前一张有差异，即每一张都减少一点狗的特征，增加一点猫的特征。这些差异累积起来，使最后一张图片像猫而不像狗。偏见与保守的人一直认为图片是狗而不是猫，而思维灵活的人则早认出图片已经变为猫了。

（3）过分迷信权威　英国著名哲学家罗素有一次来中国讲学，他首先向听众提了一个问题：“2加2等于几?”如果你是一名小学生，肯定会立即说出答案，可是听课的数百人却面面相觑，竟然没有一个人敢回答。最后还是罗素自己说：“2加2等于4嘛!”这个故事告诉我们，不少人对权威过于迷信，丝毫不敢怀疑，甚至盲目崇拜到连最基本、最简单的事实也不敢承认，这样会束缚人们的思想，扼杀人们的智慧，影响创造力的开发。

第四节　机械创新设计的概念及过程

设计是人类改造自然的一种基本活动，是复杂的思维过程，设计的本质就是创新。设计的目的是将预定的目标，经过分析决策，通过一定的信息表达而形成设计方案，并通过制造、实施使设计成为产品，造福人类。通过设计，不断为社会提供新颖、优质、高效、物美价廉的产品。创新设计要求在设计中更加充分地发挥设计者的创造力，利用最新科技成果，在现代设计理论和方法的指导下，设计出更具竞争力的新产品。

根据设计的内容特点，一般将设计分为如下三种：

（1）开发性设计　在工作原理、结构等完全未知的情况下，运用成熟的科学技术或经过实验证明是可行的新技术，针对新任务提出新方案，开发设计出以往没有过的新产品。这是一种完全创新的设计。

（2）变型设计　在工作原理和功能结构不改变的情况下，针对原有设计的缺点或新的工作要求，对已有产品的结构、参数、尺寸等方面进行变异，设计出适用范围更广的系列化产品。

（3）适应性设计　在原理方案基本保持不变的前提下，针对已有的产品设计，进行深入分析研究，在消化吸收的基础上，对产品的局部进行变更或设计一个新部件，使其能更好地满足使用要求。

开发设计以开创、探索创新，变型设计通过变异创新，适应性设计在吸取中创新。无论是哪种设计，都要求设计者在设计的每一个环节上突破常规惯例，追求与前人、众人不同的方案，将设计者的智慧具体物化在整个设计过程中。在创新设计的全过程中，创新思维将起到至关重要的作用，深刻认识和理解创新思维的本质、类型和特点，不仅有助于掌握现有的各种创造原理和创新技法，而且能促进对新的创造方法的开拓和探索。

一、机械创新设计的概念

机械创新设计是指充分发挥设计者的创造力和智慧，利用人类已有的相关科学理论、方法和原理，进行新的构思，设计出具有新颖性、创造性及实用性的机械产品的一种实践活动。它包含两个部分：一是改进、完善生产或生活中现有机械产品的技术性能、可靠性、经济性、适用性；二是创造设计出新机器、新产品，以满足新的生产或生活的需要。由于机械创新设计过程凝结了人们的创造性智慧，因而机械创新设计的产品无疑是科学技术与艺术结合的产物，具有美学性，反映出和谐统一的技术美。

1. 机械创新设计与常规机械设计的关系

机械产品的类型、用途、性能和结构的特点虽然千差万别，但它们的设计过程却大多遵循着同样的规律。概括起来说，常规机械设计过程一般可分为四个阶段：①机械总体方案设计，主要包括机构的选型与组合、运动形式的变换与组合，机构运动简图、传动系统图等的绘制；②机械产品的运动设计，主要包括机构主要尺寸的确定、机械运动参数的分析、传动比的确定与分配等；③机械产品的动力设计，主要包括动力分析、功能关系、真实运动求解、速度调节和机械的平衡等；④机械产品的结构设计，主要包括绘制零件图、部件图和总装图。常规设计一般是在给定机械产品结构或只对某些结构做微小改动的情况下进行的，其主要内容是进行尺度设计、动力设计和结构设计。

机械创新设计是相对常规设计而言的，它特别强调人在设计过程中，尤其是在总体方案设计阶段中的主导性及创造性作用。机械创新设计有高低层次之分，可用创新度来衡量。创新度可用来衡量一个设计项目创新含量的深度和广度，创新度大，创新层次高；反之，创新层次低。例如，工程中的非标准件设计虽属常规设计范畴，却已含有较多的创造性设计成分。

2. 机械创新设计与机械创造发明的关系

机械的创造发明大多属于机械结构方案的创新设计。创造发明过程及方法的专著已经问世，但大多是做宏观概括的论述，缺乏具体的可操作性。学生学过之后，在机械创新设计的原理、方法及实现等方面仍缺少实用的知识。机械创新设计的一个核心内容，就是要探索机械产品发明创新的机理、模式、过程及方法，并将它程式化、定量化乃至符号化、算法化，以提高设计的可操作性。

随着机械系统设计、计算机辅助设计、优化设计、可靠性设计、摩擦学设计、有限元设计等现代设计方法的不断发展，以及认知科学、思维科学、人工智能、专家系统及人脑研究的不断深入，机械创新设计受到专家学者的高度重视。一方面，认知科学、思维科学、人工智能、设计方法学、科学技术哲学等已为机械创新设计提供了一定的理论基础及方法；另一方面，机械创新设计的深入研究及发展有助于揭示人类的思维过程、创造机理等前沿课题，反过来促进上述学科的发展，实现真正的机械设计专家系统及人工智能。因此，机械创新设计承担着为发明创造新机械产品和改进现有机械产品性能提供正确有效理论和方法的重要任务。

综上所述，机械创新设计是建立在现代机械设计理论的基础上，吸收科技哲学、认知科学、思维科学、设计方法学、发明学、创造学等相关科学的有益成分，经过交叉而形成的一种设计技术和方法。

二、机械创新设计的过程

机械创新设计的目标是由所要求的机械产品功能出发，改进、完善现有机械产品或创造发明新机械产品，实现预期的功能，并使其具有良好的工作品质及经济性。

机械创新设计是一门有待开发的新的设计技术和方法。由于技术专家们采用的工具和建立的结构学、运动学与动力学模型不同，逐渐形成了各具特色的理论体系与方法，因此提出的设计过程也不尽相同，但其实质是统一的。综合起来，机械创新设计基本过程主要由综合过程、选择过程和分析过程组成。图 1-1 所示为机械创新设计的一般过程，它分四个阶段：

（1）确定机械产品的基本工作原理　它可能涉及机械学对象的不同层次、不同类型的机构组合，或不同学科知识、技术的问题。

（2）机构结构类型综合及其优选　优选的结构类型对机械产品整体性能和经济性具有重大影响，它多伴随新机构的发明。因此，结构类型综合及其优选，是机械设计中最富有创造性、最有活力的阶段，但又是十分复杂和困难的问题。它涉及设计者的知识、经验、灵感和想象力等众多方面。

（3）机构运动尺度综合及其运动参数优选　其难点在于求得非线性方程组的完全解或多解，为优选方案提供较大空间。随着优化法、代数消元法等数学方法被引入机构学，该问题有了突破性进展。

（4）机构动力学参数综合及其动力学参数优选　其难点在于动力参数量大、参数值变化域广的多维非线性动力学方程组的求解，这是一个亟待深入研究的课题。

完成上述机械工作原理、结构学、运动学、动力学分析与综合，便形成了机械设计的优选方案。而后，即可进入机械结构创新设计阶段。

三、机械创新设计的特点

设计的本质是创新，如测绘仿制一台机器，虽然其结构复杂，零件成百上千，但如果没有任何创新，不能算是设计；而膨胀螺栓，虽然只由三四个零件组成，结构也很简单，却有效地解决了过去不易将物体固定在混凝土墙上的难题，其构思和开发过程可称为设计。强调创新设计是要求在设计中更充分地发挥设计者的创造力，结合最新科技成果和相关知识、经

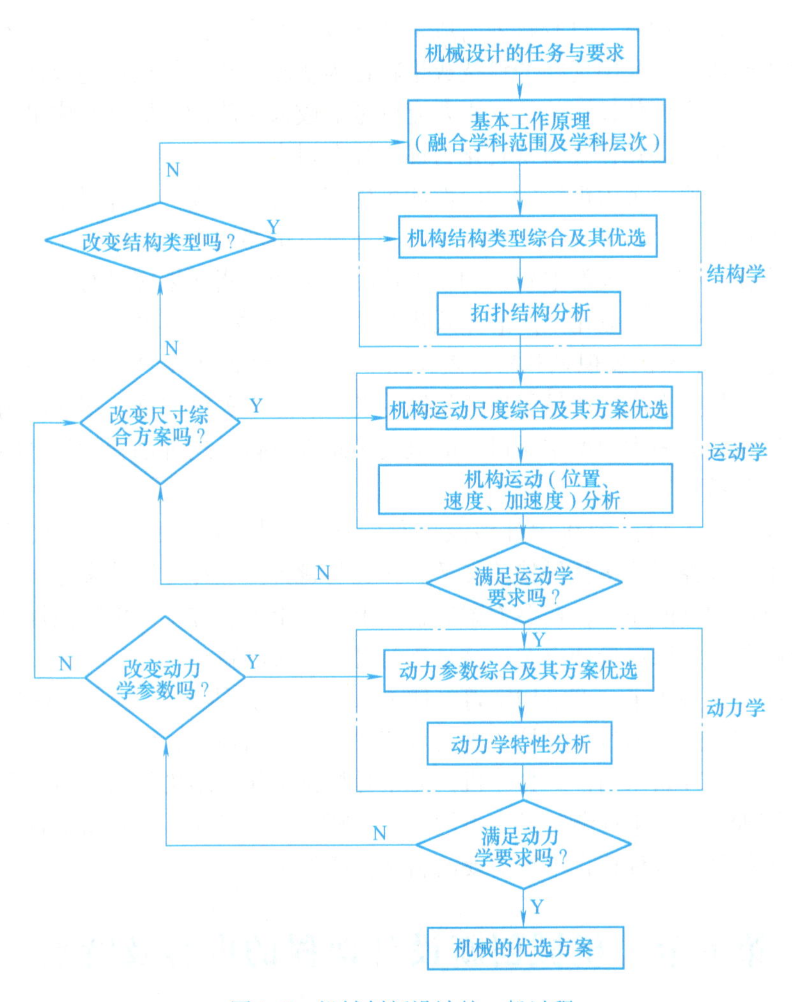

图 1-1　机械创新设计的一般过程

验等，设计出实用性好、有竞争力的产品。创新设计的特点如下：

(1) 独创性　机械创新设计必须具有独创性和新颖性。设计过程中相当部分工作是非数据性、非计算性的，因此设计者必须依靠在知识和经验积累基础上的思考、推理、判断，以及与创新思维相结合的方法，打破常规思维模式的限制，追求与前人、众人不同的方案，敢于提出新功能、新原理、新机构、新材料、新外观，在求异和突破中实现创新。

例如：美国能源部某国家实验室完成的一种超音高速飞机的创新设计，这种代号为"超速飞翔"的飞机时速接近 6700mile (1mile = 1609.344m)，能在 2h 内由美国飞抵地球上的任何地点。"超速飞翔"的关键技术是飞机沿着地球大气层的边缘飞行时，像石块在水面上打水漂一样始终相对大气层做飞跃动作，以"打气漂"的方式在一定功率下提速，并保证机身在飞行时增加的热度低于一般超音速飞机。为更好地发挥"气楔"效应，其外形与常规飞机有较大的不同，如图 1-2 所示。

图 1-2　"超速飞翔"飞机

(2) 实用性　机械创新设计是多层次的，不在乎规模的大小和理论的深浅，因此创新设计必须具有实用性，纸上谈兵无法体现真正的创新。只有将创新成果转化成现实生产力或市场商品，才能真正为经济发展和社会进步服务。我国现在的科技成果转化为实际生产力的比例还很低，专利成果的实施率也很低，在从事创新设计的过程中要充分考虑成果实施的可能性，成果完成后要积极推动成果的实施，促进潜在社会财富转化为现实社会财富。

设计的实用性主要表现为市场的适应性和可生产性两个方面。设计对市场的适应性指创新设计必须有明确的社会需求，进行产品开发必须进行市场调查，若仅凭主观判断，可能会造成产品开发失误，带来巨大的浪费。创新设计的可生产性指成果应具有较好的加工工艺性和装配工艺性，容易采用工业化生产的方式进行生产，能够以较低的成本推向市场。例如：20世纪70年代，科学家已发现氟利昂会破坏高空臭氧层对紫外线的吸收，并影响人类的生活，上海第一冷冻机厂有限公司较早地抓住制冷设备的这个关键问题，积极研制新原理的溴化锂制冷机，以代替原来大中型空调机上的氟利昂制冷设备，这种创新设计已取得成功，并带来巨大的经济效益。

（3）多方案选优　机械创新设计涉及多种学科，如机械、液压、电力、气动、热力、电子、光电、电磁及控制等多种科技的交叉、渗透与融合。应尽可能从多方面、多角度、多层次寻求多种解决问题的途径，在多方案比较中求新、求异、选优。以发散性思维探求多种方案，再通过收敛评价取得最佳方案，这是创新设计方案的特点。

例如，打印设备多年来一直沿用字符打印方式，虽有各种形式，但很难提高打印速度。随着计算机的发展，推出通过信号控制进行点阵式打印的新模式，引发打印设备领域的一场革命。点阵式打印一开始采用针式打印机，完全是机械动作，结构复杂，需要经常维修，打印清晰度也不够理想。后来逐渐开发出不同原理的喷墨式、激光式、热敏式打印机，正是在多方案的比较中得到了各种符合市场需要的新型打印设备。

第五节　机械创新设计课程的内容及特点

“机械创新设计”是机械设计学、发明学、创造学、设计方法学等多学科交叉形成的一门课程。作为一种新的设计理论、技术和方法，其理论体系有待专家们在总结机械创新设计实践的基础上逐步构建与完善。基于培养学生创新能力的需要，我们进行了“机械创新设计”教材的编写。

一、本课程的性质和目的

“机械创新设计”属于机械类专业的专业选修课。本课程的目的是培养学生的创新意识和创新思维习惯，拓宽知识面，扩大视野，掌握创新原理、创新技法及机械创新设计的一般方法，使其初步具有创造性地解决工程实际问题的能力，以便能更好地胜任机械产品创新设计工作。因此，作为创新活动的主体，一方面要学习创造的基本知识、方法，这是从事一切创新活动的基础；另一方面要学习掌握机械领域内产品创新的基本知识、方法，并善于分析和借鉴他人的成功案例。

实践是最好的老师，积极参与创新设计实践比熟记各种创新设计理论更重要。“机械创新设计”课程的主要教学目的是通过课程教学，消除学生对创新实践的神秘感，提高其参加创新实践活动的兴趣和自信心，鼓励其积极参加各种形式的创新实践活动。

二、本课程的内容

本课程的内容分为四大部分：一是创新设计的基础部分，二是机械创新设计部分，三是TRIZ创新理论及应用部分，四是机械创新设计实例分析部分。其中创新设计的基础部分，包括创造学的基础知识、创新思维、创新原理、创新技法；机械创新设计部分，包括机构的创新设计、机械系统方案设计的创新、机械结构的创新设计、机械产品反求设计与创新；TRIZ创新理论及应用部分，包括TRIZ发明问题解决理论概述、利用技术进化理论实现创新、设计中的冲突及其解决原理、计算机辅助创新设计简介、TRIZ理论的发展趋势；机械创新设计实例分析部分，主要介绍了自行车的发明与创新设计、多功能齿动平口钳的创新设计、饮料瓶捡拾器的创新设计、省力变速车用驱动机构的创新设计、电动大门的创新设计、手推式草坪剪草机的创新设计、冲制薄壁零件压力机的创新设计、蜂窝煤成形机的创新设计等创新案例。

三、本课程的特点

（1）内容的现代化　注意引入本学科最新动态和科研成果，以及本课程所涉及的理论在技术中的应用，充分反映现代科学技术的最新进展。

（2）适应性强　编入的新理论、新技术、新方法特别注重实用性，既能满足培养学生创新意识和创新能力的要求，又能满足为建设创新型国家培养高素质应用型人才的需要。

（3）具有灵活性　本课程的体系和结构能适应现代科学技术发展的需要，可以根据需要随时增加新内容、新成果。

（4）重视理论与实践的结合　本书编入了大量的创新设计案例，以帮助学生理解和掌握所学知识，有助于增强学生的工程意识和创新能力。

第二章
创新设计的基本思维

第一节　思维的类型及创新思维的特征

人最强大的力量并非来自肢体，而是人所特有的思维能力。思维是人脑对客观现实的反映，是发生在人脑中的信息交流。它不仅揭示客观事物的本质或内部联系，还可使人脑机能产生新的信息和新的客观实体，如科学和自然规律的新发现、技术新成果等。思维是创造的源泉，正是由于人类的创新思维才产生了各种各样的发明创造。因此只有对创新思维的本质、特点、形成过程、与其他思维的关系有所认识和掌握，才能指导我们进行创新设计，增强创新能力。

一、思维的类型简介

人类的思维方式可以归纳为以下几种。

1. 形象思维与抽象思维

形象思维也称为具体思维，是人脑对客观事物或现象外部特点和具体形象的反映。例如，设计一个零件或一台机器时，设计者在头脑中想象出零件或机器的形状、方位等外部特征，在头脑中对想象出的零件或机器进行分解、组装、设计等思维活动，就属于形象思维。在技术创新活动中，形象思维是基本的思维活动，工程师在构思新产品时，无论是新产品的外形设计，还是内部结构设计以及工作原理设计，形象思维都起着重要的作用。

抽象思维是以抽象的概念、判断和推理而进行的反映客观现实的思维活动。其中，概念是客观事物本质属性的反映，判断是两个以上概念的联系，推理则是两个以上判断的联系。其主要特点是通过分析、综合、概括等基本方法协调运用，从而揭露事物的本质和规律性联系。

形象思维具有灵活新奇的特点，而抽象思维较为严密。按照现代脑科学的观点，形象思维和抽象思维是人脑不同部位对客观实体的反映活动，左半脑主要是抽象思维中枢，右半脑主要是形象思维中枢，两个半脑之间有数亿条神经纤维，每秒钟可交换传输数亿个神经冲动，共同完成思维活动。因此，形象思维和抽象思维是人类认识过程中不可分割的两个方面，在创新过程中，应该把两者有机地结合起来，以发挥各自的优势，创造出更多的成果。

2. 发散思维与收敛思维

发散思维是根据提供的信息，多方位寻求问题解答的思维方式。例如列举某一物品的多种用途，从一物思万物，不满足于现成原理和答案，而去寻找尽可能多的答案等。

收敛思维是一种在大量设想或多方案基础上寻求某种最佳解答的思维方式。它以某种研究对象为中心，将众多思路和信息汇集于该中心，通过比较、筛选、论证，得出现存条件下解决问题的最佳方案。

在创造活动中，提出的方案越多，选择最优方案的可用空间就越大，但光有发散思维并不能使问题得到有效解决，因为在科技活动中，最终结果只能是有限的几个或唯一的一个。所以，既要有充分的信息为基础，设想多种方案，又要对各种信息进行综合、归纳、多方案优化。发散思维与收敛思维的有机结合组成了创新活动的一个循环过程。

3. 逻辑思维与非逻辑思维

逻辑思维是抽象思维方式，它是严格遵循逻辑规则按部就班、有条不紊进行的思维。它的主要方法是分析、归纳、综合与演绎。其特点在于思维的有序性、递推性，是一种严密的思维方式，是人们掌握较好的一种常规思维方式。

非逻辑思维是一种不严格遵循逻辑规律，突破常规，通过想象、直觉、灵感等方式进行的自由思维。其特点是思维的随意性和跳跃性，它不受任何“秩序”的约束，表现出极大的灵活性。

在创造活动中，非逻辑思维发挥着巨大的作用，在选择创造目标、构思方案、开辟解决问题的途径等方面起着不可估量的作用。而逻辑思维在创新方案的整理和可行性判断上不可或缺，在把握创新方案趋于既定目标、避免思维上的混乱性、保证创造性过程有序进行等方面起着十分重要的作用。

4. 直觉思维和灵感思维

直觉思维是创造性思维的一种重要形式，它是指创造者基于有限的信息或事实，调动已有的一切知识经验，对客观事物的本质及其规律连续做出迅速的识别、敏锐的洞察、直接的理解和整体的判断的思维方式。直觉思维总是以跳跃的方式，把目标直接指向最后结论，似乎不存在中间的推导过程，人们常把它誉为“理性的眼睛”。例如，德国气象学家阿尔弗雷德·魏格纳从世界地图上发现非洲西海岸凹进部分与美洲东海岸凸出部分吻合得十分巧妙，凭直觉他提出了一种被誉为“诗人之梦”的科学假说——“大陆漂移说”。又如法国医生拉埃奈克，有一次在公园与小孩玩跷跷板时，发现用手轻轻叩击跷跷板，叩击的人自己听不见声音，而在另一端的人却听得很清楚，于是他突然想到，如果做一个喇叭形的东西贴在病人身上，另一端做小一点塞在医生耳朵里，听起来声音就会清晰多了，这样就发明了第一个听诊器。

灵感思维是一种特殊的思维现象，是一个人长期思考某个问题得不到答案，中断了对它的思考之后，却又会在某个场合突然产生这个问题的解答的现象。多数人都不否认灵感的存在，因为这种心理状态是人们能够体验到的，常说的“灵机一动，计上心来”正是这种体验的生动描述。灵感是创造活动中不可缺少的一部分，由灵感引发的创新产品更是不胜枚举。但对于灵感的产生人们却有着不同的看法，有人说灵感是不存在的，也有人说灵感产生于天才。这些说法都是不正确的，实际上长期的艰苦劳动和执着追求才是灵感产生的基础。爱迪生说过，发明是1%的灵感和99%的汗水。

5. 直达思维与旁通思维

直达思维始终围绕需要解决的问题进行思考；旁通思维则将问题转化为另一个问题，间接分析求解。旁通思维后要返回到直达思维，才能较好地解决所提出的问题。例如美国的莫尔斯受到马车到驿站要换马的启示，采用设立放大站的方法，解决了信号远距离传输衰减的问题，就是旁通思维的一个例子。

6. 逆向思维

逆向思维是从一种事物想到另一种相反事物，从一种条件想到另一种相反条件，从一种可能想到另一种相反的可能，从原因追溯结果的创新思维能力。逆向思维摆脱了单一思维的束缚，异想天开，引导人们从“山重水复疑无路”的困境走出来，寻找新的途径和高明的办法，得到意想不到的收获。

圆珠笔漏油问题的解决，就是逆向思维的成果。圆珠笔问世之初，笔珠漏油严重影响了它的推广和使用。开始时，人们沿着一般的常规思路去寻找对策：从分析笔珠漏油的原因入手，去探索解决方法。他们发现，圆珠笔在书写过程中，笔珠因磨损而逐渐变小，笔油就随之流出。于是，人们用不锈钢或宝石做笔珠，大大提高了笔珠的耐磨性。但是，新的问题又接踵而来：笔珠与笔芯内侧长期接触磨损后，笔芯的头部会变大变形，导致笔珠弹出，漏油的问题仍得不到解决。笔珠公司苦无良策，不得不停产。日本的中田藤三郎另辟蹊径，从改造笔芯着手。他发现，当用圆珠笔写到1.5万字左右时，笔珠就变小、漏油；如果减少笔芯的流量，当用圆珠笔写到1.5万字左右时，笔油就用完，漏油的问题就解决了。这一逆向思维解决了许多人久未解决的难题。

7. 类比思维

类比思维是指不同种类、不同性质的事物之间往往存在着某种程度上的相似性，属于相似理论。人们可以利用这种相似性来进行模拟和移植，达到创新的目的。古语有“他山之石，可以攻玉，”人们为了解决本行业的难题，可以借助于其他行业的工具和手段。例如通过类比思维，医生由建筑上的爆破联想到人体器官内结石的爆破，从而发明了医学上的微爆破技术。

8. 动态思维

动态思维是一种运动的、不断调整的、不断优化的思维活动。其特点是根据不断变化的环境、条件来改变自己的思维秩序和思维方向，对事物进行调整控制，从而达到优化的思维目标。它是人们学习和工作中经常用到的思维形式。

动态思维是由美国心理学家爱德华·德·德波诺提出的，他认为人在思考时要将事物放在一个动态的环境或开放的系统中来加以把握，分析事物在发展过程中存在的各种变化或可能性，以便从中选择出对解决问题有用的信息、材料和方案。动态思维的特点是要随机应变、灵活机动，与古板教条的思维方式形成鲜明对比。生活中人们常说的“一根筋”现象，就是典型的与动态思维相对立的思维方式，是不应提倡的思维方式。

动态思维要求人们在创造的征途上奋进的时候，应该不断地环顾四周，不要忽视探索中出现的任何一个细微变化，应及时分析这个变化同自己正在进行的创造活动的关系，这正是动态思维的特征。

9. 质疑思维

质疑是人类思维的精髓，善于质疑就是凡事多问几个为什么，用怀疑和批判的眼光看待一切事物，即敢于否定。对于每一种事物都提出疑问，是许多新事物、新观念产生的开端，也是创新思维最基本的方式之一。

实际上，创新思维是以发现问题为起点的。爱因斯坦说过，系统地提出一个问题，往往比解决问题重要得多，因为解决这个问题或许只需要数学计算或实验技巧。当年哥伦布看出了“地心说”的问题才有“日心说”的产生；爱因斯坦找出了牛顿力学的局限性才诱发了“相对论”的思考。所有科学家和思想家，可以说都是“提出问题和发现问题的天才”。一个人若没有一双发现问题的眼睛，就意味着思维的钝化。因此，许多科研机构都非常重视培养研究人员提出问题、发现问题的能力，常常拿出三分之一以上的时间训练其提出问题的技巧。

二、创新思维的特征

创新思维是一种人类高层次的思维活动，既具有一般思维的特点，又有不同于一般思维的特性。一般思维仅能肤浅地、简单地揭示事物的表象，以及事物之间常规性的活动轨迹，而创新思维不仅能揭示事物的本质和事物之间非常规性的活动轨迹，而且能够提供新的、具有社会价值的产品。因此创新思维是逻辑思维与非逻辑思维有机结合的产物，借助非逻辑思维开阔思路，产生新设想和新点子，通过逻辑思维对各种设想进行加工和整理，产生创新成果。由此可知，创新思维具有以下特征：

1. 思维结果的新颖性和独特性

新颖性和独特性是指思维结果的首创性，具备与他人不同的独特见解，思维的结果是过去未曾有过的。也可以说，是主体对知识、经验和思维材料进行新颖的综合分析、抽象概括，以致达到人类思维的高级形态，其思维结果包含着新的因素。例如20世纪50年代在研究晶体管材料时，人们都只考虑将锗提纯的方法，但未能成功；而日本科学家在对锗多次提纯失败后，采用求异探索法，不再提纯，而是一点一点加入少量杂质，结果发现当锗的纯度降低为原来一半时，会形成一种性能优越的电晶体，此项成果轰动世界，并获得诺贝尔奖。又如灯的开关许多年来一直是机械式的，随着科学技术的发展，出现了触摸式、感应式、声控式、光控式、红外线开关等。其中，光控式开关能在一定暗度下使路灯自动点亮，而在天明时又使其自动关闭；红外线开关在人进入室内时自动亮灯，并准确做到“人走灯灭”。

2. 思维方法的多样灵活性和开放性

多样灵活性和开放性是指对于客观事物或问题，表现出敢于突破思维定式，善于从不同的角度思考问题，善于提出多种解决方案；能根据条件的发展变化，及时改变先前的思维过程，寻找解决问题的新途径。灵活性、开放性也含有跨越性的因果关系。例如，美国某公司的一位董事长有一次在郊外看一群孩子玩一个外形丑陋的昆虫，爱不释手。这位董事长当时就想，市面上销售的玩具一般都形象俊美，假如生产一些形状丑陋的玩具，情况又会如何呢？于是他安排自己的公司研制一套“丑陋玩具”，迅速推向市场。结果一炮打响，这些“丑陋玩具”深受孩子们的喜爱，非常畅销，给该公司带来巨大的经济效益。又如苍蝇是人类憎恶的东西，可科学家们的创新思维却跳出了死板的条框，经过对苍蝇与蛆的研究发现，这些人人痛恨的东西却含有丰富的蛋白质，可以用来造福人类。将风马牛不相及的事物连到一起，这正是思维跨越性的结果。跨越性是创新思维极为宝贵的一个特点，主要有两种思维形式：从思维的进程来说，它集中表现为省略思维步骤，加大思维前进的跨度，以此获取创造奇迹；从思维条件的角度讲，它表现为能够跨越事物“可观度”的限制，迅速完成“虚体”与“实体”之间的转化，加大思维的“转换跨度”。

3. 思维过程的潜意识自觉性

创新思维的产生，离不开紧张的思维和认真努力为解决问题所做的准备工作，但其出现的时机却往往是思维主体处于一种紧张之后的暂时松弛状态，如散步、听音乐、睡觉。这就说明了创新思维具有潜意识的自觉性。因为人在积极思维时，信息在神经元之间的流动按思考的方向进行有规律的流动，这时候不同神经细胞中的不同信息难以发生广泛的联系；而当主体思维放松时，信息在神经网络中进行无意识流动、扩散，这时候思维范围扩大，思路活跃，多种思维、信息相互联系和影响，这就为问题的解决准备了更好的条件。

4. 思维过程中的顿悟性

创新思维是长期实践和思考活动的结果，经过反复探索，思维运动发展到一定关节点时，或由外界偶然机遇所引发，或由大脑内部积淀的潜意识所触动，就会产生一种质的飞跃。如同一道划破天空的闪电，使问题突然得到解决，这就是思维的顿悟性。

美国在设计阿波罗登月飞船时，技术人员曾为其照明问题困惑了一年之久。由于在试验中发现灯泡的玻璃外壳总是在飞船着陆时被震碎。经过无数次的方案修改、材料试验的失败后，技术人员猛然想起，玻璃外壳的用途是阻隔空气对灯丝的氧化，而月球上根本就没有空气，所以也就用不着玻璃外壳，从而使问题迎刃而解。

如何捕捉创新思维？创新思维是大脑皮层紧张的产物，是神经网络之间的一种突然闪过的信息场。信息在新的神经回路中流动，创造出一种新的思路。这种状态由于受大脑机理的限制，不可能维持很久时间，所以创新思维往往是突然而至瞬间离去。若不立刻用笔记下来，紧紧抓住使之物化，等思维“温度”一低，连接线断了，就再难寻回。郑板桥对此深有体会，他说：“偶然得句，未及写出，旋又失去，虽百思不能续也。”一生有一千多项发明创造的爱迪生，从小有个习惯，就是把各种闪过脑际的想法记下来。这是一条重要的经验：先记下来再说。无论是睡觉还是休闲，心记不如笔记，切记此经验。

第二节 创新思维的形成与发展

一、创新思维的形成过程

首先是发现问题、提出问题，这样才能使思维具有方向性和动力源。发现一个好的问题，才能使人的思维更有意义和价值。爱因斯坦说过：“提出一个问题往往比解决一个问题更重要，因为解决一个问题也许仅是一个科学上的实验技能而已，而提出新问题、新的可能性，以及从新的角度看旧的问题，却需要创新性的想象力，而且标志着科学的真正进步。”科学发现始于问题，而问题是由怀疑产生的，因此生疑提问是创新思维的开端，是激发出创新思维的方法。其主要内容为：问原因，每看到一种现象，均可以问一问产生这些现象的原因是什么；问结果，在思考问题时，要想一想这样做，会导致什么后果；问规律，对事物的因果关系、事物之间的联系要勇于提出疑问；问发展变化，设想某一情况发生后，事物的发展前景或趋势会怎样。

在问题已经存在的前提下，基于脑细胞具有信息接收、存储、加工、输出四大功能，创新思维的形成过程大致可分为以下四个阶段：

1. 存储准备阶段

在准备阶段，应该明确要解决的问题，围绕问题收集信息，使问题与信息在脑细胞及神经网络内留下印记。大脑的信息存储和积累是诱发创新思维的先决条件，存储得越多，诱发得也越多。

在这个阶段里，创新主体已明确要解决的问题，收集资料信息，并力图使之概括化和系统化，形成自己的认识，了解问题的性质，澄清疑难的关键等，同时开始尝试寻找解决方案。任何一项创新和发明都需要一个准备过程，只是时间长短不一而已。收集信息时，资料包括教科书、研究论文、期刊、技术报告、专利和商业目录等，而查访一些相关问题的网站，或与不同领域的专家进行周密的讨论，有时也会有助于收集信息。

爱迪生为发明电灯，所收集的相关信息写下来后达 200 多本，4 万页之多。爱因斯坦青年时，就在冥思苦想这样一个悖论问题：如果人以 c 速（真空中的光速）追随一条光线，那么人就应当看到这样一条光线，就好像一个在空间里振荡着而停滞不前的电磁场。他思考这个问题长达十年之久，当考虑到“时间是可疑的”这一结论时，他忽然觉得萦绕脑际的问题得到解决了。因此，他只经过 5 周的时间，就完成了闻名世界的“相对论”。相对论的研究专题报告虽在几周时间内完成，可是从开始想到这个问题，直至全部理论的完成，其中有数十载的准备工作。因此，创新思维是艰苦劳动、厚积薄发的奖赏，也正应了“长期积累，偶然得之”的名言。

2. 悬想加工阶段

在围绕问题进行积极的探索时，神秘而又神奇的大脑不断地对神经网络中的递质、突触、受体进行能量积累，为产生新的信息而运作。这个阶段，人脑能总体上根据感觉、知觉、表象提供的信息，超越动物脑机能只停留在反映事物的表面现象及其外部联系的局限，认识事物的本质，使大脑神经网络的综合、创新能力具有超前力量和自觉性，使它能以自己特殊的神经网络结构和能量等级把大脑皮层的各种感觉区、感觉联系区、运动区都作为低层次的构成要素，使大脑神经网络成为受控的、有目的自觉活动。

在准备之后，一种研究的进行或一个问题的解决不是一蹴而就的，往往需要经过探索和尝试。若工作的效率仍然不高，或问题解决的关键仍未获得线索，或所拟订的假设仍然未能得到验证，在这种情况下，研究者不得不把它搁置下来，或对它放松考虑。这种未获得要领而暂缓进行的期间，称为酝酿阶段。

悬想加工阶段的最大特点是潜意识的参与。对创新主体来说，需要解决的问题被搁置起来，主体并没有做什么有意识的工作。由于问题是暂时表面搁置，而大脑神经细胞在潜意识指导下则继续朝最佳目标进行思考，因而这一阶段也常常称为探索解决问题的潜伏期或孕育阶段。

3. 顿悟阶段

顿悟阶段称为真正创造阶段。经过充分酝酿和长时间思考后，思维进入豁然开朗的境地，从而使问题得到突然解决，正所谓“众里寻他千百度，蓦然回首，那人却在灯火阑珊处”。这种现象在心理学上称为灵感，没有苦苦的长期思考，灵感绝不会到来。

进入这一阶段，问题的解决一下子变得豁然开朗。创新主体突然间被特定情境下的某一特定启发唤醒，创造性的新意识猛然被发现，以前的困扰顿时一一被化解，问题顺利解决。在这一阶段中，解决问题的方法会在无意中忽然涌现出来，而使研究的理论核心或问题的关键明朗化，其原因在于当一个人的意识在休息时，他的潜意识会继续努力地深入思考。

顿悟阶段是创新思维的重要阶段，被称为“直觉的跃进”“思想上的光芒”。这一阶段客观上是由于重要信息的启示和艰苦不懈的探索；主观上是由于在酝酿阶段内，研究者并不是将工作完全抛弃不理，只是未全身心投入去思考，从而使无意识思维处于积极活动状态。不像专注思索时思维按照特定方向运行，这时思维范围扩大，多神经元之间的联络范围扩散，多种信息相互联系并相互影响，从而为问题的解决提供了良好的条件。

例 2-1　缝纫机的发明。

19 世纪 40 年代，美国人伊莱亚斯·豪在研制缝纫机时，苦苦思考、勤奋钻研了很长时间，仍没有琢磨出一个可行方案。一天，伊莱亚斯·豪观察织布工手里拿着的梭子，只见梭子在纬线中间灵活地穿来穿去，他的脑海中浮现出一个想法：如果针孔不是开在针柄上，而是开在针尖上，这样即使针不全部穿过布，不也能使线穿过布了吗？当针穿过布时，在布的背面就会出现一个线环，假如再用一个带引线的梭子穿过这个线环，这两根线不就达到了缝纫的目的吗？正是织布梭子的启发，使问题的解决一下子变得豁然开朗，两年后第一台缝纫机便问世了。

4. 验证阶段

在已经产生许多构想后，必须通过评估缩小选择范围，以获得具有最大潜在利益的方案。对假设或方案，通过理论推导或者实际操作，来检验它们的正确性、合理性和可行性，从而付诸实践。也可能把假设方案全部否定，或对部分进行修改补充。创新思维不可能一举成功。

例如，渐开线环形齿球齿轮机构的发明就是一个典型实例。20 世纪 90 年代初期，我国一位科研工作者在研究国外引进的一种喷漆机器人的柔性手腕时，发现这种手腕机构中采用了一种离散齿球齿轮，仔细分析后发现这种球齿轮存在传动原理误差和加工制造困难两大缺陷，因而仅限于用在对误差不敏感的喷漆机器人上。能否发明一种新机构，来克服这两大缺陷呢？他为此苦思冥想了近一个月也未能取得实质性的突破，满脑子昼夜想的都是新型球齿轮，几乎到了一种痴迷的境界。1991 年 10 月 2 日，大约在凌晨 3 点钟，在迷迷糊糊、半睡半醒的状态下，他大脑中突然冒出了一个新想法：将一个薄片直齿轮旋转 180°不就得到了一种新型球齿轮吗？惊喜中，他立刻翻身起床，拿出绘图工具，通宵完成了新型球齿轮的结构设计工作，第二天送到工厂加工。试验结果验证了这一灵感的正确性，于是一种首创的渐开线环形齿新型球齿轮就这样诞生了。

二、创新思维的培养与发展

虽然每个人都有创新思维的生理机能，但一般人的这种思维能力经常处于休眠状态。生活中经常可以看到，在相似的主、客观条件下，一部分人积极进取，勤奋创造，成果累累；一部分人惰性十足，碌碌无为。学源于思，业精于勤。创造的欲望和冲动是创造的动因，创新思维是创造中攻城略地的利器，两者都需要有意识地培养和训练，需要营造适当的外部环境刺激予以激发。

1. 潜创造思维的培养

潜创造思维的基础是知识，人的知识来源于教育和社会实践。由于受教育的程度和社会实践经验的不同，人的文化知识、实践经验知识存在很大差异，即人的知识深度、广度不同，但人人都有知识，只是知识结构不同。也就是说，人人都有潜创造力。普通知识是创新的必要条件，可开拓思维的视野，扩展联想的范围。专门知识是创新的充分条件，专门知识与想象力相结合，是通向成功的桥梁。潜创造思维的培养就是知识的逐渐积累过程，知识越多，潜创造思维活动越活跃，所以学习的过程就是潜创造思维的培养过程。

2. 创新涌动力的培养

存在于人类自身的潜创造力只有在一定的条件下才能释放出能量，这种条件可能来源于社会因素或自我因素。社会因素包括工作环境中的外部或内部压力；自我因素主要是强烈的事业心，两者的有机结合，构成了创新的涌动力。所以，创造良好的工作环境和培养强烈的事业心是激发创新涌动力的最好保证。

3. 思维定式的破除

创新思维的障碍很多，主要有思维定式、功能固着等。其中思维定式是指人们习惯于按已有的固定模式，机械地再现或套用过去的“正确思路”或“成功经验”去解决新问题。功能固着是指个人受到经验功能的局限，对事物功能狭隘化，不能发现认识事物更多潜在可能的功能，或创造性地思考事物的功能。

例 2-2　黑猩猩的智商研究。

有位教授为了研究黑猩猩的智商，曾经做了这样一项试验。他将一束又鲜又大的香蕉悬挂在一间房屋的天花板上，即使黑猩猩跳起来也够不着。在房间的角落堆放着几只空木箱，除此以外别无他物。试验的设计是这样的：如果黑猩猩能去搬动木箱，将木箱叠放后去摘取香蕉，说明它具有应用工具的智慧。

教授带着学生在隔壁的房间里偷偷观察黑猩猩的一举一动。开始，黑猩猩尝试着跳起来摘取那束悬挂着的香蕉，失败之后便静静蹲在一角。它偶尔也从乱放的木箱旁走过，然而对木箱并没有什么反应。

教授原想用试验证明黑猩猩也会应用工具的打算看来是落空了。他走进实验室，背着手在房间里踱步寻思，考虑下一步该做什么试验。然而一件意想不到的事情发生了，当教授踱步到靠近香蕉的地方时，黑猩猩突然蹿上前来，然后一跃而起，搭着教授的双肩，再乘机凌空一跃，便将天花板上的香蕉摘了下来。教授顿时目瞪口呆，想不到试验结果竟然如此。

在认识事物的过程中，令人尴尬的事情时有发生。在教授看来，只有堆放在角落里的木箱才是工具，这就是思维定式在作怪。

第三节　影响创新能力的因素分析

一、影响创新能力的非智力因素

发明创造是人类的一种复杂的活动，它需要人们充分发挥自己的创造力，然而人的创造力不是天生的，而是逐步培养起来的。影响创新能力的非智力因素主要包括以下几个方面：

1. 兴趣和好奇心

兴趣是人们积极探索某种事物或某种活动的意识倾向，是人们心理活动的意向运动，是个性中具有决定作用的因素。兴趣可以使人的感官、大脑处于最活跃的状态，使人能够最佳地接受教育信息，有效地诱发学习动机、激发求知欲，所以说兴趣是推动人们去寻求知识的一种力量。

好奇心是一种对自己还不了解的周围事物能够自觉地集中注意力、想把它弄清楚的心理倾向。一般都是通过“看一看、听一听”引起惊叹感，再通过“问一问”的方式把它的来龙去脉搞清楚。

强烈的好奇心是从事创造性活动的人所应具备的基本素质之一。如果对周围的一切都冷眼相看，麻木不仁，这种人是不可能去积极探索未知世界的，也不可能有发明创造。人们所说的才能，在很大程度上就是指一个人能够看到其他人所不曾看到的现象，能够理解或感受其他人所不曾理解或不曾感受到的特征，并把这一切传递给别人的本领。因此，也可以认为那种对特殊的、怪诞的事物感到惊讶的行为似乎只是一种本能的反应，而只有对身边无人注意的事物感到惊奇，才是某种才能的显露。法国雕塑艺术家奥古斯特·罗丹认为，所谓大师就是这样的人，他们用自己的眼睛去看别人看过的东西，在别人司空见惯的东西上能够发现美。进化论的创始人之一阿尔弗雷德·拉塞尔·华莱士说，他在捕获到一只新蝴蝶后“心狂跳不止，热血冲到头部……。这本来是一件很平常的事，竟使他兴奋到极点，如果没有好奇心，他是不会有这种感受的。

要使自己具有好奇心，就要养成爱问“为什么”的习惯。爱迪生自幼就爱“打破砂锅问到底”，从鸡为什么把蛋放在屁股底下、蛋也怕着凉等问题一直追问到“把蛋放在屁股底下暖和暖和就能孵出小鸡吗?”。至此还不满足，他还亲自做个窝，一本正经地蹲在上面孵小鸡。没有强烈的好奇心的驱使，爱迪生是不会有此举动的。瓦特也曾对水蒸气顶开壶盖这一平常现象问个没完，后来他发明出当时世界上最先进的蒸汽机。这就是说，好奇心能促使人去发问；反之，爱提问题也是求知欲、好奇心的表现。有意识地训练自己多提问题，必然有助于好奇心的增强。

又如比尔·盖茨，正是对计算机和软件开发有着强烈的兴趣，才促使他放弃大学学业而从事软件开发，只用了短短数年时间就使微软公司成为世界上著名的公司，其发展速度之快成为知识经济的象征；我国青年发明家王贵海，在大学学习时对非圆齿轮的研究产生了极大的兴趣，经过几年的努力，终于攻克了非圆齿轮的设计和制造这一世界难题。

总之，兴趣和好奇心能导致求知欲，而求知欲能使人走上知识之路，进而发挥其创造能力。曾做过荷兰代尔夫特市政府看门人的安东尼·列文虎克在听说透过放大镜能把小东西看清楚这一情况后，立即产生出强烈的好奇心，决定自己动手磨制镜片，并于1665年创造出当时世界上最先进的显微镜。同样在强烈好奇心的驱使下，他用自制的显微镜发现了自然界中的“小人国”——微生物，为科学技术的发展做出了重大贡献。因此，在发明活动的整个过程中都应使自己保持童年时的好奇心，对自己未知的东西，不仅要看、要听，而且要问到底，这样才会有助于个人创造能力的发挥。

2. 进取心

进取心是指那种不满足于现状，坚持不懈地向新的目标追求的心理状态。进取心是极为可贵的，人类如果没有进取心，社会就不可能前进；一个人如果没有进取心，那他终生将会碌碌无为。因此凡是事业取得较大成就者，无不具有较强烈的进取心。

要培养自己的进取心，首先得学点辩证法，务必使自己懂得：世界上一切事物都充满着矛盾，旧的矛盾解决了，新的矛盾又会产生。人类改造世界的过程就是解决各种矛盾的过程，这个过程永远不会终结。如果把世界上的一切事物都看成孤立的、静止的、永恒不变的，甚至觉得它们已经尽善尽美，势必使人失去改造世界的能动性和进取心。

要增强进取心，必须克服安于现状、墨守成规的处世观念。安于现状者，一种是对现状感到心满意足，压根就没有想到去改变它；另一种是对旧情况已感到某种不满足，对所见境况感到不理想，对所处境遇觉得不称心，对所用物品感到不顺手，但他并不想去改变这一切，反而认为这都是既成事实，何必煞费苦心去折腾一番，不如循规蹈矩，得过且过。这两种情况都是我们常说的不思进取，这是一种保守思想，它是发明创造的严重障碍。因此，要增强自己的进取心，必须注意克服保守思想。

古往今来的一切发明家之所以能在各个不同的技术领域中独占鳌头，无不因为他们具有强烈的进取心。“欲穷千里目，更上一层楼”，一切有志于发明创造的人们，从小就应该注重于培养自己最基本的素质——进取心。

3. 自信心

自信心就是在对自己的能力做出正确估价后，认定自己能实现某些追求、达到既定目标的信心。

自信心对于从事创造性劳动的人们尤为重要。信心是事业的立足点，在发明的攻坚战中，失去了自信心这块阵地，就意味着整个战线的崩溃。所以著名科学家居里夫人告诫人们应该有恒心，尤其要有自信心！

那么如何增强自信心呢？最重要的是克服自卑感。有自卑感的人容易只看到他人的长处，而放大自己的短处，并以他人之长比己之短，越比越觉得自己这也不行，那也不行，就像“放炮”后的车胎，彻底泄了气。因此，增强自信心的第一步就是要学会用辩证的观点去看待别人、评价自己。

增强自信心还得正确地认识才能。应该相信已被现代科学证明了的一个论点：人的先天才能一般都是相同的，刚生下来时并无太大差异。正如鲁迅先生精辟地阐明的“即使天才，在生下来时的第一声啼哭，也和平常的儿童一样，绝不会是一首好诗”。人的后天才能是通过劳动实践造就而成的，正如华罗庚教授所说：“勤能补拙是良训，一分辛苦一分才”。

我国著名教育家陶行知先生曾说过：“人类社会处处是创造之地，天天是创造之时，人人是创造之才。”在发明的征程上必须信心十足，从而正确地评价自己，增强自信心。因为发明创造是在前人未曾涉足的领域内进行，经常会有困难和挫折的风暴袭来。处在这种恶劣的环境中，最忠实可靠的伙伴就是自信心。因此，任何准备从事发明创造的人，都不可忽视对自信心的培养。

4. 意志和勇气

意志是为了达到既定的目的而自觉努力的心理状态。坚强的意志不仅能使人对事物具有执着的迷恋趋向，而且能使人持久地从事某一活动。人们为了达到既定目标，在运用所掌握的知识、技能进行改造客观世界的实践活动时，总是要遇到各种各样的困难，需要不断地克服，“科学有险阻，苦战能过关”。意志是一种精神力量，使人精神饱满，不屈不挠，为达到理想境界坚持不懈地斗争。没有坚持、坚持再坚持的韧性和毅力，居里夫妇就不会取得令人肃然起敬的成绩。他们数年如一日，百折不挠、坚持不懈地进行着繁重工作，一公斤一公斤地炼制铀沥青矿的残渣。在类似马厩的十分简陋的屋里，从数吨铀矿残余物中提炼出只有几厘克纯镭的氯化物，靠的就是坚韧不拔、持之以恒的意志。

勇气就是无所畏惧的非凡气概。从事发明创造一定要有勇气，因为任何发明创造都是走他人没有走过的路，这条路上总是荆棘丛生、坎坷不平，没有勇气和冒险精神是不敢迈进的。正如马克思所说：“在科学的入口处，正像在地狱的入口处一样，必须提出这样的要求，这里必须根绝一切犹豫，这里任何怯懦都无济于事”。

发明创造是一项开拓性的事业，没有人能保证一举成功，失败是不可避免的。美国发明家富尔顿为发明轮船奋斗了数年，待到制成的样船试航时，无奈天公不作美，一阵狂风暴雨使它沉没河底。假如富尔顿没有失败了再干的勇气，他就不会花整整一天时间把机器打捞上来，更不会再去奋战4个春秋，当然他的名字也就不会被载入发明家的史册。

发明总是要创新。创新就要突破旧的条条框框的束缚，而保护这些束缚的习惯势力相当顽强，没有勇气是不敢迎上前去的。英国的爱德华·琴纳在经过36年的试验、研究之后，终于发明了预防天花的新方法——接种牛痘。当他自费出版用心血写成的《牛痘的成因与作用》后，招来的不是支持、赞扬，而是恶毒诽谤和造谣中伤。有一家报纸公开造谣说："某人的小孩接种牛痘以后，咳嗽的声音像牛叫，而且浑身长出了牛毛。"爱德华·琴纳在写给他的朋友的信中说："我一生从来没有遭受过像现在这样的打击，我好像乘着一只小船，快要到对岸了，却受着狂风暴雨的袭击……"如果他没有一股异乎寻常的勇气，是难以驾驭"这只小船"达到光辉的彼岸的。

另外，发明总是离不开实验，而有些实验是相当危险的，甚至有生命危险。从前臂静脉插入一根导管直至心脏，在常人看来是不可思议的事情，然而德国医学家沃纳·福斯曼于1925年在自己的身上做了这项实验，发明了心脏急症新疗法——心导管诊断术。他在自体实验后写道："由于导管抖动，导管与锁骨静脉壁相互摩擦，这时我感到锁骨后方非常热……还有一种微弱的要咳嗽的冲动。为了在X射线屏幕上观察导管的位置，我带着插到心脏内的导管，和护士从研究室的手术间徒步走了很长的路，爬上楼梯，到达X射线检查室。实验证明，导管插入与拔出完全不痛，全身没有任何异样的感觉……"。他进行了危险的自体实验，并得出了完全正确的结论，然而招来的却是冷嘲热讽。10年后，他发明的心导管诊断术才为世人普遍接受。

5. 社交能力

创造学的研究表明，一个创造性很强的人，往往会因为各种原因而与周围的人难以合拍或协调，从而使自己的创造活动增加了人为阻力，使自己的聪明才智得不到充分发挥。美国的钢铁大王卡耐基说："一个人的成功，只有15%是由于他的专业技术，而85%则要靠人际关系和他为人处世的能力。"虽然这个论点不完全准确，但从一个侧面也反映出人际关系在创造活动中的重要性。

在社交能力培养中，有专家提出以下几个原则，可以作为借鉴。

（1）正直原则　指营造互帮互学、团结友爱、和睦相处的人际关系，从而具备正确、健康的人际交往能力。

（2）平等原则　指交往双方人格上的平等，包括尊重他人和自我尊严两个方面。古人云："欲人之爱己也，必先爱人；爱人者，人恒爱之；敬人者，人恒敬之。"交往必须平等，这是人交往成功的前提。

（3）诚信原则　指在交往中以诚相待、信守诺言，这样才能赢得别人的拥戴，彼此建立深厚的友谊。马克思曾经把真诚、理智的友谊赞誉为"人生的无价之宝"。

（4）宽容原则　在与人交往过程中，要做到严于律己，宽以待人，善于接受对方的缺点，俗话说"金无足赤，人无完人"，因此，在交往中要有宽容之心。

（5）换位原则　在交往中要善于从对方的角度认知对方的思想观念和处事方式，设身处地地体会对方的情感和发现对方处理问题的独特方式等，从而真正理解对方，找到最恰当的沟通和解决问题的方法。

（6）取长补短原则　尺有所短，寸有所长，在交往过程中要勇于吸收他人的长处，弥补自己的不足。

6. 组织能力

组织能力是指对杂乱的局面或事物进行妥善安排、合理调配的指挥运筹能力。

随着科学技术的飞速发展，创新课题越来越复合化、综合化、复杂化，如何发现创新的信息，如何对所获得的信息进行综合归纳，如何制订计划和实施，都需要高度的组织能力。既要合理安排人员，又要善于处理千头万绪的工作，运筹帷幄，提高效率，以便能在激烈的竞争中保持领先水平。

二、影响创新能力的智力因素

现代社会已经进入了知识经济时代，因此从事创造发明要求发明者必须具有一定的知识，没有知识必将一事无成。智力因素是创新能力充分发挥的必要条件，将影响个体对问题情境的感知、定义和再定义，以及选择解决问题的策略过程，即影响信息的输入、转移、加工和输出。影响创新能力的主要智力因素有如下几方面：

1. 想象力

想象力就是在记忆的基础上通过思维活动，把对客观事物的描述构成形象或独立构思出新形象的能力。简而言之，想象力是人的形象思维能力。要打破习惯思维对自己的束缚，经常进行发散性思维，甚至进行幻想，来培养自己的想象力。

爱因斯坦认为，“想象力比知识更重要，因为知识是有限的，而想象力概括着世界上的一切，推动着社会的进步，并且是知识进化的源泉。严格地说，想象力是科学研究中的实在因素”。

爱因斯坦在创建“相对论”时，关于物体接近光速的试验，实际上几乎是无法做出来的。他在16岁时就常常思索“如果有人跟着光线跑而企图抓住它，会发生什么?”和“如果有人在一个自由下落的电梯里，会发生什么情形，将会产生什么?”等问题，他根据已知的科学原理和事实，运用丰富的科学想象，在头脑中设计并完成了一系列思想试验。1905年，26岁的爱因斯坦提出了“狭义相对论”，于1916年创立了“广义相对论”。他通过想象和思想实验的科学方法创立了具有划时代意义的相对论。

2. 洞察力

洞察力指的是深入细致的观察能力。具有这种能力就可以透过现象看本质，抓住机遇，在别人不注意的事物中找到新的发现和创新课题。

丹麦科学家、诺贝尔生理学和医学奖获得者尼尔斯·吕贝里·芬森有一次到阳台乘凉，看见自家的猫却在晒太阳，并随着阳光的移动而不断调整自己的位置。这样热的天，猫为什么晒太阳？一定有问题！带着浓厚的探究兴趣，他来到猫前观察，发现猫身上有一处化脓的伤口。他想难道阳光里有什么东西对猫的伤口有治疗作用？于是他就对阳光进行了深入的研究和试验，终于发现了紫外线——一种具有杀菌作用，肉眼看不见的光线。从此紫外线就被广泛地应用在医疗工作中。

在爱德华·伦琴发现X射线、亚历山大·弗莱明发现青霉素之前，实际上已有人发现了同样的现象，但是他们对这些现象缺乏好奇心和洞察力，没有进一步去研究，因而与这些发明失之交臂。在科技发展史上，这种与成功擦肩而过的事例不胜枚举，充分说明洞察力在创新中的重要作用。

洞察力的培养需要克服粗心大意、走马观花、不求甚解的不良习惯，而是通过长期的观察、记录、思考、再观察，以训练敏锐的洞察力。

3. 动手能力

创造力的最终成果是物化了的创造性思维，物化的过程就需要有一定的技术和掌握一定的技能。对工程技术人员来讲，是使用设计工具进行设计、使用表达的能力和仪器设备进行检测试验的能力；对于画家，是其色彩鉴别能力、视觉想象力；对从事音乐创作的人，具有一定的演奏技能、作曲技能等都是物化思维过程中不可缺少的。

动手能力包括制作、加工、试验及绘图等方面的技能。李政道博士曾经说过，动手能力是发明者所必须具备的基本素质。

爱迪生、法拉第等虽然没有到学校正规地学习，但他们非常喜爱动手做试验，改装设计制作仪器设备。由于刻苦自学、勇于实践、具有很强的动手能力，法拉第才能发现电磁感应现象，爱迪生才能拥有一千多项发明专利。因此，我们要注意养成动手制作、修理、维护、绘制、装配各种仪器、用具、设备的习惯，培养并增强自己的动手能力。

4. 智能和知识因素

知识是创新思维的基础，也是创造力发展的基础。文学家不掌握足够的词汇就不能写出好的作品；对于工程技术人员来说，其知识经验是发明创造的前提，学科基础知识、专业知识是从事创造发明的必要条件。知识给创新思维提供加工的信息，知识结构是综合新信息的奠基石。

5. 创新思维与创新技法

创新思维与创造活动、创造力紧密相关。创新思维的外部表现就是人们常说的创造力，创造力是物化创新思维成果的能力，在一切创造活动领域都不可缺少，是现代创造者创造能力的最重要因素。创新技法是根据创新思维的形式和特点，在创造实践中总结提炼出来的，使创造者进行创造发明时有规律可循、有步骤可依、有技巧可用、有方法可行。因此创新技法是构成创造力的重要因素之一。

上述因素对创造力的形成和发展有着重要的影响。在培养学生创新能力的教学工作中，首先应开设有利于创新能力培养的相关课程，使学生具有必需的知识结构，掌握基本的创造原理和常用的创新方法；其次应以知识、能力、素质培养为目标，有意识地培养学生的创新精神和创新能力；此外还应开展各类创新实践活动，如开展维修、装配、制作、小发明、小革新等多种形式的创新实践，不断提高其创新技能。

第三章

创新设计的基本原理

创新是人类有目的的一种探索活动，它需要一定的理论指导。创新原理是人们在长期创造实践活动中的理性归纳，同时也是指导人们开展新的创造实践的基本法则。本章介绍的创新设计基本原理，可为机械创新设计提供创新思考的基本途径和理论指导。

第一节　综合创新原理

综合是将研究对象的各个方面、各个部分和各种因素联系起来加以考虑，从整体上把握事物的本质和规律的一种思维方法。

综合创新，就是运用综合法则的创新功能去寻求新的创造，其基本模式如图 3-1 所示。

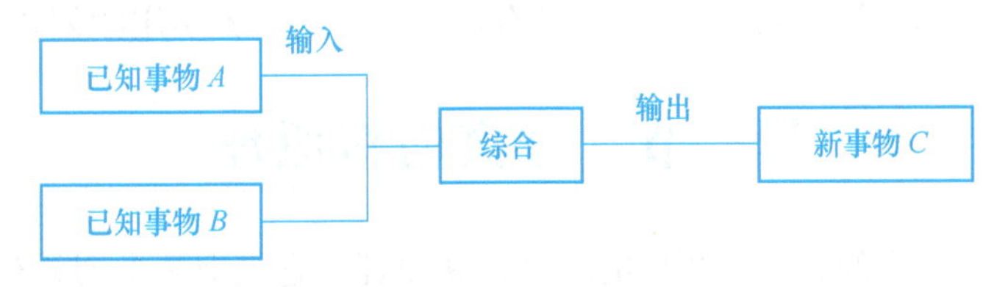

图 3-1　综合创新模式

综合不是将对象各个构成要素的简单相加，而是按其内在联系将相关构成要素合理结合起来，使综合后的整体能够带来创新性的新发现。机械创新实践中，随处可发现综合创新的实例。例如，将啮合传动与摩擦带传动综合而产生的同步带传动，具有传动功率较大、传动准确等优点，已得到广泛应用。

从 20 世纪 80 年代开始形成的机电一体化技术，已成为现代机械产品发展的主流技术。机电一体化是机械技术与电子技术、液压、气压、声、光、热以及其他不断涌现的新技术的综合。这种综合的机电一体化技术比起单纯的机械技术或电子技术性能更优越，使传统的机械产品发生了质的飞跃。例如，利用普通的 X 光机和计算机都无法对人的脑内病变做出诊断，豪斯菲尔德和科马克将两者综合，设计出了 CT 扫描仪，并将其应用于临床医学。CT 扫描仪在诊断脑内疾病和体内癌变方面具有特殊的功能，被誉为 20 世纪医学界最重大的发现之一。他们因此项发明也获得了 1979 年诺贝尔生理学和医学奖。

图 3-2 所示为一种小型车、钻、铣三功能机床，它是为适应小型企业、修理服务行业加工修配小型零件，运用综合原理开发设计出的小型多功能机床。由图可见，它主要由电动机 1、带传动 2、车削主轴箱 3、钻铣主轴箱 4、进给板 5、尾座 6 和床身 7 等组成。它的设计特点是以车床为基础，综合钻铣床主轴箱而形成。

从大量的创新实践可知，综合就是创造。综合已有的不同科学原理可以创造出新的原理，如牛顿综合开普勒的天体运行定理和伽利略运动定律，创建了经典力学体系；综合已有的事实材料可以发现新规律，如门捷列夫综合已知元素的原子属性与原子量、原子价的关系，发现了元素周期律；综合已有的不同科学方法创造出新方法，如笛卡儿引进了坐标系、综合几何学方法和代数方法，创立了解析几何；综合不同学科能创造出新学科，如信息科学、生物科学、材料科学、能源科学、空间科学等都属于综合性科学；综合已有的不同技术创造出新的技术，如原子能技术、电子计算机技术、激光技术、遗传技术、自动化技术、航天技术等。因此，综合创造具有以下基本特征：

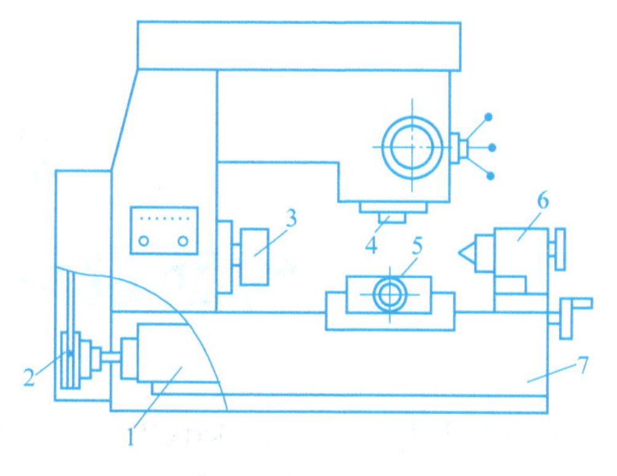

图 3-2　车钻铣机床

1—电动机　2—带传动　3—车削主轴箱
4—钻铣主轴箱　5—进给板　6—尾座　7—床身

1）综合能发掘已有事物的潜力，并且在综合过程中产生新的价值。

2）综合不是将研究对象的各个要素进行简单的叠加或组合，而是通过创造性的综合使综合体的性能产生质的飞跃。

3）综合创新比起开发创新在技术上更具有可行性，是一种实用的创新思路。

第二节　分离创新原理

分离是与综合相对应的、思路相反的一种创新原理。它是把某个创新对象进行分解或离散，使主要问题从复杂现象中暴露出来，从而理清创新者的思路，便于人们抓住主要矛盾来寻求新的解决方法。分离创新模式如图 3-3 所示。

已知事物 A —输入— 分离 —输出— 新事物 B 或 C

图 3-3　分离创新模式

运用分离创新原理，人们获得了许多创新设计成果。例如，北京某家具公司开发设计的构件家具，摈弃了整体家具结构固化的模式，采用了化整体为组件，再由组件构成整体的设计思路。该公司研制成功的新型家具由 20 多种基本构件组成，通过不同的组合，能拼装出数百种不同的款式，以充分满足消费者求新求特的审美要求。在机械行业，组合夹具、组合机床、模块化机床也是分离创新原理的运用。

机械设计过程中，往往把设计对象分解为许多分系统和分功能，对每一分系统和分功能进行分析，再找出实现每一分功能的原理解，然后把这些原理解综合得出很多设计方案。因此，分离与综合虽然思路相反，但往往相辅相成，要考虑局部与局部、局部与整体的关系，分中有合，合中有分。

例如：举世闻名的美国自由女神像是法国赠送给美国的珍贵礼物，坐落在纽约赫德森河口白德勒海岛中央的这座女神像也成为美国的一个标志。在经历百年之后，自由女神像风化、腐蚀严重，为此美国进行了一次声势浩大的翻新工程。可是工程结束后，施工现场堆放的200t废料垃圾一时难以处理。政府决定招标，请承包商运走垃圾。但由于美国人环保意识很强，政府对垃圾的处理有严格的规定，大家都认为此举无利可图，一时无人投标。商人斯塔克有一次与一位爱好旅游的朋友闲谈，无意中谈到了旅游纪念品，斯塔克突然想到，如果将具有纪念意义的自由女神像原身遗物制作成旅游纪念品，一定会激发旅客的购买欲。于是他马上去投标承包了这一垃圾处理工程。他首先将废料进行分类，然后分门别类地进行开发设计，将废铜收集熔化，铸成小自由女神像和纪念币，把水泥块、木块等加工成一个个工艺品，把废铅、废铝做成纪念尺等。在经过分离创新之后，这一堆原本一文不值的垃圾成了具有特殊纪念意义的纪念品，十分畅销。

例3-1 机械夹固式车刀。

车刀是金属切削加工中应用最为广泛的刀具之一，通常由刀体和切削部分组成。按照使用要求不同，车刀可以有不同的种类和结构。将硬质合金刀片焊接固定在刀体上的车刀，统称为焊接式车刀。除了焊接式车刀外，人们应用分离创新原理设计制造出机械夹固式车刀（图3-4）。根据使用情况不同，机械夹固式车刀又可分为机夹重磨车刀和机夹可转位车刀。机夹重磨车刀（图3-4a）是将普通车刀用机械夹固的方法夹持在刀杆上的车刀，这种刀具在切削刃磨钝后，只要把刀片重磨一下，适当调整位置仍可继续使用。机夹可转位车刀（图3-4b）又称机夹不重磨车刀，它是采用机械夹固的方法将可转位刀片夹紧并固定在刀体上的一种车刀。它是一种高效率的刀具，刀片上有多个切削刃，当一个切削刃磨钝后，不需要重磨，只要将刀片转一个位置便可继续使用。从创新原理上看，可以认为机械夹固式车刀是刀体和切削部分分离创造的产物。

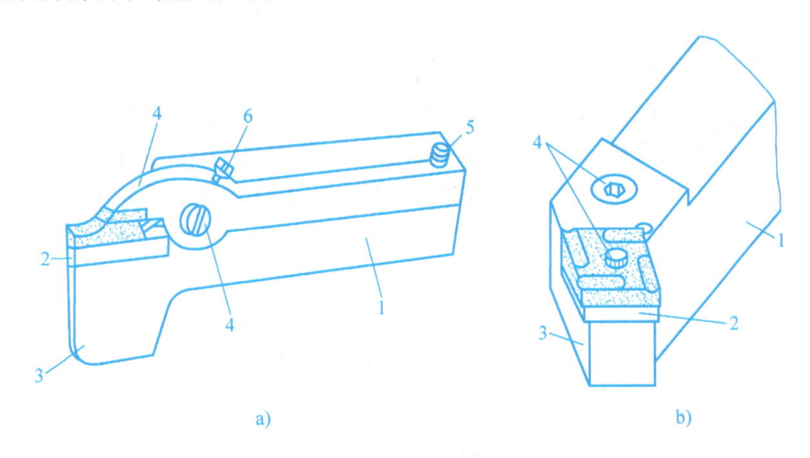

图3-4 机械夹固式车刀

a）机夹重磨车刀 b）机夹可转位车刀

1—刀柄 2—垫块 3—刀体 4—夹持元件 5—挡屑块 6—调节螺钉

分析大量的创新实例，可以发现分离创新具有以下基本特征：

1）分离能冲破事物原有形态的限制，在创造性分离中产生新的技术价值。

2）分离创新原理提倡人们将事物分解研究，而综合创新原理则提倡组合和聚集。因此分离与综合是思路相反的两种创新原理，但两者并不是相互排斥的，在实际创新过程中，两者往往是联系在一起的，相辅相成地促成新事物的创造。

第三节　移植创新原理

把一个研究对象的概念、原理和方法等运用或渗透到其他研究对象而取得成果的方法，就是移植创新。

在自然界，植物在地理位置上的移植，不同物种的枝、芽的移植嫁接，医疗领域的人体器官移植，都运用了移植方法。在机械创新设计方面，应用移植创新原理获得成功的例子也比比皆是。例如在设计汽车发动机的化油器时，人们移植了香水喷雾器的工作原理；组合机床、模块化机床的设计移植了积木玩具的结构方式。因此，移植方法也是一种广泛应用的创新原理，其主要方式如下：

1）把某一学科领域中的某一项新发现移植到另一学科领域，使其他学科领域的研究工作取得新的突破。

2）把某一学科领域中的某一基本原理或概念移植到另一学科领域之中，促使其他学科的发展。

3）把某一学科领域的新技术移植到其他学科领域之中，为另一学科的研究提供有力的技术手段，推动其他学科的发展。

例如：激光技术移植到医学领域，为诊断、治疗各种疾病提供了有力的武器；激光技术移植到生物学领域，可以改变植物遗传因子，加速植物的光合作用，促进植物的生长发育；在机械加工领域中移植入激光技术，使原来用机床很难加工的小孔、深孔及复杂形状都容易实现；电气技术移植到机械行业，实现了机电一体化；计算机技术移植到机械领域，使机械技术产生了巨大的突破。

又如将发泡技术移植到橡胶生产中。人们都知道，通过发酵技术制作出的馒头和面包非常松软可口，这是因为发酵后面团内部产生了气泡，从而使食物变得蓬松，这种技术被称为发泡技术。该技术被美国人成功地移植到橡胶的生产中，将能够产生气泡的发泡剂掺入生橡胶，待橡胶熟化后就会像面包一样膨胀起来，由此发明了橡胶海绵及其生产工艺。

4）将一门或几门学科的理论和研究方法综合、系统地移植到其他学科，就创立了新的边缘学科，推动科学技术的发展。

在 19 世纪末，人们把物理的理论和研究方法系统地移植到化学领域中，在化学现象和化学过程的研究中，运用物理学的原理和方法创立了物理化学。又如：人们把物理学和化学的理论和研究方法综合地移植到生物学领域，创立了生物物理化学这一新的学科。人们运用移植方法，创立了大量的边缘学科，使现代科技既高度分化又高度综合地向前发展。

总之，移植原理能促使思维发散，只要某种科技原理转移至新的领域具有可行性，通过新的结构或新的工艺就可以产生创新。

例 3-2　陶瓷发动机。

人们不断地设计新型、高效、节能发动机，最近开发出的陶瓷发动机，就是以高温陶瓷制成燃气涡轮的叶片、燃烧室等部件，或以陶瓷部件取代传统发动机中的气缸内衬、活塞帽、预燃室、增压室等。陶瓷发动机具有耐腐蚀、耐高温性能，可以采用廉价燃料，可以省去传统的水冷系统，减轻了发动机的自重，因而可大幅度地节省能耗、降低成本、增大工效，是动力机械和汽车工业的重大突破。

例 3-3 磁悬浮轴承设计。

轴承是常用的机械零件，一般人们主要通过减少摩擦以提高轴承的旋转精度、机械效率和使用寿命。人们将电磁学原理移植到轴承设计中，利用磁的同性相斥特点，开发出工作时轴颈与轴瓦不接触的磁悬浮轴承，其旋转时摩擦阻力很小，现已推广应用。例如美国西屋公司将磁悬浮轴承用在电度表上，开发出高精度的新型电度表，由此获得较高的商品附加值。

例 3-4 机床滚动导轨设计。

常见的机床导轨是滑动摩擦导轨，其摩擦阻力较大。后来人们在导轨摩擦面间安装了滚动体，设计出滚动摩擦导轨，从而使导轨之间的滑动摩擦转化为滚动摩擦（图 3-5a）。与普通滑动导轨相比，滚动导轨具有运动灵敏度高、定位准确性好、摩擦力小、润滑系统简单、维修保养方便等优点。从创新原理上看，可以认为这种新型导轨是普通推力球轴承结构（图 3-5b）的一种移植。

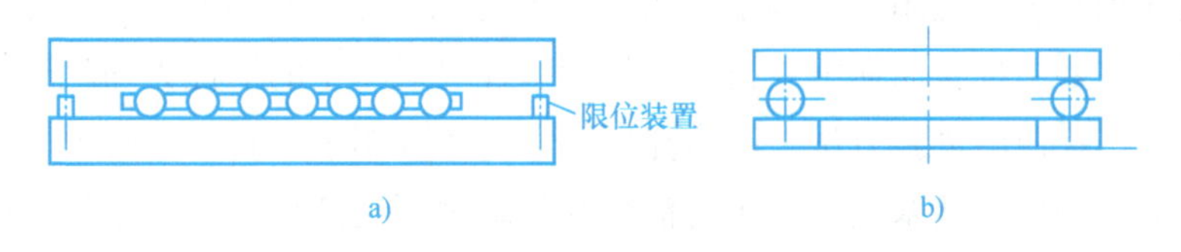

图 3-5 滚动摩擦导轨的结构和普通推力球轴承结构

第四节 逆向创新原理

逆向创新原理是从事物构成要素中对立的另一面去分析，将通常思考问题的思路反转过来，有意识地按相反的视角去观察事物，寻找解决问题的新方法。逆向创新法也称为反向探求法。

我国宋代司马光破缸救人的故事，大家都很熟悉，他运用的就是逆向思维方法。因为要使水缸里的小朋友不被淹死，就得想办法使人和水分离。别的小朋友想的都是把人从水里拉出来，即人离开水，而司马光想的却恰恰是水离开人。这种思维方法是突破思维定式，从与常规思路相反的角度去思考问题的。

18 世纪初，人们发现了通电导体可使磁针转动的磁效应，法拉第运用逆向思维反向探求“能不能用磁产生电呢?”通过大量试验，他终于在经过 9 年的探索后于 1831 年获得成功——发现了电磁感应现象，制造出了世界上第一台感应发电机，为人类进入电气化时代开辟了道路。

又如在钨丝灯泡发明初期，为避免钨丝在高温下氧化，需将灯泡抽真空，但是使用后发现，灯丝通电后仍会变脆。多数人认为应进一步提高灯泡内的真空度，而美国科学家欧文·兰米尔却提出向灯泡内充气的方法，因为充气比抽真空在工艺上要容易得多。他分别试验了将氢气、氧气、氮气、二氧化碳、水蒸气等充入灯泡，试验证明，氮气有明显减少钨蒸发的作用，可使钨丝在其中长期工作，于是发明了充气灯泡。

逆向创新一般有三个主要途径：功能性逆向创新、结构性逆向创新和因果关系逆向创新。

1. 功能性逆向创新

人们在长期从事实践活动的过程中，对解决某类问题过程中的各种功能关系形成了固定的认识，若将某些已被人们普遍接受的功能关系颠倒，有时可以收到意想不到的效果。在适当的条件下，这种新方法可以解决常规方法不能解决的问题。

人们用火加热食品时总是将食品放在火的上面，当热源的形式改变以后人们仍然习惯这样安排热源和食品的位置。夏普公司生产的煎鱼锅刚开始也是按照普通加热锅的形式进行设计的，但在使用中却发现当鱼被加热时，鱼体内的油滴落到热源上会产生大量的烟雾而造成污染。设计者运用逆向思维方法，改变热源和鱼的相对位置，即把热源放在上面，鱼放在下面。根据这一设计思路，研制出了采用上加热方式的无烟煎鱼锅。

2. 结构性逆向创新

结构性逆向创新是指运用逆向思维方法，打破传统的结构设计而设计出新结构的产品。活塞式内燃机的主要结构是曲柄滑块机构，但活塞往复运动中的惯性力却阻碍了内燃机转速的提高。运用结构性逆向创新方法，菲力克斯·汪克尔发明了旋转活塞式内燃机，提高了内燃机的转速。但这种旋转活塞式内燃机的活塞和气缸都不是圆形的，由于加工误差和工作中的非均匀磨损，会使活塞和气缸之间产生泄漏而导致内燃机的工作效率降低。在采用多种传统方法来减少磨损仍不奏效时，技术人员运用结构性逆向创新方法，提出寻求用较软的耐磨材料作为气缸衬里的新思路。最后选择石墨材料，较好地解决了磨损问题，提高了工作效率，终于使旋转活塞式内燃机投入生产。

又如在电动机中有定子和转子，在通常的设计中，都是将转子安排在中心，便于动力输出，将定子安排在电动机的外部，这样可以很容易地安排电动机的支承。但是在吊扇的设计中，根据安装和使用性能的要求，却需要将电动机定子固定于中心，而将转子安装在电动机外部，直接带动扇叶转动。

3. 因果关系逆向创新

自然界中很多自然现象是有联系的，在某一自然过程中，一种自然现象可以是另一种自然现象的原因，而在另一自然过程中，这种因果关系可能会颠倒。探索这些自然现象之间的联系及其规律是自然科学研究的任务。例如，声音能产生振动，那么振动能否复现原声呢？爱迪生发明的留声机就是对声音能引起振动现象中的原因和结果的颠倒应用。又如1800年，意大利物理学家亚历山德罗·伏特将化学能变成电能，发明了伏打电池。英国化学家汉弗莱·戴维想到化学作用可以产生电能，那么电能是否可以引起化学变化而电解物质呢？1807年，他用电解法发现了钾和钠两种元素，1808年他又发现了钙、锶、钡、镁、硼五种元素，成为发现元素最多的科学家。再如利用机械结构转动时由于不平衡会引起振动的原理，发明了可夯实地基的机械夯。

当今世界上大量的新技术、新成果都是人们利用逆向创新原理不断探索创造出来的，是用传统思维方法所无法想象的。逆向创新原理告诉人们：在创新的过程中，要走前人没有走过的路，做前人不敢做的事，打破常规、向传统宣战，解放思想，异想天开。世界上的事不怕做不到，只怕想不到，只有想到了，才有可能做到。

第五节　还原创新原理

还原法则是指暂时放下所研究的问题，反过来追本溯源，回到事物的起点，分析问题的本质，从本质出发另辟蹊径进行创新思考的一种模式。因为从创造原点出发，才不会受已有事物具体形态结构的束缚，能够从最基本的原理方面去探索新的设计方案。

日本一家食品公司想生产口香糖，却找不到做口香糖原料的橡胶，公司的开发人员将注意力回到“有弹性”的起点上，设想用其他材料代替橡胶，最终实现了用乙烯、树脂代替橡胶，再加入薄荷与砂糖，发明了日本式的口香糖，畅销市场。

打火机的发明也应用了还原创新原理。它突破现有火柴的条框，把最本质的功能——点火功能抽取出来，把摩擦生火改变为气体或液体作燃料来点火。

无扇叶电风扇的设计是基于电风扇的创造原点——使空气快速流动，带走人身体上的热量。人们经过创新思考，设计出用压电陶瓷夹持一块金属板，通电后金属板高频振荡，导致空气加速流动的新型电风扇。与传统的旋转叶片式电风扇相比，无扇叶电风扇具有体积小、质量轻、耗电少、噪声低等优点。

还原换元是还原创造的基本模式。所谓换元，是通过置换或代替有关技术元素进行创造。换元是数学中常用的方法，如直角坐标和极坐标的互相置换和还原、换元积分法等。

探测高能粒子运动轨迹的“气泡室”原理，就是美国物理学家格拉塞尔运用还原换元原理发现的。一次，格拉塞尔在喝啤酒时看到几粒碎鸡骨掉入啤酒杯里，随着碎骨粒的沉落周围不断冒出气泡，而气泡显示出了碎骨粒下降过程的轨迹，他想起自己一直研究的课题——怎样探测高能粒子飞行轨迹，于是思考能不能利用气泡来分析高能粒子的飞行轨迹。经过不断试验，他发现当带电粒子穿过液态氢时，所经路线同样出现了一串串气泡，换元试验成功了。这种方法清晰地呈现出粒子飞行的轨迹，格拉塞尔也因此获得诺贝尔物理学奖。

例 3-5　食品保鲜研究。

众所周知，冷冻能保藏食品，使食品在一定时间内保持良好的鲜度和品质。冷冻技术在不断发展，各种冷冻设备也在不断更新。人们为了创造出保藏食品的新装置，都在同一个创造起点上冥思苦想：什么物质可以制冷？什么现象有冷冻作用？还有什么冷冻原理？这种先入为主的思想束缚了人们的思维。

按照还原换元原理，应首先考虑食品保鲜问题的原点是什么？冷冻食品可以长期储存，其原因在于冷冻可以有效杀灭和抑制微生物的生长。因此凡具有这种功能的方法、装置都可以用来保鲜食品。

从这一创新原理出发，瑞典发明家斯坦斯特雷姆大胆地采用微波加热的方法，开发出微波灭菌保鲜装置。经过此法处理的食品，不仅能保持原有形态、味道，而且鲜度比冷冻条件下的更好，可以使食品在常温下保存数月。除了微波灭菌外，人们还利用静电保鲜原理，开发出电子保鲜装置。

例 3-6　洗衣机的开发。

一直以来人们洗涤衣服都是靠手工揉、搓、刷、擦、捶等方法。开始设计洗衣机时，考虑模仿人的洗衣方法，但设计一个像人手搓揉衣服的机构很不容易；考虑用刷子擦洗，则很难解决衣服各处都能被刷到的问题；考虑捶打方法，但容易损坏衣服。因此在很长一段时间里，家用洗衣机的设计难以有突破性进展。

后来人们采用还原创新原理，将洗衣方法还原到问题的创造原点。即洗衣机的揉、搓、刷、擦、捶等只是洗衣的方法，洗衣机的创造原点是“洗”和“洁”，再加上不损坏衣服，即“安全”。于是人们设想通过翻滚、摩擦、水的冲刷，并借助洗涤剂的去污作用，使附着在衣物上的脏物脱落，从而达到洗净衣物的目的。

找到了解决问题的方法后，人们首先设计出了拖动式洗衣机，在洗衣桶内由拨爪之类的机构带动衣服，通过在水和皂液中旋转、上下浮动，靠水流冲刷掉污垢，但这种洗衣机的洗涤效果不够理想。

1922年，工程师设计了搅拌式洗衣机，它的结构是在洗衣桶中心安装一根立轴，在立轴上部靠近桶底处安装摆动翼（或波轮），通过周期性的正反旋转，使水流和皂液能不断摩擦、冲刷、翻搅衣物，达到洗涤目的。这种洗涤方式一直沿用至今。

后来美国的一位工程师受到牛奶分离器分离奶油的启发，设计出了高速旋转的甩干机，1937年，集洗涤、漂洗和脱水功能于一身的自动洗衣机问世，用自动定时器控制不同的洗涤时间，使用方便，很受欢迎。

例3-7 新型锚的发明。

锚的前身是碇，早期的碇是用绳索缚着石墩构成的，停船时把石墩放到水底，利用石头的重力来固定船只；当把绳索连同石墩提起来时，就可以开船。遇到风浪太大或水流太急的时候，石墩的重力不够，常常不能系住船只，人们就在石墩上绑上木爪，创造出木爪石墩。木爪可以扎入泥沙之中，这样就加强了石墩的稳定性，固定船舶的力量相应增加了好几倍。后来，人们又发明出铁制的重达千斤的铁锚，其一端有两个或两个以上带倒钩的爪子。

锚重泊稳，因而千百年来船舶的停泊装置都是紧密围绕着如何增加锚的重力，如何改变锚的形状，如何控制锚的抛落和起收进行“顺理成章“的设计和制造。这固然能够解决问题，但由此制成的锚在设计原理上却是“千佛一面”，锚的结构也大同小异。

当人们回到创造原点去创新后，锚的设计便有了新的突破。设计者从“能够将船舶稳定在海面上的一切物质和方法”的创造原点出发，提出了各种新奇的设想：能自动高速旋入海底的螺旋锚；能瞬间射入海底，又能即刻反射出来的火箭锚；具有强大吸附力的吸盘锚；还有用局部冷却的方法稳定船舶的冷冻锚。冷冻锚有一块带冷却装置的$2m^2$大小的特殊铁板，冷却装置由船上电缆供电。把铁板放到海底后，通电一分钟就可冻结在海底岩石上。通电10min后，冻结力完全可以把巨轮拽住。起锚时向发热元件供电，只需一两分钟铁板就会升温解冻。因此冷冻锚已成为现代远洋船舶的一种新型锚。

第六节 迂回原理

在创新活动中常会遇到棘手的难题，此时不妨暂时停止在该问题上的僵持，转入对下一步问题的思考，或从事另外的活动，或试着改变一下观点，或研究问题的另一个侧面，使思考带着未解决的问题前进，也许当其他问题得到解决时，该问题就迎刃而解了，这就是创新设计中的迂回原理。人们常说“欲速则不达”，其中就包含着迂回原理的道理。创新活动具有首创性，遇到困难是常事，创新者应当学会善于在困难中做“战略转移”，甚至“战略后退”，在迂回中创造条件，在迂回中前进，逐步逼近成功的目标。

例如，核聚变能的开发。为了开发利用核聚变能，需要用氢原子猛烈地撞击氢原子，很多科学家都认为需要将氢密封在一个高压小室中才能实现，但围绕这种构想耗时20多年后，终因技术要求太高而一无所获。美国一家小企业放弃了“用高压封闭小室”的方法，迂回地采用激光技术而一举成功，找到使氢原子间发生剧烈碰撞的方法，从而为人类利用核聚变能开辟了一条崭新的途径。

第七节　完满原理

完满原理又可称为完全充分利用原理，凡是理论上未被充分利用的，都可以成为创新的目标。创新技法中的缺点列举法、希望点列举法、系统设问法等都是在力求完满的基础上产生的。我们平常说的“让效率更高，让产品更耐用更安全，让生活更方便，让日子更舒服，让产品标准化、通用化，物尽其用，更上一层楼……”都是在追求一种完满。充分利用事物的一切属性是完满创新原理追求的最终目标，也是创新的起点。

任何一个事物或产品的属性是多方面的，创造学中“请列出某某事物尽可能多的用途”的训练，正是基于对事物属性尽可能全面利用而提出来的。然而，实际上要全面利用事物的属性是非常困难的，但是追求完满的理想使人们从来没有停止过这种努力。完满作为一种创新原理可以引导人们对于某一事物或产品的整体属性加以系统地分析，从各个方面检查还有哪些属性可以被再利用，引导人们从某种事物和产品中获取最大、最多的用途，充分提高它们的利用率。

日本川球公司和新日铁公司在对炼钢炉渣进行分析后发现，将炉渣加上环氧树脂，可生产出渗水性很好的铺路材料，也可用来制作石棉或植物生长的培养基。日本不二制油公司利用豆腐渣生产食物纤维作为生产面包、甜饼和冰淇淋的原材料。日挥公司用木屑经高温、高压处理，制造燃料用酒精……所有这些创新发明，无不体现出人们对事物或产品充分利用的追求。即使这样，也很难说这些事物或产品的属性被充分利用了。

为了生活得更美好，人们发明了电冰箱，但电冰箱中的制冷剂却会破坏人们的生活环境，于是人们又创造出没有氟利昂或氯氟化碳的环保电冰箱；电池是人类的一项伟大发明，但它会污染环境，日本精工公司于是发明了一种不用电池而用小型发条为动力的石英表，该表只需充电3min即可走动3天。

第八节　物场分析原理

一、物场分析的概念

物场（Substance－Field）分析法是苏联学者阿奇舒勒在发明问题解决理论TRIZ中提出的一种创新原理。这种创新原理提出，解决创新课题的本质问题是消除课题的技术矛盾，而技术矛盾是由物理矛盾决定的，因此只有消除物理矛盾，才能最终解决创新课题。为了分析和消除这类矛盾，可以运用物场分析原理。这个原理的基础是对“最小技术系统”的理解和分析：在任何一个最小技术系统中，至少有一个主体 S_1，一个客体 S_2 和一个场 F，三者缺一不可，否则不能发生技术作用。

所谓物场，是指物质与物质之间相互作用和相互影响的一种联系，或指完成某种功能所需的方法和手段。而物质的定义取决于每个具体的应用，可以是材料、工具、零件、人或者环境等。例如电铃的响声给了人一种信号，其中电铃和人属于物质的概念，而空气的振动是电铃声传到人耳的基本途径，因此在电铃与人之间存在一个声场。事实上，世界上的物体本身是不能实现某种作用的，只有同某种场发生联系后才会产生对另一个物体的作用或承受相应的反作用。而场本身就是某种形式的能量，因此可以给系统提供能量，促使系统发生反应，从而实现某种效应。作用在物质上的场或能量主要有重力场、电磁场、声场、机械能、化学能、热能等。

一个标准的物场模型由三个要素构成：两个物质和一个场，其一般形式如图3-6所示，即主体 S_1 通过场 F 作用于客体 S_2。创新问题被转化成这种模型，其目的是阐明两种物质和一种场之间的相互关系，从而为发明和创新指明了方向。

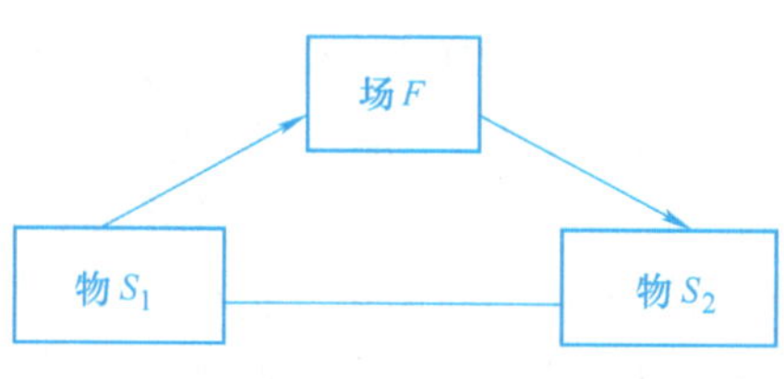

图3-6 物场模型构成简图

任何物场都可以分为三种类型：

（1）完整物场体系 即满足物场三要素要求的物场体系，它是一种能实现物质之间相互作用和影响的完整技术体系。

（2）不完整物场体系 即不能满足物场三要素的要求，或只知两物，或知一物一场，这是有待补建的技术体系。

（3）非物场体系 如果只给出一种物质或者场，则属非物场体系。显然，它不存在具体的相互作用和影响，不发生任何技术作用。

二、物场分析的创造原理

物场分析的基本内容就是在判别物场类型的前提下进行创造性思维，对非物场体系或不完整物场体系进行补建，或者对完整物场体系中的要素进行变换以发展物场。无论补建还是变换，其最终目的都是使物场三要素之间的相互作用更为有效，功能更加完善和可靠。

运用物场分析原理开展创造活动时，其主要步骤如下：

（1）课题分析 搞清楚课题属于何种技术领域，分析创新课题的出发点和期望达到的目的，如已知什么，未知什么，限制条件有哪些等。

（2）分析物场类型 按照物场的三要素要求，判断创新课题已知条件能够构成哪种类型的物场体系。

（3）进行物场改造思考

1）对非物场体系或不完整物场体系，要补建成完整物场体系。补建成完整的物场体系，其措施是移植引进作为完整物场体系所不可缺少的元素，而这种引进的元素应当是发生相互作用的，而不是无关的元素。有时会有这样的情况，当已知条件给定了两种物质，需要引进一个场。这里虽然符合构成物场三要素的要求，但无法实现它们的相互作用。这时还应引进使它们发生相互作用的物质，该物质应当是与给定的两个物质之一相混合而不分离，则可以复合体（如物1，物1′）来代替物1。

2）对完整物场体系进行要素置换。物场效率的大小与要素的性质相关。对于已形成完整物场的技术体系，可以考虑用更有效的场（如电磁场）来取代另一类场（如机械场），或用更有效的物质来置换效能较差的物质。

（4）形成新的技术体系形态　对确定的新物场体系进行技术性构思，使之成为具有技术形态的新技术体系。

三、利用物场分析方法实现创新

根据以上分析可知，利用物场分析原理探索机械创新设计中的功能原理解，最基本的方法就是寻求合理的 F 和 S_1，也可以通过完善、增加和变换等方法来寻求新的解法。下面结合实例分别给予介绍。

1. F、S_1搜寻

例如，为了完成修剪草地的任务，如何构思剪草机的原理呢？在这个问题里，S_2是草地上的草。剩下的问题就是寻找合适的 F 和 S_1 了。首先要寻找各种可能被利用的 F 并加以分析和比较。

拉力——可以拉断草，但无法控制断草的高度，不能使草地整齐。

割断力——像农夫割麦一样，需要握住草的上部才能割断。

剪断力——利用剪刀刃合拢时产生的剪切力，可以剪断草。

显然人们常常选择剪断力作为理想的 F，当然 S_1就只能是剪刀了。将剪刀做成像理发推子那样，就是传统的剪草机的解法原理。

如果人们发现某个功能原理解法不够满意而需要改进，可以采用下面一些措施来改进现有的设计。

2. 完善

原设计中有时会出现缺少 F 或 S_1 的情况，并因此造成功能不良的后果，此时应该通过采取补全 F 或 S_1 的措施来使物场模型完善化。

例如制造平板玻璃的方法，以前一直采用垂直引上法（图 3-7a）。这种方法是把半流体的玻璃从熔池中不断向上引，开始时通过轧辊控制厚度，以后边向上引边凝固。这种方法制造出的玻璃表面总是有波纹并且厚度不均。如果用物场分析法来分析，可以看出在整个工艺过程中，玻璃 S_2 在凝固前大部分时间中缺少 F 和 S_1（重力无积极效果，不能作为 F）。近年来出现了一种新工艺：使液态玻璃漂浮在低熔点金属的液面上，边向前流动边凝固。这样制成的平板玻璃不但厚薄均匀，而且没有波纹，这就是用浮法（图 3-7b）制造平板玻璃的功能原理解法。显然浮法工艺是补充了低熔点合金的液面作为 S_1，又利用该合金液体的表面张力作为一种特殊的力场 F，既浮起了玻璃又使玻璃表面保持水平、光滑和均匀。

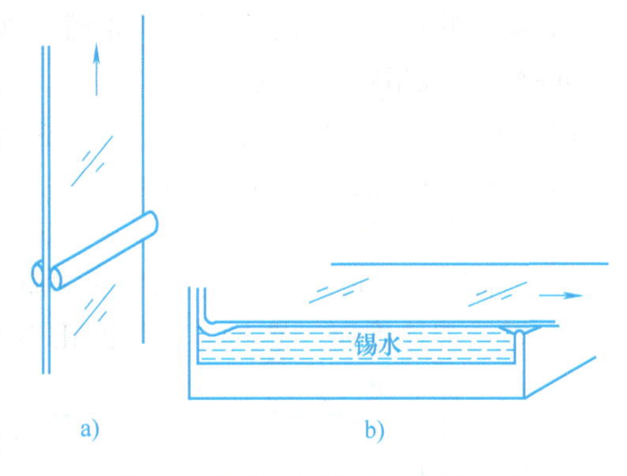

图 3-7　平板玻璃制造工艺的完善

a）垂直引上法　b）浮法

3. 增加

一个最小技术系统至少应该具有 S_1、S_2和 F，但有时还应辅以 S'_1 和 F'，才能更好地实现预期的功能。例如在金属切削过程中，工件是 S_2，刀具是 S_1，切削力是 F，如果加入另一种物质 S_1'（切削液），切削工艺过程就会变得更好，工件的表面粗糙度值会减小，切削速度也可以提高。S_1'的存在实际上还附加了另一种物理场 F'，这就是分子吸附膜，这层分子吸附膜使得刀具和工件表面之间的摩擦得到改善，同时还起冷却作用。这种模式在很多工艺功能中都可以采用并能取得良好的效果。

4. 变换

对已有功能解法中的 S_1 和 F 分析后，常常可以发现它们并非是不可替换的，有时通过变换可能会产生意想不到的好效果。例如前面提到的剪草机原理，是否有别的东西可以代替剪切力 F 和剪刀 S_1 呢？我们知道杂技演员在舞台上用鞭子可以把报纸抽断，由此提示人们，即使不用刀，用软的物体也可以切断某些物体，只要有足够的速度就行，于是一种新型的割草机就产生了。它的原理特别简单（图 3-8），用一根直径约为 2mm 高速旋转的尼龙线就可以又快又好地修剪草地。这时 S_1 是一条尼龙线，F 则是高速抽打的抽击力，这种变换产生了更为理想的效果。人们也许会立刻联想到用高压水喷射可以切割木材、钢板、布料等。

图 3-8 新型割草机

又如，在机械加工中，加工中心刀具刀体部分的锥度为 7∶24，如图 3-9a 所示。为了保证加工精度及刚度，必须使刀体的锥体 b 与主轴锥孔以及刀体法兰端面 a 与主轴端面同时接触。但实际上很难实现两者同时接触，或者是刀体法兰端面与主轴端面接触造成刀具径向位置无法确定，或者是刀体的锥体部分与主轴锥孔接触而刀体法兰端面与主轴端面不能接触，造成轴向刚度不足，如图 3-9b 所示。利用物场分析方法解决该问题的过程如下：

1）指定物体 S_1。由于主轴锥孔的锥度按国家标准选取，因此刀体的锥度便成为需要解决的问题，所以指定刀体为 S_1。

2）确定场 F。在原来的系统中，刀体安装的要求是由机械场通过配合、挤压来实现的，但是这个机械场不能完全满足要求。

3）指定物体 S_2。问题的产生是由于该机械场不能有效地保证主轴和刀体的安装位置关系，为了解决这个问题，应该引入新的物质来改进物场模型。

4）改变刀体锥面，使其与主轴锥孔不是以整个圆锥面接触，而是以多数点的形式接

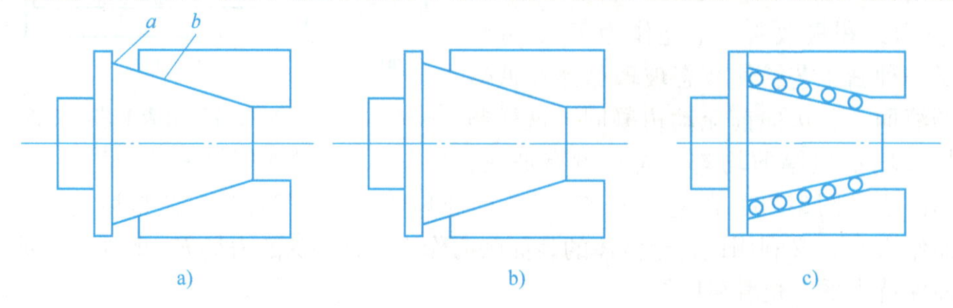

图 3-9 锥孔定位问题解决方法

a）加工示意 b）实际接触示意 c）小球接触示意

触，如图3-9c所示。用精密加工出来的具有适当刚性的小球构成刀体的圆锥面，便可以实现同时接触的安装要求（该例是美国的一项发明专利）。

第九节　价值优化原理

提高产品价值是产品设计的目标。在第二次世界大战以后，美国开展了关于价值分析（Value Analysis，VA）和价值工程（Value Engineering，VE）的研究。在设计研制产品或采用某种技术方案时，设F为产品具有的功能，C为取得该功能所耗费的成本，则产品的价值V为

$$V=\frac{F}{C}$$

显然产品的价值与其功能成正比，而与其成本成反比。

价值工程就是揭示产品（或技术方案）的价值、成本、功能之间的内在联系，它以提高产品的价值为目的，实现技术经济效益的提高。它研究的不是产品（或技术方案）而是其功能，即研究功能与成本的内在联系。价值工程是一套完整的、科学的系统分析方法。

设计创造具有高价值的产品，是人们追求的重要目标。价值优化或提高价值的指导思想，也是创新活动应遵循的理念。价值优化的基本途径如下：

1）保持产品功能不变，通过降低成本，达到提高价值的目的。

2）在不增加成本的前提下，提高产品的功能质量，以实现价值的提高。

3）虽然成本有所增加，但却使功能大幅度提高，使价值提高。

4）虽然功能有所降低，成本却大幅度下降，使价值提高。

5）不但使功能增加，同时也使成本下降，从而使其价值大幅度提高。这是最理想的途径，也是价值优化的最高目标。

价值优化并不一定能使每项性能指标都达到最优，一般可寻求一个综合考虑功能、技术、经济、使用等因素后都满意的系统，有些从局部来看不是最优，但从整体来看是相对最优。

例3-8　运用价值优化设计新型百叶窗。

英国库特公司计划开发一种既能防止雨水进入屋内，又可使室内空气流通的新型百叶窗。设计人员通过价值分析，改变了传统的设计方案，采用允许雨水透过百叶窗，然后在窗叶后面用凹槽收集雨水，再用细管将雨水排出室外的方案。新设计的百叶窗操作方便、成本较低、使用寿命长，大大提高了市场竞争力。

第四章 创新设计的基本技法

为了保证创造性活动的正常开展，必须充分调动人们的创造性思维，同时也要正确运用创新技法。创新技法是解决创新问题的创意技术，是通过对创造活动的实践经验进行总结而得到的发明创造的一些基本技巧和方法。其基本原则是打破传统的思维习惯，克服思维定式和妨碍创新设想产生的各种消极心理，给予启发激励，按照一定方法步骤取得创新成果。应用创新技法可以帮助人们在研发新产品时得到创造性的解，因此创新技法体现了人们对创造性思维和创造理论加以具体应用的技巧。

第一节　到实践中去寻找创新课题

如果你准备从事发明创造，首先应该想到你从事的发明创造是否为人们普遍需求的，能否满足社会的需要，否则再好的设计都没有生命力。因此发明课题的选定是进行发明创造的关键，设计者应当积极主动地参与各种创新实践，经常保持创新的冲动，在实践中多看、多想、动手、动脑，努力培养捕捉新事物的敏锐洞察力，只有这样才能在生产和生活中广泛地搜寻创新课题。

1. 在生活中搜寻创新课题

世界上不存在尽善尽美的事物，人们的衣、食、住、行、用等方面的物品总有一些不合理、不完善、不方便、不如意、不科学之处，许多小发明的题材都可从这“五不”中产生。

例如，为了便于出行，人们发明了图 4-1 所示的多用工具，它集多种常用工具的功能于一体，为旅游和经常出差的人员带来了方便。

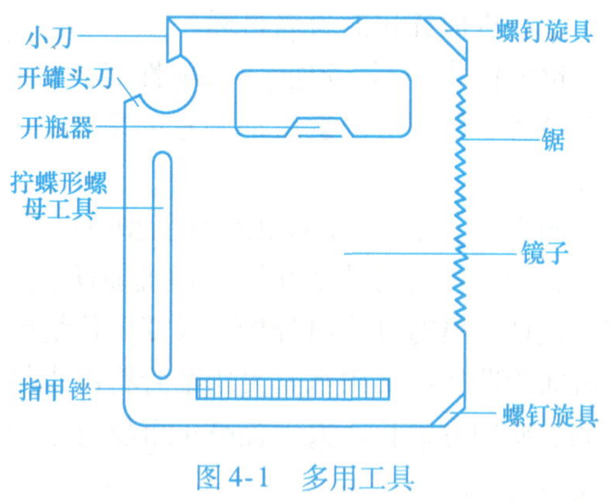

图 4-1　多用工具

又如，为了便于设计人员绘图，人们改进了图 4-2a 所示的固定式绘图仪，发明了图 4-2b 所示的可调节连杆式绘图仪，从而使设计人员的身体在工作时处于舒适的状态。

2. 到各自的工作领域去发掘创新课题

长期从事某一工作的人对本领域的现状最熟悉，选题方便，成功的可能性更大。同时也要注意一些出乎意料的情况，积极主动地抓住机遇，探索未知的规律。

伞是日常生活中的必需品，但普通的伞由于体积较大在旅行时携带很不方便，能不能将伞折叠起来，便于我们携带呢？图 4-3 所示为两种晴雨伞折叠伸展机构。其中，图 4-3a 所

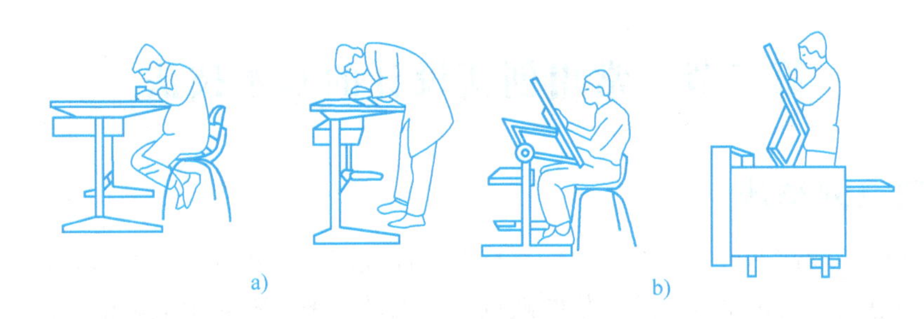

图 4-2　两种绘图仪比较

a）不可调，不舒适　b）可调节，舒适

示为单独应用曲柄连杆等长的曲柄滑块机构，体积较大而携带不方便；图 4-3b 所示为联合应用曲柄连杆等长的曲柄滑块机构和等长边平行四边形机构，通过折叠减小了伞的体积，方便携带。除此之外，现在人们又设计出了半自动伞、自动伞，折叠的方式也多种多样。

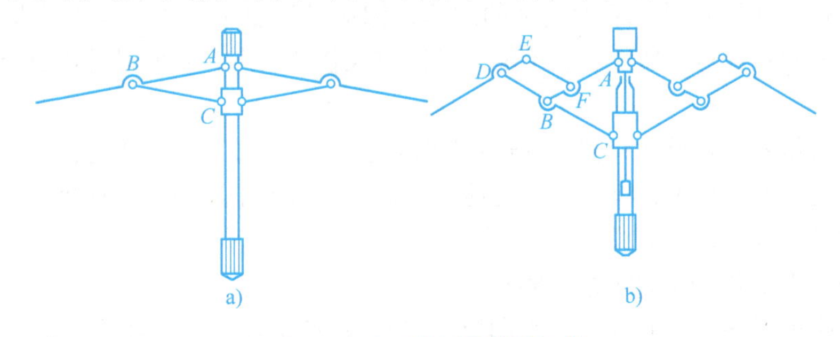

图 4-3　晴雨伞折叠伸展机构

法国医生诺里一次在工作中不小心碰倒了一个装满松节油的瓶子，撒了一身松节油，他以为松节油会弄脏他的衣服，但是当他整理衣服时却意外地发现，衣服上撒有松节油的地方在松节油挥发后变得非常干净。这个意外的发现使他发明了衣物干洗技术。

例 4-1　带刺铁丝网的发明。

美国发明家约瑟夫·格利登小时候家境不好，小学毕业后就因家庭经济困难而辍学，在一个牧场当牧羊童。这个牧场采用围栏圈养方式养羊，约瑟夫·格利登负责定时添加饲料、打扫围栏和看管羊只。工作之余他很爱看书，看入神时就忘记了围栏中的羊，无人看管的羊群趁机撞破围栏，跑到周围的农田中毁坏农作物，为此他经常受到雇主的斥责。

他并没有为此放弃对读书的渴望，而是希望找到一种既能让他安心看书，又不让羊群撞破围栏的方法。他通过观察发现，有几处围栏从来没有被羊群撞击过，因为这几处围栏上长满了蔷薇。他想如果整个围栏四周都长满了蔷薇，羊群就不会再撞破围栏了。于是他开始在围栏周围种植蔷薇，但是又发现蔷薇的生长速度很慢，可能没等到蔷薇长大自己就被解雇了。他又想到，羊群害怕的是蔷薇上的尖刺，如果围栏周围的铁丝上都“长出”尖刺，成为永不枯萎的“蔷薇”，一定能防止羊群撞击围栏。于是，他找来一些细铁丝，剪成一段段两头有尖的形状，把这些细铁丝绕在围栏的粗铁丝上。随后，他开始观察羊群的反应，发现羊群经过短时间的试探后再也不敢撞击围栏了。他的雇主看后大加赞赏，并鼓励他申请了专利，与他合资办厂，专门生产这种铁丝网。这一发明深受附近农民的欢迎，约瑟夫也获得了巨大收益。

第二节 常用创新设计的基本技法

一、缺点列举法

世界上任何事物都不可能十全十美，总存在这样或那样的缺点，而人们总是期望事物能尽善尽美。缺点列举法是将所熟悉事物的缺点一一列举出来，随时做笔记记录，找出感受最深、最急需解决而又可能解决的问题，对症下药，作为发明创新的选题。在明确需要克服的缺点后，就应该有的放矢地进行创造性思考，并通过改进设计来获得新的技术方案。运用缺点列举法的目的不在于列举，而在于改进。因此要善于从列举的缺点中找出有改进价值的主要缺点作为创新的目标。

例如，自行车自动充气器就是针对自行车轮胎跑气这个缺点而构思的发明；针对试电笔要与带电体接触，既不方便也不太安全的缺陷，创造设计出了一种新型的不接触式试电工具——感应试电器；针对普通洗衣机不能分类洗涤衣物的缺点，开发设计出具有分洗特点的三缸洗衣机。

诺贝尔奖获得者李政道教授曾经说过：“你们想要在研究工作中赶上、超过人家吗？你一定要摸清在别人的工作里，哪些地方是他们的缺陷。看准了这一点，钻进去，一旦有所突破，你就能超过人家，跑到前头去了。”

例4-2 防滑篮球运动鞋的创新设计。

日本有个叫鬼冢喜八郎的人，他听朋友说“今后体育大发展，运动鞋是不可缺少的”。这句听起来很普通的话，鬼冢喜八郎却另有一番思考，于是他决定加入生产运动鞋这一行业。他认为，要在运动鞋制造业中打开局面，一定要做出其他厂家没有的新型运动鞋。然而，他一无研究人员，二又缺乏资金，不可能像大企业那样投入大量的人力和资金去研制新产品。但是他相信任何商品都不会是完美无缺的，如果能抓住一点哪怕是针眼大的小缺点进行改革，也能研制出新的商品来。于是他选取了一种篮球运动鞋来进行研究。他首先访问优秀的篮球运动员，听他们谈目前篮球鞋存在的缺点。几乎所有的篮球运动员都说：“现在的球鞋容易打滑，止步不稳，影响投篮的准确性。”于是，他便和运动员一起打篮球，亲身体验这一缺点，然后就开始围绕篮球运动鞋容易打滑这一缺点进行革新。有一天他在吃鱿鱼时，忽然看到鱿鱼的触足上长着一个个吸盘，他想如果能把运动鞋底做成吸盘状，不就可以防止打滑吗？于是他就把运动鞋由原来的平底改成凹底。试验结果表明：这种凹底篮球鞋比平底的在止步时要稳得多。鬼冢喜八郎发明的这种新型凹底篮球鞋问世之后，逐渐排挤了其他厂家生产的平底篮球鞋，成为独树一帜的新产品。

二、希望点列举法

设计者从社会需要或个人愿望出发，通过列举希望点来形成创新目标，这种创新技法称为希望点列举法。将这些希望点具体化，并列举、归类和概括出来，往往就会形成一个可供选择的发明课题。可以通过召开希望点列举会，发动群众多方面捕捉来获取希望点，因为集体的智慧总比个人的智慧大。

很多人都喜欢溜冰、玩滑板，但是我们知道，溜冰鞋和滑板都是只能前进而不能随意后退，那么能不能设计出既能前进又能后退并且进退自如的游玩器具呢？有位 34 岁的日本青年，平时喜欢拆开自行车、溜冰鞋、三轮车等来摆弄，一天他骑在自行车上踩脚踏板时，发现脚踏板曲轴可以随时向前或者向后踩，只是由于自行车上的棘轮机构使自行车只能单向前进。他由此产生一个很好的构想，那就是将二轮车的直轴直接改变为曲轴，如图 4-4 所示，脚站在曲轴上，这样用脚去踩时，由于踩的方式不同，车子就可以随意地前进或后退了。

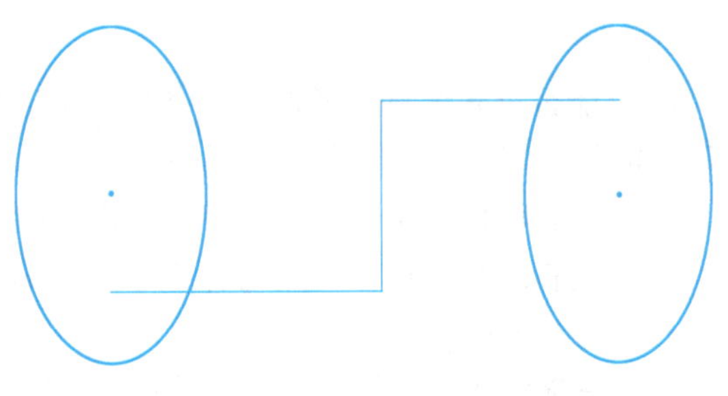
图 4-4　进退自如的脚踏车示意图

人们在缝制衣服、穿衣时，感到挖扣眼、钉纽扣、系和解纽扣都很费事，希望能有一种方便的纽扣问世。1957 年，瑞士一名工程师乔治·德梅斯特拉尔从一种草本植物上受到启示，发明了尼龙搭扣。

又如希望设计一种能够在各种材料上进行打印的打印机。沿着这样一个希望点进行研究，就研制出一种万能打印机。这种打印机对厚度的要求可放宽到 120mm，打印的材料可以是大理石、玻璃、金属等，并可用六种颜色打印。打印的字、符号、图形能耐水、耐热、耐光，而且无毒。

在利用希望点列举法进行创新时，要认真思考，积极调研，不能闭门造车。例如，有位在医疗技术部门工作的工程师，为了满足残肢人的希望，构思了一种具有套叠伸缩和连续旋转功能的假臂。他满怀信心地告诉残肢人说，戴上他设计的假臂，可以伸到几米远的地方，还能以优于天然手臂的方式使用螺钉旋具。谁知残肢人看过他那“先进”的多功能假臂方案后，竟苦笑一声扬长而去。工程师的设计为什么不能获得认可？因为他只了解残肢人的表面希望，以为他们需要的是“技术先进的假臂”，就在多功能和超人一等方面下功夫，殊不知残肢人内心的真正希望是过正常人的生活，他们需要的是看起来与正常人无异的假肢。

三、系统设问法

系统设问法是针对事物系统地罗列出问题，然后逐一加以研究和讨论，多方面扩展思路，就像原子的链式反应那样，从单一物品中萌生出许多新的设想。系统设问法可以从下列几个方面入手：

（1）有无其他用途　现有物品还有没有其他用途？将其稍微改变一下，是否还有别的用途？

（2）能否借用或引申　能否借用别的经验？有无与过去相似的东西？能否模仿点什么？是否可以从这件物品引申设想出其他东西？

（3）能否改变　改变原来的形状、颜色、气味、式样等，会产生什么结果？

（4）能否扩大　在这件物品上能增加什么？时间、频度、强度、高度、长度、厚度、附加价值、材料能否增加？能否扩张？

（5）能否缩小　从这件物品上能减少什么？再小点？可否浓缩或微型化？能否再低些，再短些，再轻些，再薄点？能否省略？能否分割化小？能否采取内装？

（6）能否代替　有没有其他物品可以代替这件物品？是否有其他材料、成分、工艺、动力或方法可以代替?

(7) 能否重新调整 可否更换条件? 能否用其他的型号或其他设计方案? 能否用其他顺序? 能否调整速度? 能否调整程序?

(8) 能否颠倒过来 正反互换会怎样? 颠倒方位又会怎样? 能否反转?

(9) 能否组合 这件物品与什么东西组合起来效果会更好? 做成混成品、成套东西是否统一协调? 单位、部分能否组合? 目的、主张能否综合? 创新设想能否综合?

运用系统设问法可将已有的物品对照上述各个方面分别提问，找到的答案一般都可以作为创新的选题。

现以自行车为创新设计对象，运用系统设问法提出有关自行车的新产品概念。

例 4-3 自行车的新创意。

运用系统设问法提出自行车的新概念，结果见表4-1。

表 4-1 自行车创新设计系统设问

序号	设问项目	新概念名称	创意简要说明
1	有无其他用途	多功能保健自行车	将自行车改进设计，使之成为组合式多功能家用健身器
2	能否借用	自助自行车	借用机动车传动原理，使之成为自助自行车
3	能否改变	太空自行车	改变自行车的传统形态（如采用椭圆形链轮传动），设计出形态特殊的太空自行车
4	能否扩大	新型鞍座	扩大自行车鞍座，使之舒适，必要时还可存放物品
5	能否缩小	儿童自行车	设计各种儿童玩耍的微型自行车
6	能否代用	新材料自行车	采用新型材料（如复合材料、工程塑料）代替钢材，制作轻便型高强度自行车
7	能否重新调整	长度可调自行车	设计前后轮距离可调的自行车，缩小占地空间
8	能否颠倒	可后退自行车	传统自行车只能前进，开发设计可后退的自行车，方便使用
9	能否组合	自行车水泵	将小型离心泵与自行车组合成自行车水泵，方便农村使用
		三轮自行车	设计三轮自行车，供两人同乘

四、信息联想法

随着科学技术的突飞猛进，每天都有大量新信息通过各种媒体进行传播，人们将自己每天耳闻目睹的大量信息加以筛选，从中挑出新奇的、与技术有关的科学发现和技术发明，通过思维加以联想，往往可以提出一个新的创新选题。因此，信息已经成为人类创新的重要资源。广泛收集并充分利用各种信息，可以使自己在发明的道路上少走弯路。著名发明家爱迪生在研究每个课题时，总要收集大量有关资料。爱迪生的大量发明，与他能充分收集、整理和利用信息有很大关系。

联想的方式有：由一事物联想到在空间或时间上与其相连的另一事物；联想到与其对立的另一事物；联想到与其有类似特点的另一事物；联想到与其有因果关系的另一事物；联想到与其有从属关系的另一事物等。

为了减少车轮的振动，一开始人们在车轮上直接裹上橡胶，但不论橡胶是硬的还是软的，人在车上都感到不舒服，因而效果不理想。英国医生邓禄普受到足球充气的启发，联想到对橡胶轮胎充气，于是对传统方法进行彻底改革，设计出了现代的充气轮胎。

美国工程师杜里埃认为要提高汽油在气缸中的燃烧效率，必须使汽油与空气均匀混合。一天，他看到用喷雾器喷洒香水时形成均匀雾状的现象，从而联想到汽油雾化后就可与空气均匀混合，最终发明了汽车化油器。

传统的金属轧制方法如图4-5a所示，两轧辊反向同速转动，板材一次成形。采用这种方法，由于一次压下量过大，钢板在轧制过程中极易产生裂纹。日本的一个技术员看到用擀面杖擀面时，由其连续渐进、逐渐擀薄的过程产生联想，从而发明了行星轧辊，如图4-5b所示，使金属的延展分为多次进行，避免钢材轧制时产生裂纹。

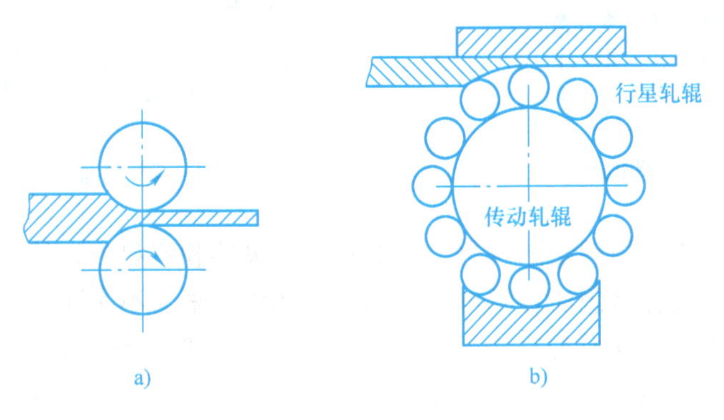

图4-5 金属轧制方法

a）传统轧制方法 b）行星轧辊轧制方法

美国发明家乔治·威斯汀豪斯一直希望寻求一种同时作用于整列火车车轮的制动装置。当他看到在挖掘隧道时，驱动风钻的压缩空气是用橡胶软管从数百米之外的空气压缩站送来的现象时，运用联想，脑海里立刻涌现出了气动制动的创意，从而发明了现代火车的气动制动装置。这种装置将压缩空气沿管道迅速送到各节车厢的气缸里，通过气缸的活塞将制动闸瓦抱紧在车轮上，从而大大提高了火车运行的安全性，至今仍被广泛采用。

信息联想可用组合方法来分析设计方案，构成联想组合的图形可以是二维的，也可以是多维的，组合的元素可以是同一组，也可以是不同组。图4-6所示为家具与家用电器的二维组合联想，纵横交叉的点即为可供选择的组合方案，如床与沙发组合联想成为沙发床，柜子与桌子成为组合柜，电视与镜子组合成为反画面电视等。图4-7所示为公园游船设计中的三维组合联想，三组元素分别代表船体的外形、船的推进动力和船的材料，其中船体外形可以选择的方案有龙、鱼、鹅、画舫、飞碟、飞船等，船的推进动力可以选择的方案有手划桨、脚踏桨、喷水、内燃机、电动螺旋桨等，船体材料可以选择的方案有木、钢、水泥、塑料、玻璃钢、铝合金等。每组元素任取一项即组合成一种游船设计方案，供设计者选择。由此可见，信息组合法能够迅速提供大量的组合方案，可以为新产品开发提供线索。

五、集思广益法

集思广益法是美国创造学家A. F. 奥斯本于1945年首先提出的，原文是“Brain storming”，直译就是“头脑风暴”。这种方法以开小型“诸葛亮会”来进行，旨在利用集体思考的方式，使思想互相激荡，发生连锁反应，以快速的提议来产生大量的创新概念，适用于

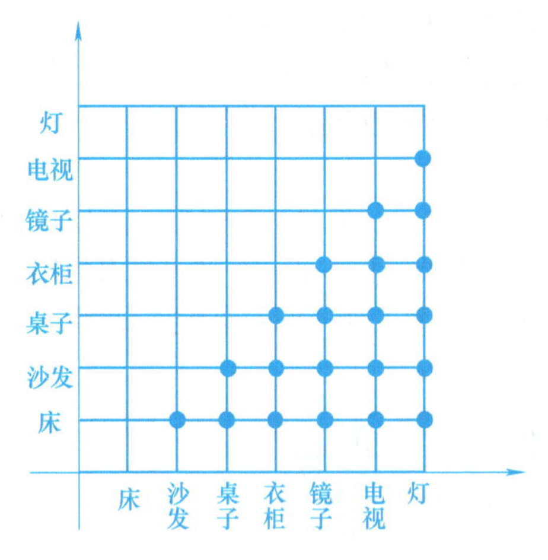

图4-6 家具与家用电器的组合联想

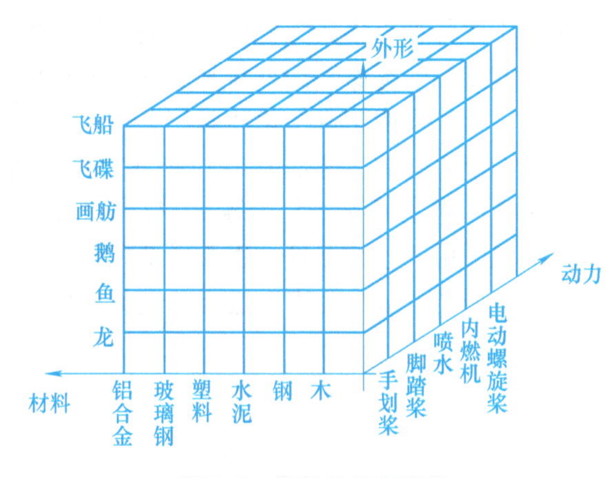

图4-7 游船的组合联想

设计的初始阶段。其中心思想是激发每个人的知觉、灵感和想象力，让大家在和谐、融洽的气氛中自由思考，不论什么想法，都可以原原本本地讲出来，不必顾虑这个想法是否荒唐可笑。与会人数一般以5~10人为宜，人员的专业构成要合理（组员应有不同的专业背景），尽量选择一些对问题熟悉又有实践经验的人，且要求与会者严守下列规则：

1）解放思想，畅所欲言，想到就说，意见越多越好。

2）仔细倾听他人的发言，及时从中受到启发，以使自己的意见更加完善。

3）欢迎自由奔放的思考，鼓励海阔天空的发言，设想越奇越好，能否采用另当别论。

4）禁止批评别人的发言，不能陷入争执之中，这一点很重要。

会后，要对会上的各种设想进行评价，选择最优设想付诸实施。

利用集思广益基本方法，一般可以确定待发明的课题。在解决问题的过程中，要根据事物的品质、构造、功能、特征，对各种构想进行分析、比较、判断，运用正向思维和逆向思维的分析方法，对问题进行类比、综合、联想，同时反复进行绘图、试验，制作样品和模型，并不断地改进，才有可能真正地完成一个发明。

例如，用什么办法能又快、又多、又好地剥开核桃？常规的方法是用手掰、用门掩、用榔头砸、用钳子夹等，但这些方法适用于剥开少量的核桃，核桃很多时就不适应了。对此有人提出了诸如分类后用压力机、在外部加一个集中力撞击核桃皮、将核桃放在高空再摔下使之破裂等方法。这些方法都是按照正常思维的逻辑，即从外部剥离核桃皮。那么采用逆向思维会得到什么想法呢？于是有人提出把核桃钻个小孔，并往里面打气，从里面将核桃皮打开。这个想法看似有些不可行，但是它有新意。后来人们对这个想法进一步发展和完善，采用把核桃放入空气室，而后往里面充气增压，然后再使空气室内的压力锐减，由于核桃内部压力的作用，致使核桃皮破裂，而且保持了核桃仁的完好。这个方法是经过10min的讨论，在得到的40个方案中经过筛选和综合提出来的，并且获得了发明专利。

例4-4 清除电线积雪问题的求解。

在美国北方的冬季，大跨度的电线常被积雪压断，造成事故。许多人曾试图解决这一问题，但都未能如愿以偿。后来，某电讯公司经理决定应用集思广益法寻求解决这个难题的办法。有人提出设计一种专用的电线清雪机；有人想到用电热来化解冰雪；也有人建议用振荡技术来清除积雪；后来有人提出能否带上几把大扫帚，乘坐直升机去扫除电线上的积雪。对于上面列举的最后一个想法，尽管大家心里觉得滑稽可笑，但在会上也无人提出批评。相反，有一位工程师在听到“用飞机扫雪”的想法后，突然受到激励，提出了一种简单可行且高效率的清雪方案。他认为，每当大雪过后，出动直升机沿积雪严重的电线飞行，依靠高速旋转的螺旋桨产生的气流即可将电线上的积雪迅速扇落。这一设想顿时又引起其他与会者的联想，有关“除雪飞机”“特种螺旋桨”之类的创意，又被激发出来。会后，公司组织专家对各种设想进行分类论证，专家们从技术经济方面进行比较分析，最后选择了用改进后的直升机扇雪的方案。实践证明，这的确是个好办法。在此基础上，一种专门清除电线积雪的小型直升机应运而生。

六、属性列举法

属性是指固有的特性，是一种与特定事物密切相关或从属于该事物的对象。属性列举法是美国创造学家罗伯特·克拉福德教授研究、总结而成的，是一种基于任何事物都有其特性，将问题加以化整为零，以利于产生创造性设想而提出的创新技法。该方法是：先列举一些设计的主要属性，然后提出改进每个属性的各种办法。其目标是将注意力集中在基本问题，以便激发出解决问题的更好构思。因此将属性列举法与系统设问法组合应用，通过创造性思维的作用，有助于探索研究对象的一些新设想。

例如，要创新一台电风扇，只是笼统地寻求创新整台电风扇的设想，极有可能会碰到不知从何下手的问题。如果将电风扇分解成各种要素，如电动机、扇叶、立柱、网罩、风量、外形、速度等，然后再逐个地研究改进办法，就是一种促进创造性思考的有效方法。

属性列举法的操作步骤如下：

1）列出构想、装置、产品、系统或者问题主体的主要属性。

2）改变列出的主要属性，改进所要解决的构想、装置、产品、系统或者问题的主体，而不考虑实际的可能性。

例 4-5 传真机的改进设计。

（1）传真机的主要属性

1）机器的功能。

2）纸张的种类。

3）纸张的大小。

4）机器的外形。

（2）每一项属性的改进构想

1）附加功能。电话、复印、录音、收音机、闹钟。

2）纸张种类。普通纸、特殊纸、投影片。

3）纸张大小。A4、A3、B4、B3、口袋大小、可调。

4）机器外形。椭圆形、方形、圆形、三角形。

七、形态表分析法

形态表分析法是一种系统搜索和程式化求解的创新技法，这种方法以建立形态学矩阵为基础，通过对创造对象进行因素分解，找出因素可能的全部形态（技术手段），再通过形态学矩阵进行方案综合，得到方案的多种可行解，从中筛选出最佳方案。所谓因素，指构成事物的特性，如产品的用途、产品的功能等。形态指实现相应功能或用途的技术手段，如以“时间控制”功能作为产品的一个因素，那么“手动控制”“机械定时器控制”“计算机控制”则为相应因素的表现形态。形态分析是对创造对象进行因素分解和形态综合的过程，在这一过程中，发散思维和收敛思维起着重要的作用。

形态表分析法的基本步骤如下：

（1）确定创造对象的主要设计因素　所选设计因素（特征或功能）的属性应为同级，且相互之间具有合理的独立性。设计因素的组合应满足产品的性能要求，但因素的数目不能太大，一般以 4 ~7 个为宜。

（2）列出每一因素的可能形态　这些形态既应包括特定设计的已有子解，也应包括或许可行的新解。将每一个设计因素的形态组合起来，即得到问题的全解。

（3）构建形态学矩阵　以设计因素为纵轴，以可能形态为横轴，构建形态学矩阵。

（4）找出可行解　从矩阵的每行中一次选择一个可能形态，即可得到一种可能答案，理论上由此可得到所有的可能解答。若可能解答的数目不是很大，则可全部加以考虑作为潜在的解答。

图 4-8 所示为一个典型的形态学表，其中组合 $A_3B_2C_4D_2$ 或许是一个可行解，或许被证明为不可实现。

<table>
<tr><th>设计参数</th><th colspan="5">可能子解</th></tr>
<tr><td>A</td><td>A_1</td><td>A_2</td><td>A_3</td><td colspan="2">A_4</td></tr>
<tr><td>B</td><td>B_1</td><td colspan="2">B_2</td><td colspan="2">B_3</td></tr>
<tr><td>C</td><td>C_1</td><td>C_2</td><td>C_3</td><td>C_4</td><td>C_5</td></tr>
<tr><td>D</td><td>D_1</td><td>D_2</td><td>D_3</td><td colspan="2">D_4</td></tr>
</table>

图 4-8　一个典型的形态学表

例 4-6　运用形态表分析法探索新型单缸洗衣机的创意。

（1）因素分析　从洗衣机的总体功能出发，分析实现“洗涤衣物”功能的手段，可得到“盛装衣物”“分离脏物”和“控制洗涤”等基本分功能，以分功能作为形态分析的三个因素。

（2）形态分析　对应分功能因素的形态，是实现这些功能的各种技术手段与方法。为列举功能形态，应进行信息检索，密切注意各种有效的技术手段或方法。在考虑利用新的方法时，可能还要进行必要的试验，以验证方法的可用性和可靠性。在上述的 3 个分功能中，“分离脏物”是最关键的功能因素，列举其技术形态或功能载体时，要针对“分离”二字广思、深思和精思，从多个技术领域去发散思考。

（3）列出形态学矩阵并进行方案综合　经过一系列分析和思考，在条件成熟时即可建立表 4-2 所列的洗衣机形态学矩阵。

表 4-2　洗衣机形态学矩阵

因素（分功能）		形态（功能解）			
		1	2	3	4
A	盛装衣物	铝桶	塑料桶	玻璃钢桶	陶瓷桶
B	分离脏物	机械摩擦	电磁振荡	热胀	超声波
C	控制洗涤	人工手控	机械定时	计算机自动控制	

利用表 4-2，理论上可组合出 4×4×3=48 种方案。

（4）方案评选　方案 1：*A*1－*B*1－*C*1 是一种最原始的洗衣机；方案 2：*A*1－*B*1－*C*2 是最简单的普及型单缸洗衣机，这种洗衣机通过电动机和 V 带传动使洗衣桶底部的波轮旋转，产生涡流并与衣物相互摩擦，再借助洗衣粉的化学作用达到洗净衣物的目的；方案 3：*A*2－*B*3－*C*1 是一种结构简单的热胀增压式洗衣机，它是在筒内装热水并加入洗衣粉，用手摇动使桶旋转增压，也可实现洗净衣物的目的；方案 4：*A*1－*B*2－*C*2 所对应的方案，是一种利用电磁振荡原理进行分离脏物的洗衣机，这种洗衣机可以不用洗涤波轮，把水排干后还可利用电磁振荡使衣物脱水；方案 5：*A*1－*B*4-*C*2 是超声波洗衣机的设想，即考虑利用超声波产生很强的水压使衣物纤维振动，同时借助气泡上升的力使衣物运动而产生摩擦，达到洗涤去脏的目的。其他的方案不再一一列举。

经过初步分析，便可挑选出少数方案做进一步研究。为了便于技术经济分析，对选中的方案应设计出基本原理。图 4-9 所示为超声波洗衣机的基本原理。工作时先在洗衣桶 1 内放入要洗的衣物和洗衣粉，并注入适量的水。然后起动电磁式气泵 4，压力风经气泵送气管 5、风量调节器 7 和送气管 6 至桶底部的空气分散器 2，产生微细气泡，并在筒内上升。微细气泡相互碰撞，当溢出水面时破裂。气泡破裂时产生 50～30000Hz 的超声波，尤其在 20000Hz 以上的超声波，可以产生很强的水压，使衣物纤维振动，产生洗涤作用，在超声波乳化作用的短时间内，衣物的油渍或污垢被分离。同时，气泡上升的力产生一个从中央向外侧的回水流，使衣物相互摩擦，并加强衣物与洗涤剂接触，强化洗涤功效。风量调节器具有两个作用：一是根据洗涤衣物种类和数量调节风量，二是通过送气管控制洗衣桶内产生的气泡。转换旋钮 8 用来控制安装在排水管 3 内的阀门，进行洗涤和排水两个工作状态的转换。定时器 9 用以控制洗衣机工作时间。根据超声波洗衣机的工作原理可知，由于筒内没有转动部件，所以衣物磨损轻，工作时无噪声，节水节电，洗净度高。

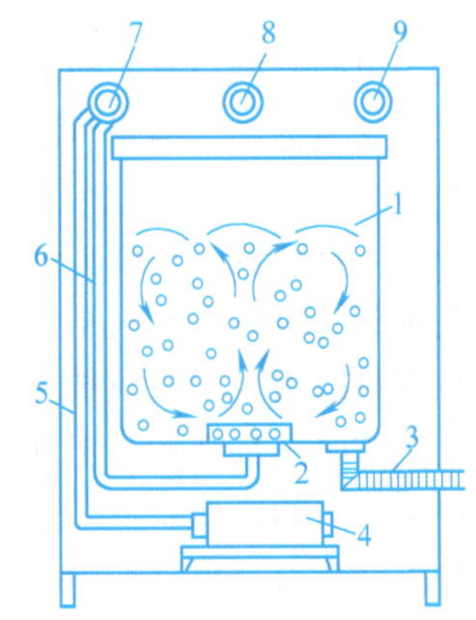

图 4-9　超声波洗衣机原理

1—洗衣桶　2—空气分散器
3—排水管　4—电磁式气泵
5—气泵送气管　6—送气管
7—风量调节器　8—转换旋钮
9—定时器

八、仿生法

仿生法是指对自然界的某些生物特性进行分析和类比，通过直接或间接模仿而进行创新设计的方法。自然界具有形形色色的生物，漫长的进化使其具有复杂的结构和奇妙的功能，人类不断地从自然界得到启示，并将其原理应用于生产和生活中。

仿生法具有启发、诱导、拓宽创造思路的功效。运用仿生法向自然界索取启迪，令人兴趣盎然，而且涉猎内容相当广泛。从鸟类想到飞机，从蝙蝠想到雷达，从锯齿状草叶想到锯子，千奇百态的生物，精妙绝伦的构造，赋予人类无穷无尽的创造思路和发明设想，吸引着人们去研究、模仿，从中进行新的创造。

仿生法不是自然现象的简单再现，而是在研究其工作原理的基础上，用现代设计手段设计出具有新功能的仿生系统。仿生法贯穿于创造性思维的全过程中，是对自然的一种超越。

1. 原理仿生

模仿生物的生理原理而创造新事物的方法称为原理仿生法，如模仿鸟类飞翔原理的各式飞行器、按蜘蛛爬行原理设计的军用越野车等。

蝙蝠用超声波辨别物体位置的原理使人类大开眼界。经过研究发现，蝙蝠的喉内能发出十几万赫兹的超声波脉冲。这种声波发出后，遇到物体就会反射回来，产生报警回波。蝙蝠根据回波的时间确定障碍物的距离，根据回波到达左、右耳的微小时间差确定障碍物的方位。人们利用蝙蝠的这种超声波的探测原理，测量海底容貌、探测鱼群、寻找潜艇、探测物体内部缺陷等。

南极终年冰天雪地，行走十分困难，汽车也很难通行。然而，科学家发现平时走路速度很慢的企鹅，在危急关头，一反常态，将其腹部紧贴在雪地上，双脚快速蹬动，在雪地上飞速前进，由此受到启发，仿效企鹅动作原理，设计了一种极地汽车，使其宽阔的底部贴在雪地上，用轮勺推动，结果汽车也能在雪地上飞速前进，时速可达50多公里。

2. 结构仿生

模仿生物结构进行创造性设计的方法称为结构仿生法，如从锯齿状草叶想到锯子。

苍蝇和蜻蜓具有复眼结构，即在每一个小六角形的单眼中，都有一小块可单独成像的角膜。在复眼前边，即使只放一个目标，但通过一块块小角膜，看到的却是许多个相同的影像。人们仿照这种结构，把许多光学小透镜排列组合起来，制成复眼透镜照相机，一次就可拍出许多相同的影像。

法国园艺家莫里哀看到，盘根错节的植物根系结构使植物根下泥土坚实牢固、雨水都冲不走的自然现象，受到启发后用铁丝做成类似植物根系的网状结构，用水泥、碎石浇制成钢筋混凝土。

18世纪初，蜂房独特、精确的结构形状引起人们的注意。每间蜂房的体积几乎都是0.25cm^3，壁厚都精确保持在0.073mm±0.002mm范围内。如图4-10所示，蜂房正面均为正六边形，背面的尖顶处由3个完全相同的菱形拼接而成。经数学计算证明，蜂房这一特殊的结构具有同样容积下最省料的特点。经研究，人们还发现蜂房单薄的结构还具有很高的强度，如用几张一定厚度的纸按蜂窝结构做成拱形板，竟能承受一个成人的体重。据此，人们发明了各种质量轻、强度高、隔音和隔热等性能良好的蜂窝结构材料，广泛用于飞机、火箭及建筑上。

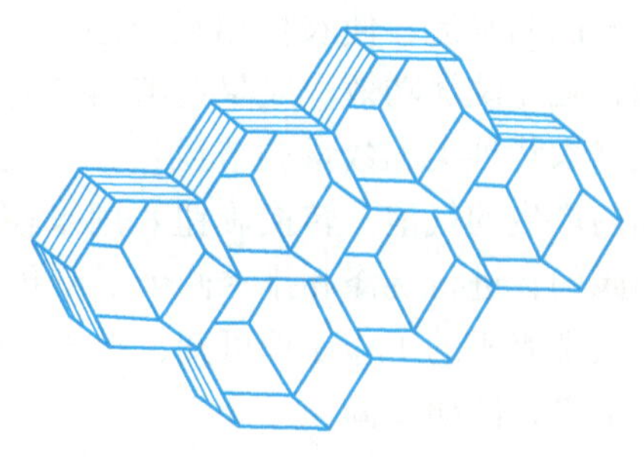

图4-10 蜂房结构示意图

3. 外形仿生

模仿生物外部形状而进行创造的方法称为外形仿生法，如从猫、虎的爪子想到在奔跑中急停的钉子鞋。

鲸鱼死后仍保持浮游体态的现象令人不得其解。苏联科学家研究发现，这正是鲸鱼身上的鳍在起作用。仿照其外形结构，他们在船的水下部位两侧各安装 10 个“船鳍”，这些“鳍”和船体保持一定的角度，并可绕轴转动。当波浪致使船身左右摇摆时，水的冲击力就会在“船鳍”上分解为两个分力，其一可防摇扶正，其二可推动船舶前行。因此“船鳍”不仅减少了船舶倾覆的危险，而且还具有降低驱动功率、提高航速的作用。

传统交通工具因其滚动式结构难于穿越沙漠。苏联科学家仿照袋鼠行走方式，发明了跳跃运行的汽车，从而解决了缺少用于沙漠运输的运载工具的难题。坦克很难爬越 45°以上的陡坡，美国科学家仿照蝗虫行走方式，研制出六腿行走机器，它以六条腿代替传统的履带，可以轻松地行进在崎岖山路之中。

4. 信息仿生

通过研究、模拟生物的感觉、语言、智能等信息及其存储、提取、传输等方面的机理，构思和研制出新的信息系统的仿生方法称为信息仿生法。

狗的嗅觉异常灵敏，人们据此发明了电鼻子。这种电鼻子是集智能传感技术、人工智能技术及并行处理技术等高科技成果于一体的自动化仿生系统。它由 20 种型号不同的味觉传感器、1 个超薄型微处理芯片和用来分析气味信号并进行处理的智能软件包组成。它使用一个小泵把地面的空气抽上来，使之流过这 20 种传感器表面，传感器接收到微量气味后，形成相应的数字信号送入微处理器中，专家系统对这些数字信号进行比较、分析和处理，将结果显示在屏幕上。电鼻子广泛应用于军事领域，如利用电鼻子可寻找藏于地下的地雷、光缆、电缆及易燃易爆品等。

响尾蛇的鼻和眼之间的凹部（称为热眼）对温度极其敏感，是一种十分灵敏的热感受器，能对千分之一度的温度变化做出反应，因此响尾蛇能轻易觉察到身边其他事物的存在。据此原理，美国研制出对热辐射非常敏感的视觉系统，并将其应用于“响尾蛇”导弹的引导系统。这种导弹装有热眼——红外线自动跟踪制导系统，它不仅可以根据发动机发出的少量热量来追踪飞机与舰艇，而且还能根据目标在空中或水中留下的“热痕”顺藤摸瓜，直到击中目标。

第三节 基于组合原理的创新设计

一、组合创新法概述

1. 组合创新的概念和意义

在发明创新活动中，按照所采用的技术来源可将发明分为两类：一类是在发明中采用全新的技术原理，称为突破型发明；另一类是采用已有的技术并进行重新组合，从而形成新的发明。从人类发展的技术进程可以看出，进入 19 世纪 50 年代以来，突破型的发明在发明总量中所占的比重在下降，而组合型发明的比重在增加。从某种意义上讲，发明创新几乎都是已有技术的组合，因此在组合中实现创新，已经成为现代技术创新活动的一种趋势。

组合创新法是指按照一定的技术原理，通过将两个或多个功能元素合并，从而形成一种具有新功能的新产品、新工艺、新材料的创新方法。要素组合不是各种要素的机械相加，而是根据需要，选取事物的某些要素，按照科学的原理有机组合，从而进行创新的过程。

由于形成组合的技术要素比较成熟，使得应用组合法从事创新活动从一开始就站在了一个较高的起点，不需要花费较多的时间、人力和物力去开发专门的新技术，不要求创新者对所应用的每一种技术要素都具有高深的专门知识，所以应用组合创新法从事创新活动的难度不高，有利于群众性创新活动的广泛开展。

虽然组合创新法所使用的技术元素是已有的，但是如果组合恰当，它所实现的功能是新的，同样可以做出重大的发明。例如，美国的“阿波罗”登月计划是20世纪最伟大的科学成就之一，但是“阿波罗”登月计划的负责人说，“阿波罗”宇宙飞船技术中没有一项是新的突破，都是现有技术的组合。知识经济的代表人物，美国的比尔·盖茨，被誉为“软件领域的爱迪生”，其实并没有自己的原创产品。使他起家的BASIC语言并非他自己的发明，给他带来滚滚财源的DOS操作系统也是从其他公司购买的；Windows操作系统则是借用了施乐公司和苹果公司的技术；IE浏览器源于网景公司的创意；OFFICE办公系统的组件也来自收购的公司。比尔·盖茨虽然没有多少自己的发明创造，但他不仅善于发现和利用别人的创造，更重要的是将其重新组合为新产品，成为知识经济时代的创新典范。

每一项技术在其初始应用的领域内有它的初始用途，通过将其与其他技术要素重新组合，扩大了已有技术的应用范围，更充分地发挥了已有技术的作用，推动了已有技术的进步。最早的蒸汽机是为煤矿排水而发明的，随着蒸汽技术的不断改进，应用领域不断扩大。1803年美国发明家罗伯特·富尔顿将蒸汽机安装到船上，发明了以蒸汽机为动力的轮船；1814年英国发明家乔治·史蒂芬森在继承前人成果的基础上，将蒸汽机技术与铁轨马车进行组合，制造了第一台实用的蒸汽机车；1790年人们将蒸汽机用于炼钢中的鼓风，降低了冶炼过程的燃料消耗。蒸汽机的应用从矿山排水发展到交通运输、冶金、机械、化工、纺织等一系列工业领域，使社会生产力以前所未有的速度和规模发展，并形成了以蒸汽机的广泛使用为主要标志的技术革命。

2. 组合创新的特点

综上所述，组合创新的特点如下：

1）创新寓于组合中，进行组合需要创造性劳动，才能使组合的产品第一次出现于市场就能为用户所接受，成为成功的组合创新产品。

2）组合是推陈出新，利用现有的技术和物质进行组合，就可以创造出新产品。

3）组合优势。组合后的产品整体性能优于组合前的，也就是系统论中的“整体大于各孤立部分之和”。

4）组合的连锁反应。例如微电子技术和计算机技术的广泛应用，渗透到各个领域，出现了各类新产品，推动了组合创新的发展。

二、组合创新的分类

组合创新方法有多种形式，从组合的内容分有功能组合、原理组合、结构组合、材料组合等；从组合的方法分有同类组合、异类组合、分解组合等；从组合的手段分有聚焦组合、辐射组合等。下面介绍常用的几种组合方法。

1. 功能组合

有些产品的功能已被用户普遍接受，通过组合可以为其增加一些新的功能，适应更多用户的需求。

美国有个画家，作画的时候常常用完铅笔找不到橡皮，用完橡皮又要去找丢下的铅笔，感到很不方便。后来他想了一个办法，把橡皮和铅笔捆绑在一起使用，由此发明了一种新式的铅笔。

为婴儿喂奶时常需要判断奶水的温度，但新生婴儿母亲因缺乏经验，判断奶水温度既费时又不准确。为解决这种需求，有人将温度计与婴儿奶瓶加以组合，生产出具有温度显示功能的婴儿奶瓶。

1876 年，美国人亚历山大·贝尔发明了电话，但使用电话时只能听见声音却看不见对方，所以产生了闻其声、观其容的需求。既能听到声音、又能看到对方图像的可视电话弥补了普通电话的不足，使用可视电话，就像面对面谈话一样，它兼具“千里眼”和“顺风耳”的功能。可视电话是集计算机技术、通信技术、多媒体技术于一体的高科技通信产品，是 20 世纪通信领域的一次革命。人们只需利用已普及的电话网，异地各接一部可视电话，即可实现双向传输语言和图像的目的。

多功能组合的产品构思巧妙，实用性强。有人认为多功能产品功能越多越好，其实这是一种片面的认识。因为结构越复杂，组合越困难，冗余件也越多，成本也就越高。所以在进行功能组合时要从实际出发，通盘考虑，应用得当。

2. 同类组合

同类组合是指两种或两种以上相同或相近事物的组合。在同类组合中，参与组合的对象与组合前相比，其基本性质和结构没有根本变化，因此同类组合是在保持事物原有功能或意义的前提下，通过数量的变化来弥补功能上的不足或得到新的功能，如组合插座、组合刀具、组合文具盒等。同类组合是一种常用的创新方法。

例如，日本松下公司总裁松下幸之助早年曾把旧式单联插座改为双联插座和三联插座，并申请了专利。虽然发明原理非常简单，就是利用了同类组合方法，但深受广大用户欢迎，获得了丰厚的利润，为事业的成功奠定了基础。

双色或多色圆珠笔上可以安装两个或多个不同颜色的笔芯，使得有特殊需要的人减少了必须携带多支笔的麻烦。这一创新成果也是同类组合方法的应用。

低碳钢经冷（热）拉拔制成的细钢丝具有极大的抗拉强度，因此将许多细钢丝绞合成一根钢丝绳，其抗拉强度比一根直径相同的实心棒材要优越得多。

V 带传动中可以通过增加带的根数提高承载能力（图 4-11a），但是随着带的根数增加，每根带的带长不一致，各根带的载荷分布不均匀加剧，使多根带不能充分发挥作用。多楔带将多根带集成在一起（图 4-11b），通过制造工艺保证了带长的一致，提高了承载能力。

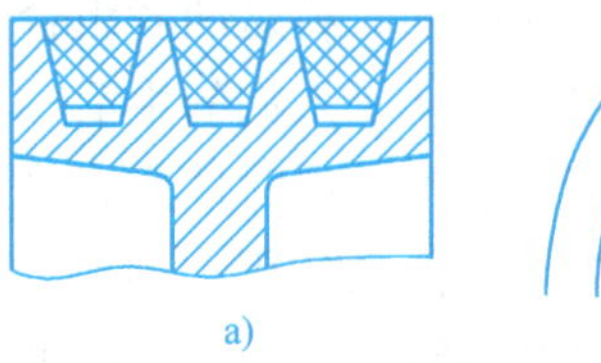
a)

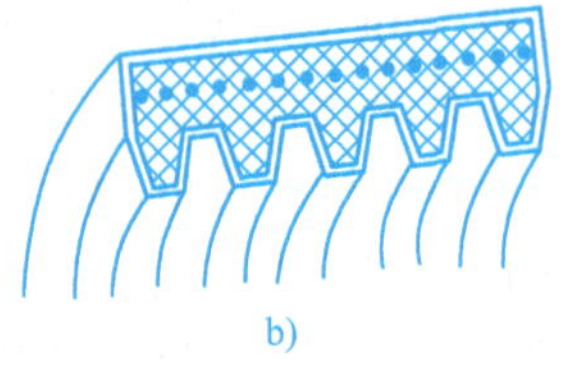
b)

图 4-11　多根 V 带与多楔带

机械传动中使用的万向联轴器，可以在两个不平行的轴之间传递运动和动力，但是万向联轴器的瞬时传动比不恒定，会产生附加动载荷。如图 4-12 所示，将两个同样的单万向联轴器按一定方式联接，组成双万向联轴器，既可实现两个不平行轴之间的传动，又可以使瞬时传动比恒定。

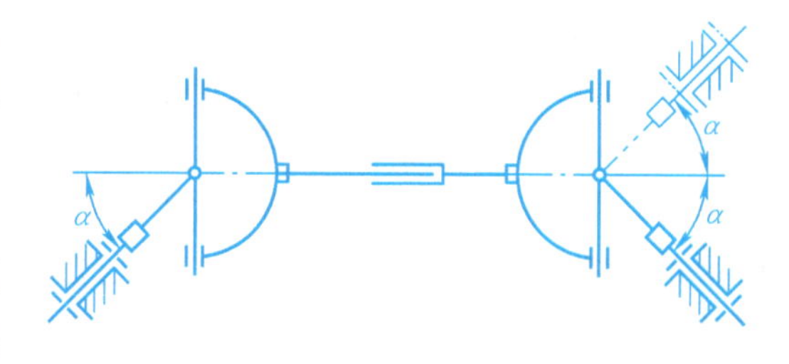

图4-12　双万向联轴器

3. 分解组合

分解组合是指在事物不同层次上分解原来的组合，然后再以新的思想重新组合起来。其特点是改变事物各组成部分之间的相互关系。分解组合是在同一事物上进行的，一般不增加新的内容。

例如自螺旋桨飞机发明以来，螺旋桨都是设在机首，两翼从机体伸出，尾部安装稳定翼。美国飞机设计家卡里格·卡图按照空气的浮力和空气推动力原理进行重组，将螺旋桨改放在机尾推动飞机前进，稳定翼则放在机头处，制造了头尾倒换的飞机。重组后的飞机具有尖端悬浮系统及更加合理的流线型机身，因而速度增加，失速和旋冲的可能性排除，安全性提高。

老式电冰箱都是上冷下热，即冷冻室在上，冷藏室在下。广州万宝集团有限公司对电冰箱进行了分解创新，开发出冷藏室在上、冷冻室在下的上热下冷式新型电冰箱。经过分解重组后的电冰箱具有三个优点：①增加了用户使用的方便性，冰箱在实际使用中常用的是往冷藏室储存食品，上移后减少了弯腰取东西的动作；②冷冻室在下面，化霜水不再对冷藏室的东西造成污染；③冷藏室下置方案利用了冷气下沉原理，使负载温度回升时间比老式电冰箱延长了一倍，减少了耗电。

4. 异类组合

异类组合是指两种或两种以上不同领域中的技术思想或物质产品的组合，如日历笔架、带日历的收音机、带有U盘的瑞士军刀等。其特点是：组合的对象来自不同的方面，一般无所谓主、次之分；组合的对象能从意义、原则、构造、成分、功能等任何一方面或多方面互相进行渗透，从而使整体发生变化。例如，激光超声波灭菌法是激光技术和超声波技术的组合。仅用激光杀灭水中细菌时，仍留有部分细菌；仅用超声波杀灭水中细菌时，也留有部分细菌。如果先激光后超声波或先超声波后激光杀灭细菌时，还是留有部分细菌；当将激光与超声波同时作用于水中进行杀菌时，则水中就完全没有细菌了。

有些不同的产品具有某些相同的成分，将这些不同的产品加以组合，使其共用这些相同成分，可以使组合产品的总体结构更简单，价格更便宜，使用也更方便。收音机和录音机的有些电路和大的元器件是相同的，将这两者组合，生产出的收录机的体积远低于两者的体积之和，价格也便宜了许多，方便了人们的生活。

有些不同产品的功能人们不会同时使用，将这些不同时使用的产品功能组合在一起，通常可以起到节省空间、方便生活的作用。例如，夏季人们需要使用空调，冬季则需要使用取暖器，冷暖空调将这两种功能组合在一起，既可共用散热装置和温度控制装置，又可节省空间和费用，省去季节变换时的保存工作。又如老年人外出行走时需要拐杖，坐下休息时需要凳子，那么带有折叠凳子的拐杖就会方便老年人外出。

5. 材料组合

有些应用场合要求材料具有多种特征，实际上很难找到一种同时具备这些特征的材料，因此通过某些特殊工艺将多种不同材料加以适当组合，可以制造出满足特殊需要的材料。

例如电缆需要导电性强的材料（如铜）来制造，但在架设电缆时，人们又希望它有较高的抗拉强度，而铜的抗拉强度却不高。为了解决这一矛盾，人们利用材料组合方式，发明了中心是钢线，外层用铜线包裹的钢芯铜线。由于交流电主要是沿着导体的外表面流动，所以这种电缆的导电性没有降低，同时又具有了较高的强度。

V 带传动要求带的材料具有抗拉、耐磨、易弯、价廉的特征，使用单一材料很难同时满足这些要求。通过将化学纤维、橡胶和帆布进行适当的组合，人们设计出了被普遍采用的 V 带材料。

日用品中的材料组合创新也很常见。例如牙刷一般分为硬毛与软毛两种。硬毛牙刷易刷净牙齿，但容易擦破牙龈；软毛牙刷有利于保护牙龈，但不易刷净牙齿。于是有人发明了由两种尼龙毛制成的牙刷，这种牙刷的中心部分是硬尼龙丝，四周为软毛尼龙丝。为了显示其特点，这两种刷毛使用了不同的颜色，深受消费者欢迎。

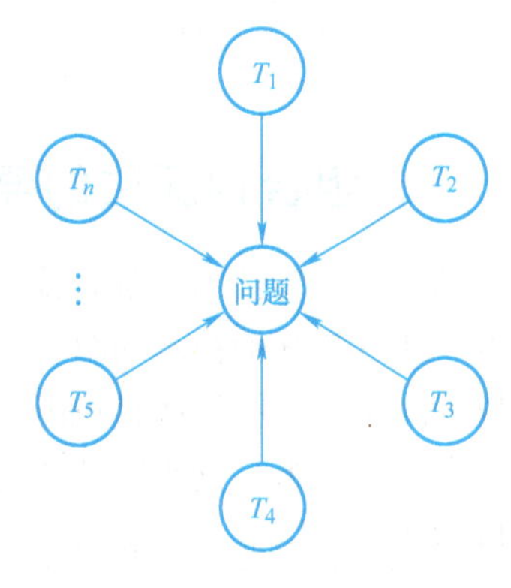

图 4-13　聚焦组合

6. 聚焦组合

聚焦组合是指以待解决的特定问题为中心，广泛地寻求与待解决问题有关的各种已知技术手段，最终形成一种或多种解决这一问题的综合方案，如图 4-13 所示。应用这种方法的过程中，有一个特别重要的问题，即寻求技术手段的广泛性，要尽量将所有可能与所求解问题有关的技术手段包括在考察的范围内。只有通过广泛的考察，不漏掉每一种可能的选择，才有可能组合出最佳的技术功能。

例 4-7　太阳能发电站。

西班牙曾计划修建新的太阳能发电站，需要解决的最重要的技术问题是如何提高太阳能的利用率。针对这一要求，技术人员广泛寻求与之有关的所有技术手段，经过对温室技术、风力发电技术、排烟技术、建筑技术等的认真分析，最后形成一种富于创造性的新的综合技术——太阳能气流发电技术。这种太阳能气流发电厂如图 4-14 所示，它的结构非常简单，发电厂的下部是一个宽大的太阳能温室，温室中间耸立着高大的风筒，风筒下安装有风力发电机。这里应用的各个单项技术本身都是很成熟的技术，但经过组合就形成了世界上最先进的太阳能发电技术。

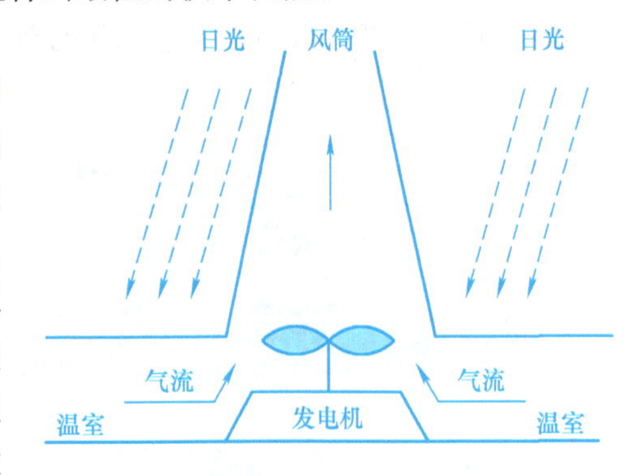

图 4-14　太阳能气流发电厂

7. 辐射组合

辐射组合是以某种新技术为中心，与多种传统的技术手段相结合而形成的技术创新方法。应用这种方法可以在一种新技术出现后迅速扩大它的应用范围，世界发明史上有很多重大的技术发明都经历过这样的组合过程。

例如，以超声波技术为辐射中心，可得到一系列的应用新技术。如图 4-15 所示，中心为超声波技术，四周为各种传统的技术，分析超声波技术能与哪些传统技术组合成新技术。例如：超声技术可应用于在金属冶炼中，也可以应用于食品解冻，还可以应用于其他食品加工技术中。超声波的铝钎焊技术是把烙铁头固定在超声波装置上，由于超声波引起的小爆炸，使铝材表面的氧化膜破坏，从而使金属表面暴露出来，使铝的钎焊获得成功。另外，超声波技术还可以用于探伤、粉碎、洗涤、理疗、遥控、切削、滚轧等技术。

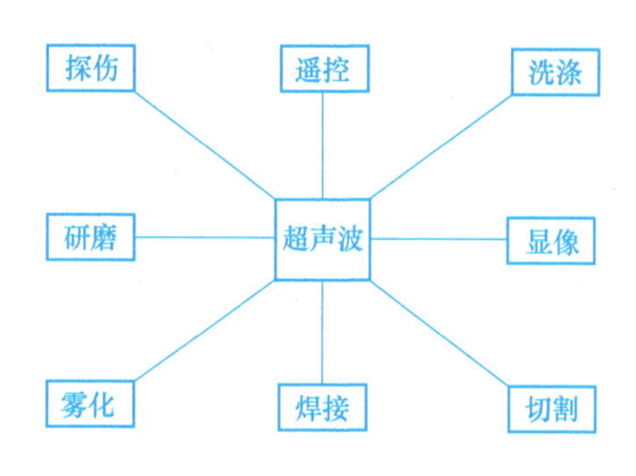

图4-15　超声波技术辐射

三、组合创新法的要点

现代的微波技术、激光技术、太阳能技术、计算机技术、人造卫星遥感技术等新技术，都可以通过与其他技术的组合，发展成为一系列新的应用技术门类，这不但能迅速扩大这些新技术的应用范围，而且也能促进这些技术自身的进一步发展。

由此可见组合创新法的要点是：①由多个特征组合在一起；②所有的特征都为一个共同的目的而起作用，它们相互支持、相互促进和相互补充；③可以达到一个新的、总的技术效果。

然而组合并不等于凑合，像电冰箱与电话就不能组合成新的有用物品，而计算机多媒体则可以代替电影、电视、传真、音响等。市场上前几年曾投放多种功能组合在一起的“多用童车”，但未能打开市场销路。究其原因，是因为其“多用”严重影响了“单用”，使其变得过分笨重、复杂，从而丧失了创新的意义。这一点在使用组合创新时应特别注意。

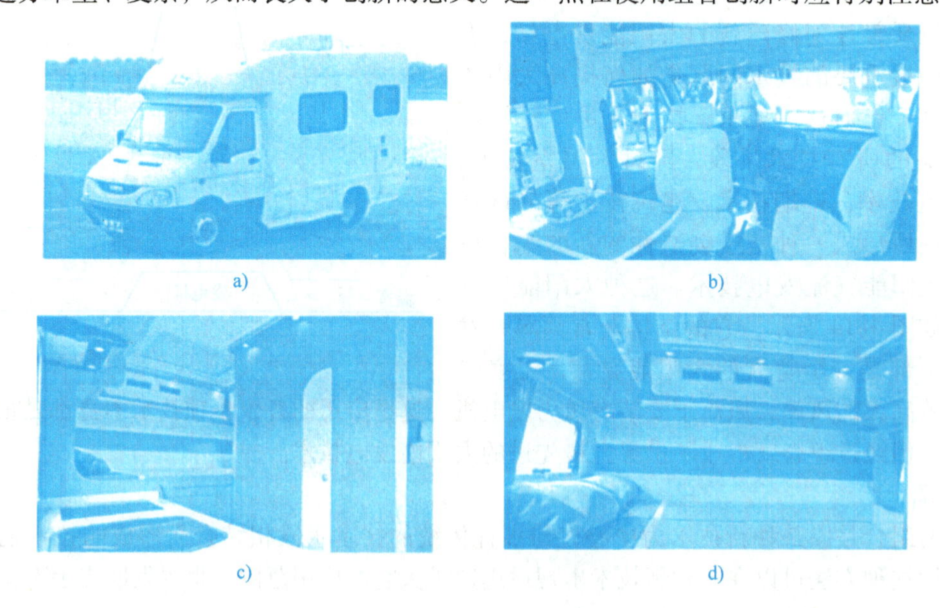

图4-16　房车组成部分

a）房车　b）房车驾驶室　c）房车厨房　d）房车内1.8m大床

组合创新还体现在汽车设计中。例如，人们不断地为其添加刮水器、遮阳板、打火机、音响、空调、车载电话、车内局域网、车载导航系统等附加装置，使汽车的功能更加完善；为了适应休闲旅游的需要，生产厂家又开发出了房车。图 4-16 所示为依维柯驼马房车，其内部分为驾驶室、起居室、厨房及卫生间四个区域，通过合理布局与精心设计，区域每个角落都得到了有效利用，并充分体现了人性化原则，内部统一运用带有条纹图案、偏红的米黄色家具，色彩柔和、温馨，极具家庭氛围。

第五章

机构的创新设计

第一节　机构的组合与创新

为了实现某些复杂的运动要求，机械常由简单的基本机构组合而成。例如内燃机是由连杆机构、凸轮机构、齿轮机构等组合而成的；电风扇摇头机构是由连杆机构和齿轮机构组合而成的。因此，机构的组合是实现机械创新设计的一个重要途径。

机构的组合是指将几个基本机构按照一定的原则或规律，组合成一个复杂的机构。而基本机构主要是指机械中最常用、最简单的一些机构，如连杆机构、凸轮机构、齿轮机构、间歇运动机构等。这些基本机构应用很广，但随着生产过程自动化程度的提高，对机构输出的运动和动力特性提出了更高的要求，而单一的基本机构具有一定的局限性，在某些性能上不能满足要求。例如，连杆机构不能完全精确地实现任意给定的运动规律；凸轮机构虽然可以实现任意的运动规律，但行程小且行程不可调；齿轮机构只能实现一定规律的连续单向转动，但不适合远距离传动；棘轮机构、槽轮机构等具有不可避免的冲击、振动，以及速度和加速度的波动。为了解决这些问题，必须进行创新设计，充分利用各种基本机构的良好性能，改善其不良特性，运用机构组合原理构造出既满足工作要求，又具有良好运动和动力性能的新机构。

机构的组合方式主要有串联式组合、并联式组合、复合式组合和叠加式组合四种，下面分别进行介绍。

一、串联式机构组合与创新

1. 串联式机构组合的原理与创新方法

串联式机构组合是指若干个单自由度的基本机构顺序连接，以前一个机构的输出运动作为后一个机构的输入运动的机构组合方式。若连接点设在前置机构中做简单运动的连架杆上，则称其为Ⅰ型串联；若连接点设在前置机构中做平面复杂运动的构件上，则称其为Ⅱ型串联。串联式机构组合的特点是运动顺序传递，结构简单，其组合框图如图 5-1 所示。下面结合具体实例，介绍串联式机构组合的两种结构形式，分析其运动和动力性能，以及如何实现各种特殊要求。

2. 串联式机构组合的主要功能分析

（1）Ⅰ型串联式组合　介绍两个基本机构的串联组合时，首先应假设这两个基本机构分别为前置子机构和后置子机构。在对基本机构进行串联组合时，需要了解每种基本机构的性能特点，分析其在什么条件下适合做前置子机构或后置子机构，然后才能进行具体的组

图 5-1　串联式机构组合

a）Ⅰ型串联　b）Ⅱ型串联

合。可推荐的串联组合方法有以下几种：

1）前置子机构为连杆机构。连杆机构的输出构件一般是连架杆，它能实现往复摆动、往复移动及变速转动输出，具有急回特性。对应常用的后置子机构有：①连杆机构，可利用变速转动的输入获得等速转动的输出，还可利用杠杆原理确定合适的铰接位置，在不减小机构传动角的情况下实现增程或增力作用；②凸轮机构，可使凸轮获得变速转动和往复移动的输入，使后置子机构的从动件获得更多的运动规律；③齿轮机构，利用摆动和移动的输入，使从动齿轮或齿条获得大行程摆动或移动，还可利用变速转动的输入进一步通过后置的齿轮机构进行减速或增速；④槽轮机构，利用变速转动的输入，减小槽轮转位时的速度波动；⑤棘轮机构，利用往复摆动和移动输入，拨动棘轮间歇转动。

例 5-1　为实现大摆角的往复运动，通过机构选型确定出曲柄摇杆机构，但由于许用传动角的关系，摇杆的摆角常受到限制。若采用图 5-2 所示的方式将曲柄摇杆机构（1－2－3－5）和齿轮机构（3－4－5）组合起来，则可增大从动件的输出摆角。在此机构中，曲柄摇杆机构和齿轮机构可看作是子机构，摇杆 3 既是曲柄摇杆机构的输出构件，又是齿轮机构的输入构件。由此可见，该机构中前置子机构的输出构件为后置子机构的输入构件，形成了串联式机构组合。这种机构常用于仪表中将敏感元件的微小位移放大后送到指示机构或输出装置等场合。

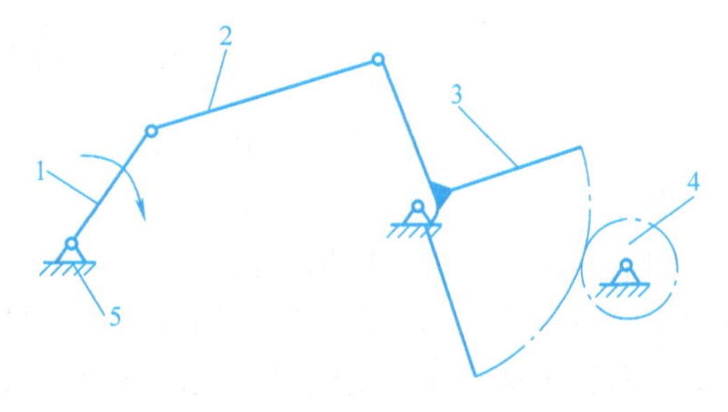

图 5-2　用于扩大摆角的连杆－齿轮机构

例 5-2　图 5-3 所示为一个实现增力功能的串联式机构组合。它是由一个前置子机构即

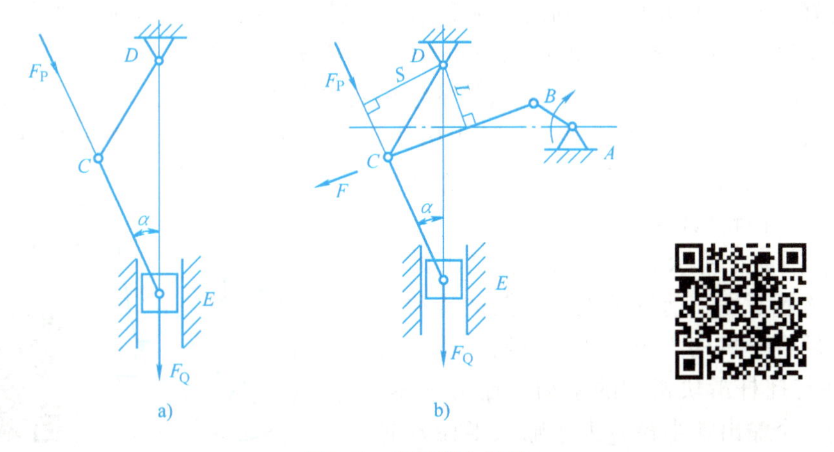

图 5-3　连杆增力机构

曲柄滑块机构 $ABCD$ 和后置子机构即摇杆滑块机构 DCE 串联组合而成的。在基本机构 DCE（图5-3a）中，连杆 CE 上受 F_P 力的作用，致使滑块 E 产生向下的冲压力 F_Q，则 $F_Q = F_P\cos\alpha$。随着滑块 E 的下移，α 减小，压力 F_Q 增大。若串联一个铰链四杆机构 $ABCD$ 作为前置机构（图5-3b），设连杆受力为 F，则后置机构的执行构件滑块 E 所受的冲压力为 $F_Q = F_P\cos\alpha = (FL/S)\cos\alpha$。此时随着滑块 E 的下移，在 α 减小的同时，L 增大，S 减小。在 F 不增大的条件下，冲压力 F_Q 增大了 L/S 倍。设计时可根据要求确定 α、S 和 L。

例5-3　图5-4所示为连杆齿轮齿条行程倍增机构，前置子机构为连杆机构，后置子机构为齿轮齿条机构。主动曲柄1转动，推动齿轮3与上下齿条4、5啮合传动，上齿条4固定，下齿条5做往复移动，其行程 $H=4R$，即把连杆机构的输出行程扩大了一倍。显然，在输出位移相同的前提下，其曲柄比一般对心曲柄滑块机构的曲柄可缩小一半，从而可缩小整个机构尺寸。若将齿轮3改为双联齿轮3－3′，节圆半径分别为 r_3、r'_3，齿轮3与固定齿条4啮合，齿轮3′与移动齿条5啮合，其行程为

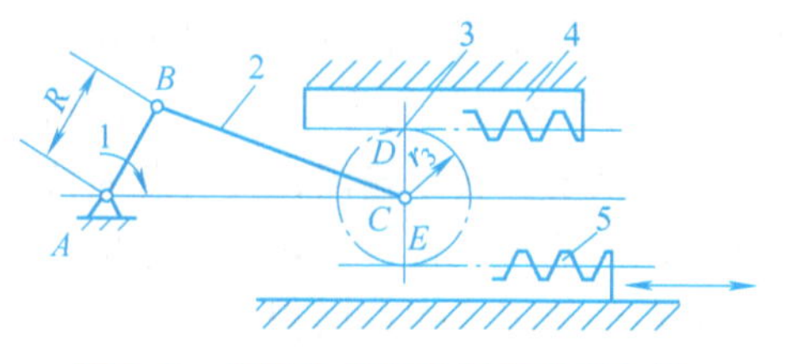

图5-4　连杆齿轮齿条行程倍增机构

$$H = 2\left(1 + \frac{r'_3}{r_3}\right)R$$

当 $r'_3 > r_3$ 时，$H > 4R$，该串联式机构组合实现了输出行程成倍增大的作用。

例5-4　图5-5所示为连杆槽轮机构，前置子机构为双曲柄机构，后置子机构为槽轮机构。由于普通槽轮机构工作时，其主动拨盘一般做匀速转动，且回转半径不变，而当运动传递给槽轮时，主动拨盘的滚销在槽轮的传动槽内沿径向位置发生相对移动，致使槽轮的受力作用点也沿径向位置发生变化，导致槽轮在一次转位过程中，角速度由小变大，再由大变小。连杆槽轮机构中，双曲柄机构 $ABCD$ 中的从动曲柄 CD 与槽轮机构的主动拨盘 DE 连为一体，故槽轮机构工作时，其主动拨盘可做非匀速转动，若在设计双曲柄机构时考虑好 E 点的速度变化，则能够中和槽轮的转速变化，使槽轮做近似等速转位。由此可见，经串联组合的槽轮机构的运动和动力性能均有较大改善。

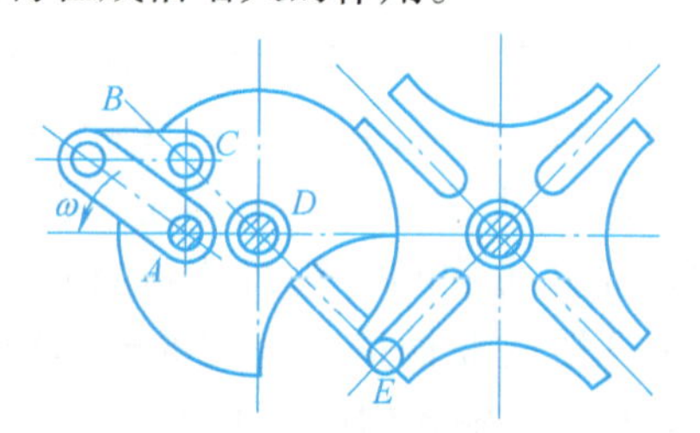

图5-5　连杆槽轮机构

2）前置子机构为凸轮机构。凸轮机构的输出通常为移动或摆动，可实现任意的运动规律，但行程太小。通常可利用凸轮机构输出构件的运动规律，改善后置子机构的运动特性，或使其运动行程增大。后置子机构可以是连杆机构、齿轮机构、槽轮机构等。

例5-5　图5-6所示为使运动行程增大的凸轮－连杆机构示意图，前置子机构为摆动从动件凸轮机构，后置子机构为摇杆滑块机构。凸轮机构的从动件与摇杆滑块机构的主动件连为一体。该机构利用一个输出端半径 r_2 大于输入半径 r_1 的摇杆 BAC，使 C 点的位移大于 B 点的位移，从而

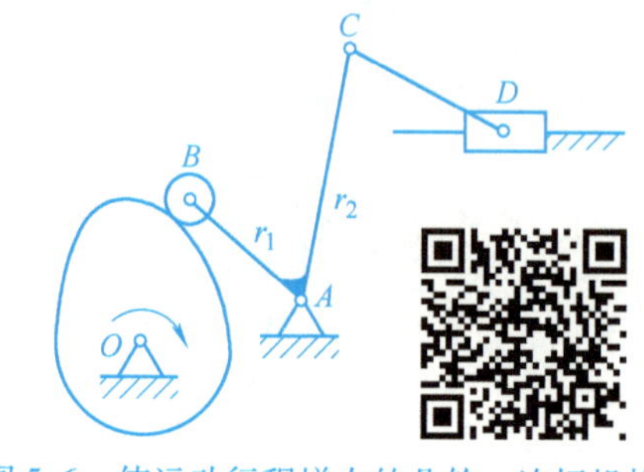

图5-6　使运动行程增大的凸轮－连杆机构

可在凸轮尺寸较小的情况下，使滑块获得较大行程。

3）前置子机构为齿轮机构。齿轮机构的输出通常为转动或移动。对应的后置子机构可以是各种类型的基本机构，可获得各种减速、增速以及其他的功能。

例 5-6 图 5-7 所示为用于毛纺针梳机导条机构上的椭圆齿轮连杆机构。前置子机构是椭圆齿轮机构，输出非匀速转动；后置子机构是曲柄导杆机构，将转动变为移动；通过一对中间齿轮机构减速串联到后置子机构，使后置子机构的主动曲柄 3 输入非匀速转动，从而使输出构件 5 实现近似的匀速移动，以满足工作要求。

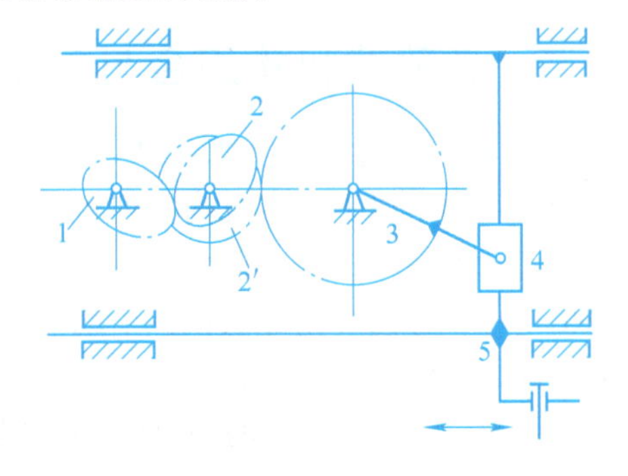

图 5-7 毛纺针梳机导条机构

综上所述，Ⅰ型串联式机构组合常用于改善输出构件的运动和动力性能，常见于后置子机构输出的运动性能不太令人满意的情况，如速度与加速度有较大波动，从而造成运转不稳定，并且产生振动等。此外，Ⅰ型串联式机构组合还用于运动或力的放大，可根据运动或力放大的具体要求选择不同的方法。

（2）Ⅱ型串联式组合　在Ⅱ型串联式组合中，后置子机构的输入构件一般与前置子机构中做平面复杂运动的连杆在某一点连接。若前置子机构为周转轮系，则后置子机构的输入构件与前置子机构中的行星轮连接。这主要是利用前置子机构与后置子机构连接点处的特殊运动轨迹，使机构的输出构件实现某些特殊的运动规律。

例 5-7 图 5-8 所示为一个输出构件具有间歇运动特性的串联式机构组合。前置子机构为曲柄摇杆机构 *OABD*，其中连杆上 *E* 点的轨迹有一段为近似直线（图中虚线所示），后置子机构是一个具有两个自由度的五杆机构 *DBEF*，其中导杆上的导向槽为直线。因连接点设在连杆上的 *E* 点，所以当 *E* 点轨迹为直线时，输出构件将实现停歇；当 *E* 点轨迹为曲线时，输出构件再摆动。

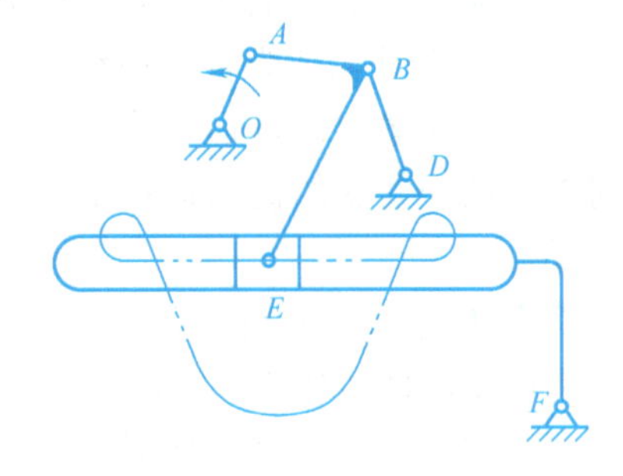

图 5-8 具有间歇运动特性的串联式机构组合

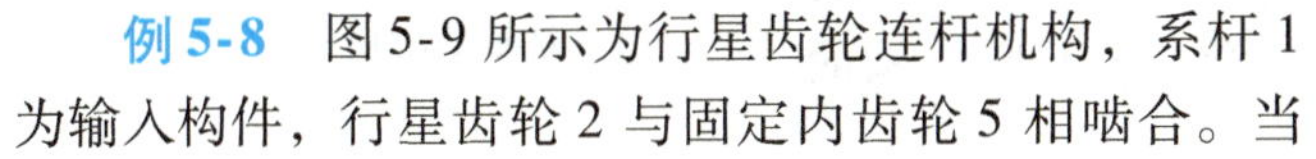

例 5-8 图 5-9 所示为行星齿轮连杆机构，系杆 1 为输入构件，行星齿轮 2 与固定内齿轮 5 相啮合。当两齿轮齿数满足 $z_5=3z_2$ 时，齿轮 2 节圆上点的轨迹是 3 段近似圆弧的摆线，其圆弧半径近似等于 $8r_2'$（r_2' 为齿轮 2 的节圆半径），输出件行星齿轮 2 在节圆处与连杆 3 铰接，当连杆 3 的长度等于 $8r_2'$ 时，滑块 4 与连杆 3 的铰接点近似位于圆心处，则当系杆转动一周时，滑块 4 有三分之一的时间处于停歇状态。这就是利用行星轮系中行星齿轮的平面复合运动输出特殊的运动规律，串联组合后置子机构，使输出构件满足特殊的运动要求。

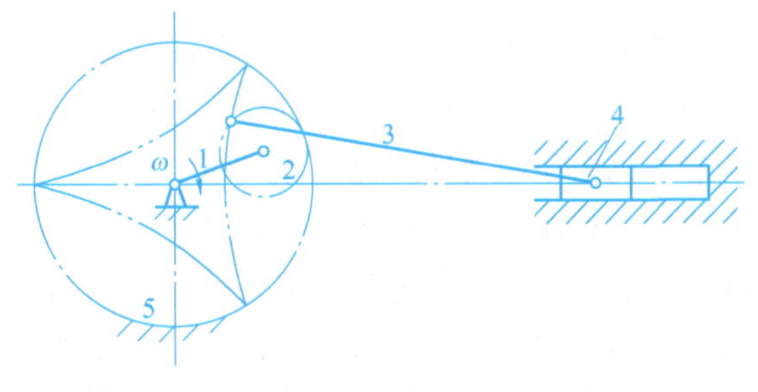

图 5-9 行星齿轮连杆机构

在串联式机构组合中，输入构件的运动是通过各基本机构，依次传递给输出构件的。根据这个特点，在进行运动分析时，可以从已知运动规律的第一个基本机构开始，按照运动传递路线顺序解决的方法，求得最后一个基本机构的输出运动。

二、并联式机构组合与创新

1. 并联式机构组合原理与创新方法

两个或两个以上基本机构并列布置，运动并行传递，称为并联式机构组合。各个基本机构具有各自的输入构件，但共用一个输出构件的称为Ⅰ型并联；各个基本机构有共同的输入与输出构件，称为Ⅱ型并联；各个基本机构有共同的输入构件，但却有各自的输出构件称为Ⅲ型并联。并联式机构组合的特点是：两个子机构并列布置，运动并行传递，其运动传递框图如图5-10所示。下面通过具体实例说明其组合特点及实际应用。

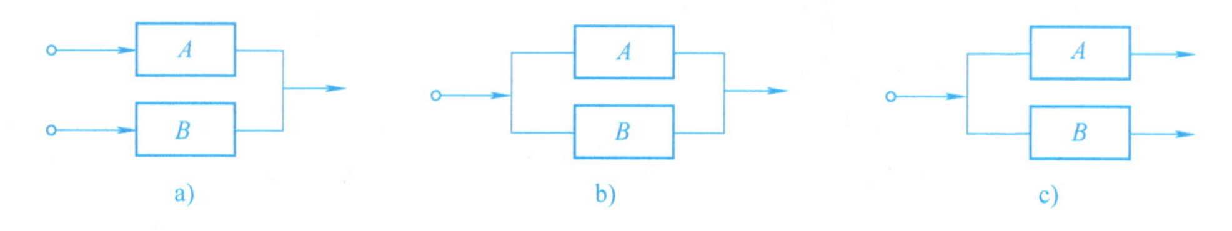

图5-10 并联式机构组合

a）Ⅰ型并联 b）Ⅱ型并联 c）Ⅲ型并联

2. 并联式机构组合的主要功能分析

（1）Ⅰ型并联式组合 该组合相当于运动的合成，其主要功能是对输出构件运动形式的补充、加强和改善。设计时要求两个并联的机构运动要协调，以满足所要求的输出运动。

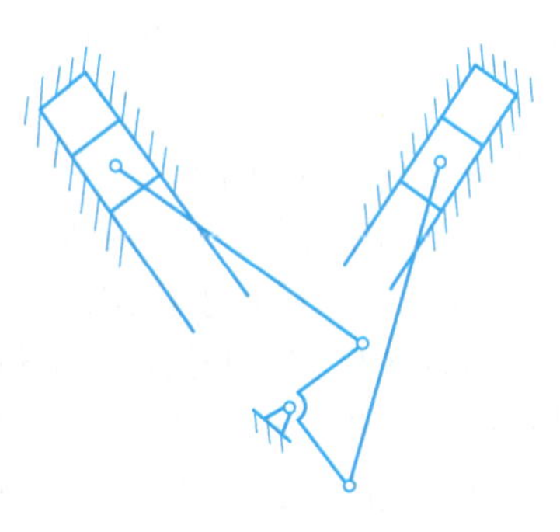

图5-11 V形发动机的双曲柄滑块机构

例5-9 图5-11所示为V形发动机的双曲柄滑块机构，由两个曲柄滑块机构并联组合而成。两个气缸呈V形布置，它们的轴线通过曲柄回转的固定轴线，当分别向两个活塞输入运动时，则曲柄可实现无死点位置的定轴转动，且具有良好的平衡、减振作用。但应注意，各并联机构的结构尺寸必须相同。

例5-10 图5-12所示为可以实现从动件做复杂平面运动的两自由度机构，用于钉扣机中的针杆传动，由曲柄滑块机构和摆动导杆机构并联组合而成。原动件分别为曲柄1和曲柄6，从动件是针杆3，通过主动件的运动可以实现平面复杂运动，用以完成钉扣动作。该机构组合具有两个自由度，必须有两个输入运动才能确定，设计时两个主动构件的运动一定要协调配合，要按照输出构件的复合运动要求绘制运动循环图，并据此确定两个主动构件的初始位置。

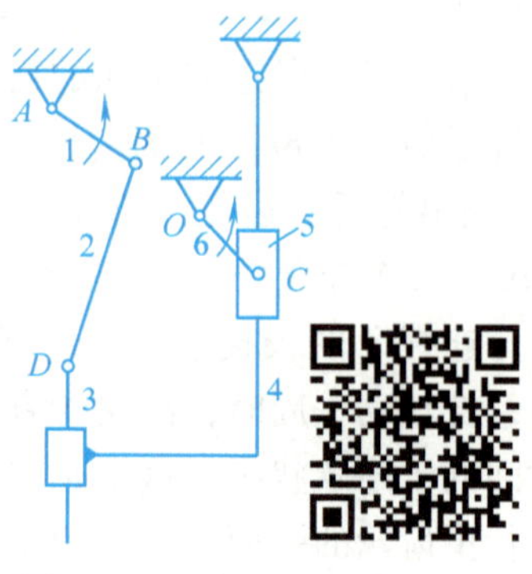

图5-12 钉扣机针杆传动机构

（2）Ⅱ型并联式组合　该组合相当于将一个运动分解为两个运动，再将这两个运动合成一个运动输出，其主要功能也是用于改善输出构件的运动状态和运动轨迹，同时还可用于改善机构的受力状态，使机构获得自身的动平衡。Ⅱ型并联式组合机构设计的主要问题也是两个并联的机构要协调配合，或完全对称布置。

例 5-11　图 5-13 所示为平板印刷机吸纸机构的运动简图，该机构由两个摆动从动件凸轮机构和一个五杆机构组成，两盘形凸轮 1、1′固接在同一转轴上，五杆机构的两个连架杆分别与凸轮机构的从动件连为一体。当凸轮转动时，推动从动件 2、3 分别按要求的运动规律运动，并带动五杆机构的两个连架杆，使固接在连杆 5 上的吸纸盘 *P* 按要求的矩形轨迹运动，以实现吸纸和送纸等动作。利用该并联式机构组合可使连杆的输出运动实现指定的运动轨迹。

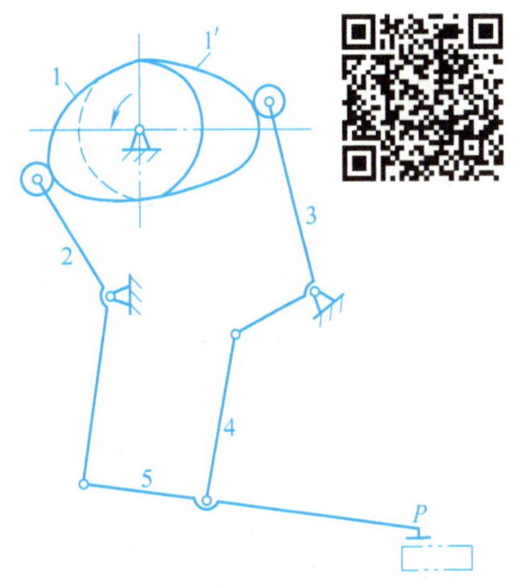

图 5-13　平板印刷机的吸纸机构运动简图

例 5-12　图 5-14 所示为齿轮－连杆间歇传送机构，由两个齿轮机构和两个连杆机构组成。齿轮 1 经两个齿轮 2 与 2′带动一对曲柄 3 与 3′同步转动，曲柄使连杆 4（送料动梁）平动，件 5 为工作滑轨，件 6 为被推送的工件。由于动梁上任一点的运动轨迹如图中点画线所示，故可间歇地推送工件。该机构将齿轮机构的连续转动转化为间歇运动，运动可靠，常用于自动机的物料间歇送进，如压力机的间歇送料机构。

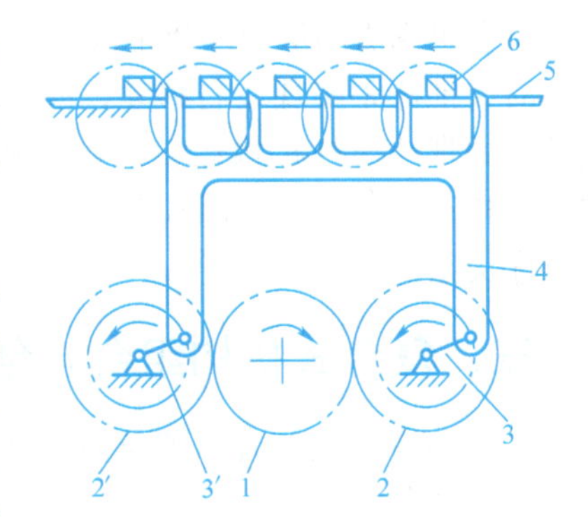

图 5-14　齿轮－连杆间歇传送机构

例 5-13　图 5-15 所示为一压力机的螺旋杠杆机构，其中两个尺寸相同的双滑块机构 *CBP* 和 *ABP* 并联组合，并且两个滑块同时与输入构件 1 组成导程相同、旋向相反的螺旋副。机构工作时，构件 1 输入转动，滑块 *A* 和 *C* 向内或向外移动，从而使构件 2 沿导轨 *P* 上下移动，完成加压功能。并联式组合使滑块 2 沿导路移动时，滑块与导路之间几乎没有摩擦力，改善了机构的受力状况。

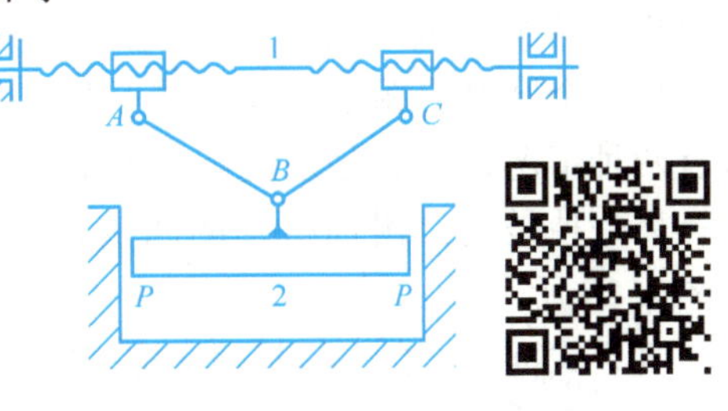

图 5-15　压力机的螺旋杠杆机构

例 5-14　图 5-16 所示为一个矩形轨迹自动输送机构。具体工作过程是：原动件的输入轴上分别安装有两个凸轮，其中端面凸轮 1 控制输送托架左右往复移动；盘形凸轮 2 控制输送托架上下运动，从而使被输送的物料 5 沿矩形轨迹运动。由分析可知，每个凸轮机构各自使从动件完成一个方向的运动，因此其设计方法与单个凸轮机构相同，但应注意两个凸轮机构的工作协调问题。

（3）Ⅲ型并联式组合　该组合相当于运动的分解，其主要功能是实现两个运动输出，而这两个运动又相互配合，完成较复杂的工艺动作。设计的主要问题是两个并联机构动作的协调和时序的控制。

例 5-15 图 5-17 所示为丝织机开口机构，输入机构为曲柄摇杆机构，两个摇杆滑块机构并联组合分别输出。当主动件曲柄 1 转动时，通过摇杆 3 将运动传给两个摇杆滑块机构，实现两个从动件滑块 5 和 7 分别实现上下往复移动，完成丝织机织平纹丝织物的开口动作。该机构与 V 形发动机气缸机构的结构相同，只是输入与输出构件进行了调换。

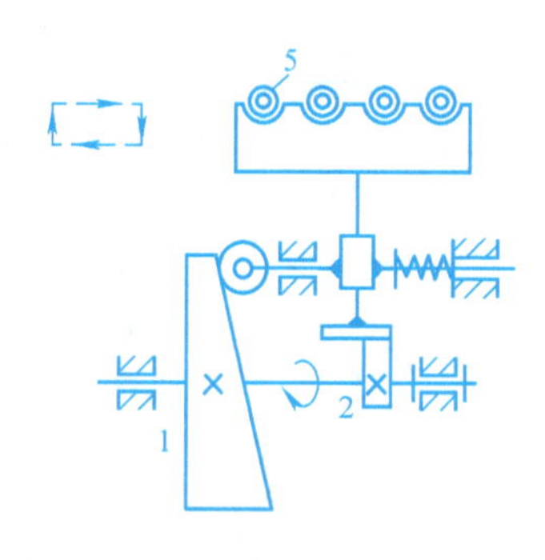

图 5-16 矩形轨迹自动输送机构

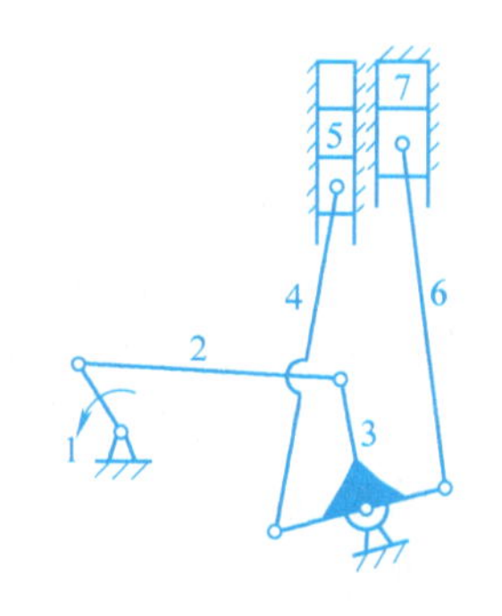

图 5-17 丝织机开口机构

例 5-16 图 5-18 所示为冲压机凸轮连杆机构，输入机构为两个固接在一起的盘状凸轮，凸轮 1 与推杆 2 组成移动从动件凸轮机构，凸轮 1′和摆轩 3 组成摆动从动件凸轮机构。当凸轮 1－1′转动时，推杆 2 实现左右移动，同时摆杆 3 实现摆动，并带动连杆机构运动，实现从动件滑块 5 的上下移动。设计凸轮时应注意推杆 2 与滑块 5 的时序关系。

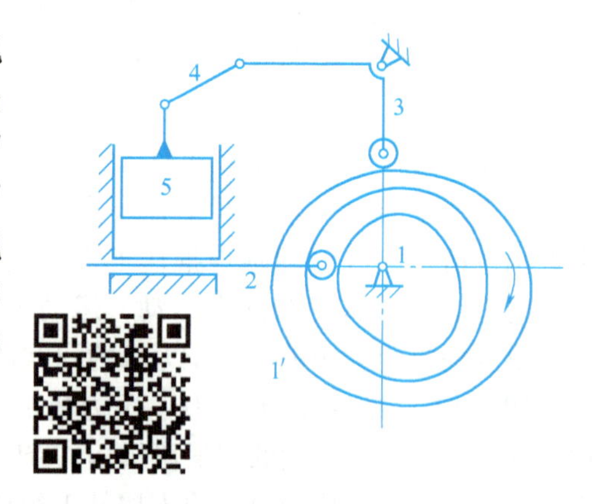

图 5-18 冲压机凸轮连杆机构

三、复合式机构组合与创新

1. 复合式机构组合原理与创新方法

一个具有两个自由度的基础机构 A 和一个附加机构 B，并接在一起的组合形式称为复合式机构组合。这是一种比较复杂的组合形式，基础机构的两个输入运动，一个来自机构的主动构件，另一个则来自附加机构。来自附加机构的输入有两种情况，一种是通过与附加机构的构件并接；另一种是通过附加机构的回接，其组合框图如图 5-19 所示。

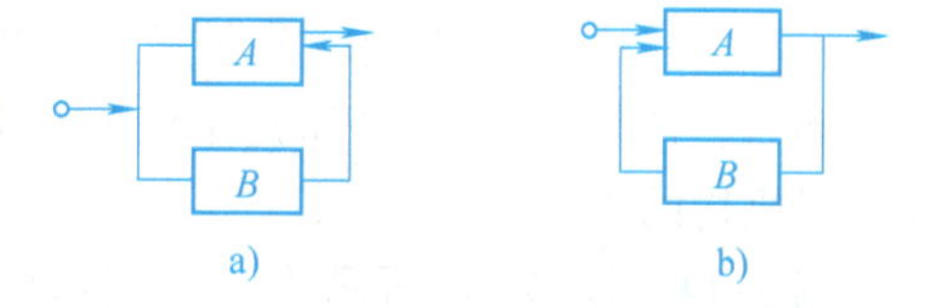

图 5-19 复合式机构组合
a）构件并接式 b）机构回接式

复合式机构组合中的基础机构一般为两自由度机构，如五杆机构、差动齿轮机构等，或引入空间运动副的空间运动机构，而附加机构则为各种基本机构及其串联式组合。复合式机构组合一般是不同类型基本机构的组合，且各种基本机构有机地融合成一种新机构，如齿轮－连杆机构、凸轮－连杆机构、齿轮－凸轮机构等。其主要功能是可以实现任意运动规律的输出，如一定规律的停歇、逆转、加速、减速、前进、倒退等。但设计比较复杂，缺乏共同规律，需要根据具体的机构进行分析和综合。下面通过具体实例分析其主要功能。

2. 复合式机构组合的主要功能分析

（1）构件并接复合式组合

例5-17 图5-20所示的凸轮－连杆组合机构就是并接复合式组合。该机构由凸轮机构1′－4－5和两个自由度的五杆机构1－2－3－4－5组合而成，其中原动件凸轮1′和曲柄1固连，构件4为两个机构的公共构件。当原动件凸轮转动时，从动件4移动，同时给五杆机构输入一个转角和移动，故此五杆机构具有确定的运动，这时构件2或3上任一点（如P点）便能实现比四杆机构连杆曲线更为复杂的轨迹。

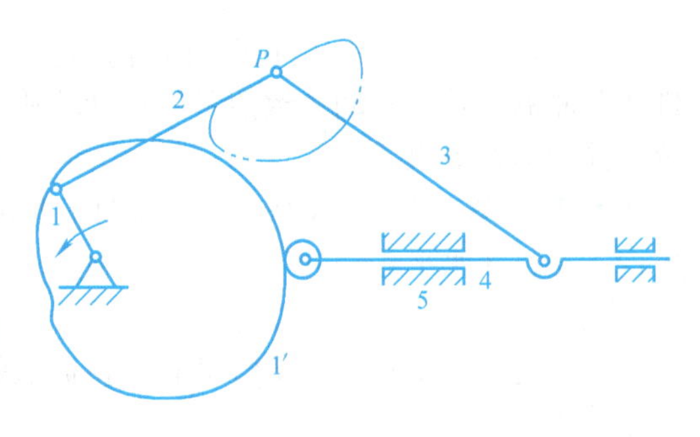

图5-20 凸轮－连杆组合机构

（2）机构回接复合式组合

例5-18 图5-21所示为一种齿轮加工机床的误差补偿机构，由两个自由度的蜗杆机构作为基础机构，主动构件为蜗杆1。凸轮机构为附加机构，而且附加机构的一个构件又回接到主动构件蜗杆1上。从动构件是蜗轮2，输入的运动是蜗杆1的转动，从而使蜗轮2以及与其并接的凸轮转动；凸轮的转动通过其从动件又使蜗杆1往复移动，蜗杆转动和移动的合成使蜗轮2的转速变得时快时慢。该组合机构在齿轮加工机床上作为传动误差补偿机构而得到成功的应用。

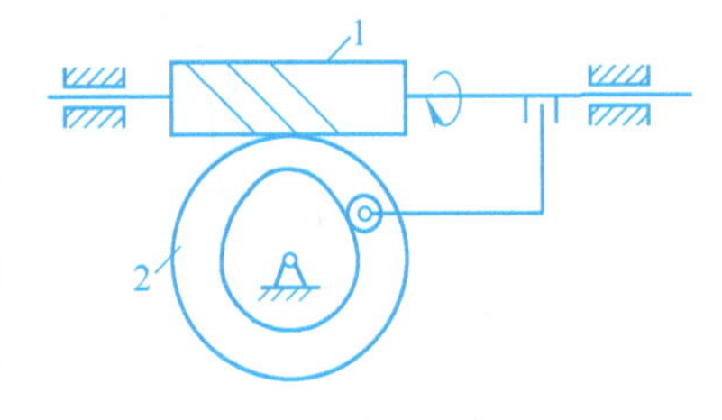

图5-21 传动误差补偿机构

四、叠加式机构组合与创新

1. 叠加式机构组合的原理与创新方法

将一个机构安装在另一机构的某个运动构件上的组合形式，称为叠加式机构组合，其输出运动是若干个机构输出运动的合成。这种组合的运动关系有两种情况：一种是各机构的运动关系是相互独立的，称为运动独立式，常见于各种机械手；另一种则是各机构之间的运动有一定的影响，称为运动相关式。图5-22所示为其组合框图。

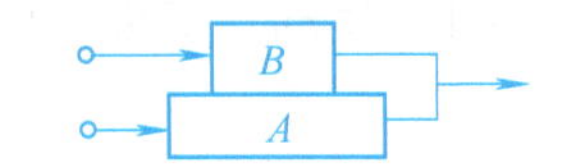

图5-22 叠加式机构组合

叠加式机构组合的主要功能是实现特定的输出，完成复杂的工艺动作。设计的主要问题是根据所要求的运动和动作，选择各子机构的类型和解决输入运动的控制。对于控制问题，主要借助于机械、液压、气压、电磁等控制系统解决，使输出的复杂工艺动作适度并符合工作要求。而各子机构的类型通常选择单自由度的机构，使其运动的输入、输出形式简单，以达到容易控制的目的。各子机构通常为：实现水平移动选择移动式液压缸或气缸、齿轮齿条机构等；实现垂直移动选择移动式液压缸或气缸、“X”形连杆机构、螺旋机构等；实现转动采用齿轮机构、带传动或链传动机构等；实现平动采用平行四边形机构等；实现伸缩、仰俯、摆动，可选择摆动液压缸或气缸、曲柄摇块机构等。下面通过具体实例分析其主要功能。

2. 叠加式机构组合的主要功能分析

（1）运动独立式

例5-19 图5-23所示为电动玩具马的主体运动机构，能模仿马飞奔前进的运动形态。

它由曲柄摇块机构 ABC 安装在两杆机构的转动构件 2 上组合而成，机构工作时分别由转动构件 2 和曲柄 1 输入转动，致使马的运动轨迹是旋转运动和平面运动的叠加，产生了一种马飞奔向前的动态效果。

例 5-20 图 5-24 所示为圆柱坐标型工业机械手。工业机械手的手指 A 为一个开式运动链机构，安装在水平移动的气缸 B 上，气缸 B 叠加在链传动机构的回转链轮 C 上，链传动机构又叠加在“X”形连杆机构 D 的连杆上，使机械手的终端实现上下移动、回转运动、水平移动以及机械手本身的手腕转动和手指抓取的多自由度、多方位动作效果，以适应各种场合的作业要求。

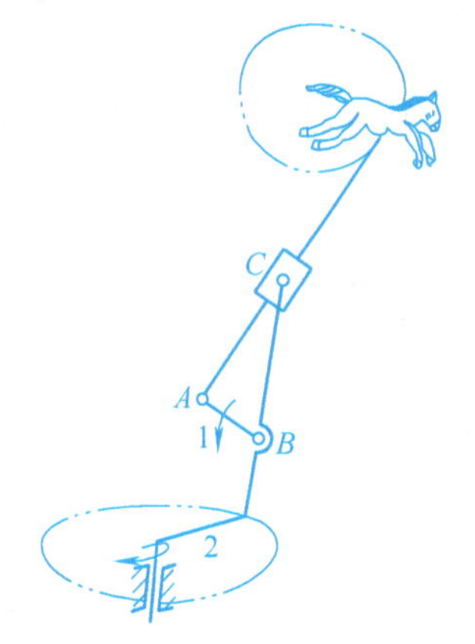

图 5-23 电动玩具马的主体运动机构

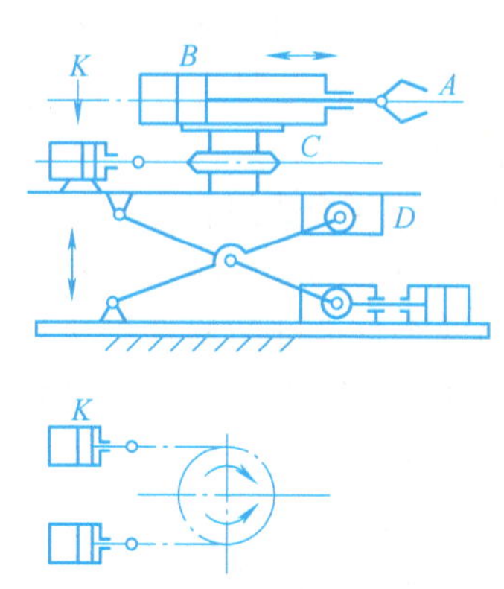

图 5-24 圆柱坐标型工业机械手

(2) 运动相关式

例 5-21 图 5-25 所示为电扇摇头机构。蜗杆机构安装在双摇杆机构的运动构件摇杆 1 上，同时蜗杆机构中的蜗轮又与双摇杆机构中的连杆 2 固连，故两个机构的运动通过蜗轮与连杆的固连互相影响。当电动机带动电扇转动，同时通过蜗杆传动使摇杆 1 摆动，实现了电扇在一定摆角范围内摇头送风的功能。

图 5-25 电扇摇头机构

第二节 机构的演化与变异

机构的演化或变异是指以某个机构为原始机构，对其组成的各个元素进行各种性质的改变或变换，从而形成一种功能不同的新机构。其中，组成机构的各个元素主要是指运动副和构件。进行各种性质的改变与变换主要包括：对机构各个元素形状和尺寸的改变、运动形式的变换、运动等效的变换，以及组成原理的仿效。因此，机构演化与变异的主要方法也就有：运动副和构件在形状与尺寸上的改变、机构的机架变换、机构的等效变换与机构结构的仿效等。通过演化与变异而获得的新功能机构，称为变异机构。应用变异机构可以实现更多的功能要求，使机构具有更好的性能，并且也为机构的组合提供了更多的基本机构。

一、机构的运动副演化与变异

改变机构中运动副的形式，可构造出不同运动性能的机构，以增强运动副元素的接触强度，减少运动副元素的摩擦磨损，改善机构的受力状态、运动和动力效果，开拓机构的各种新功能。运动副的变换方式有很多种，常用的有运动副的尺寸变换、运动副元素的接触性质变换和运动副元素的形状变换。

1. 运动副的尺寸变换

运动副的尺寸变换，主要是指转动副和移动副的尺寸增大。

转动副的尺寸增大主要指组成转动副的销轴和销轴孔在直径尺寸上的增大，但各构件之间的相对运动关系并没有发生改变，这种变异机构常用于泵和压缩机中。图 5-26a 所示为曲柄滑块机构运动简图，图 5-26b 所示为变异后的活塞泵。可以看出，变异后的机构与原始机构在组成上完全相同，只是构件的形状不一样。偏心盘和圆环形连杆组成的转动副使连杆紧贴固定的内壁运动，形成一个不断变化的腔体，这有利于流体的吸入和压出，所以应用于各种泵或压缩机构中。

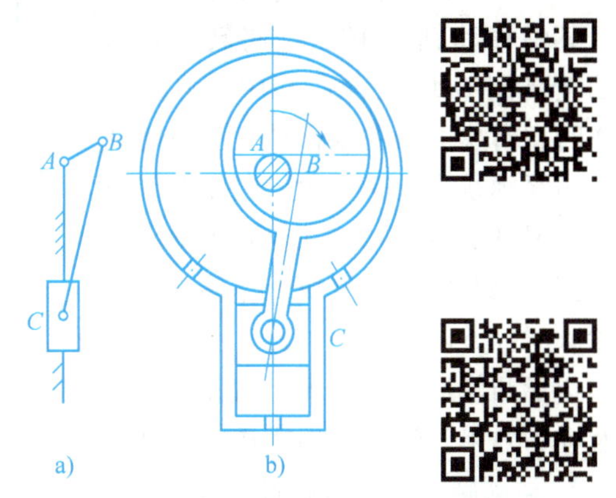

图 5-26 转动副的尺寸增大实例

a）曲柄滑块机构运动简图 b）活塞泵

当转动副尺寸连续增大后可展直为移动副，由此可演化出新机构。图 5-27 所示为转动副转变成移动副的过程。其中，图 5-27a 所示为转动副 A 和 B 的原始形状，构件 2 做往复摆动；扩大固定转动副 A 后就变成图 5-27b 所示的形状；因构件 2 做摆动，故可以在 2 杆的摆角范围内把偏心盘和固定圆环改变成扇形形状，如图 5-27c 所示；下一步工作就是把运动副展直，即当杆 2 的摆动中心 A 点落到无穷远处时，扇形滑块和扇形滑槽就转变成了直移滑块和滑槽，即转动副变成移动副，此时构件 2 就做往复移动，如图 5-27d 所示。当构件间的相对运动条件变化到一定程度时，它们的相对运动关系也发生了变化，由此可以演化出新机构。

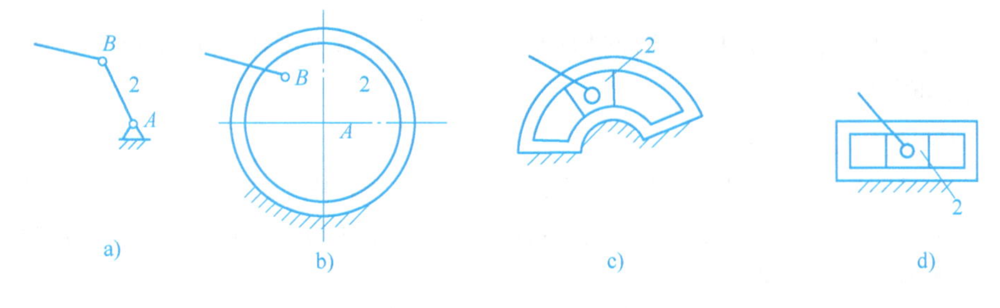

图 5-27 转动副展直成移动副

移动副的尺寸增大，主要是指组成移动副的滑块与导路尺寸的变大，且尺寸增大到把机构中其他运动副包含在其中，同样构件间相对运动关系并未改变。图 5-28a 所示一个冲压机构，其中移动副扩大，将转动副 A、B 及 C 均包括在其中。曲柄 1 通过连杆 2 带动冲头 3 做上下往复移动，实现冲压动作。将连杆头处设计成曲面形，使其与滑块内空间的 $m-n$ 段圆弧形状相吻合，用于提高机构的刚度与稳定性。图 5-28b 所示为该冲压机的机构运动简图，

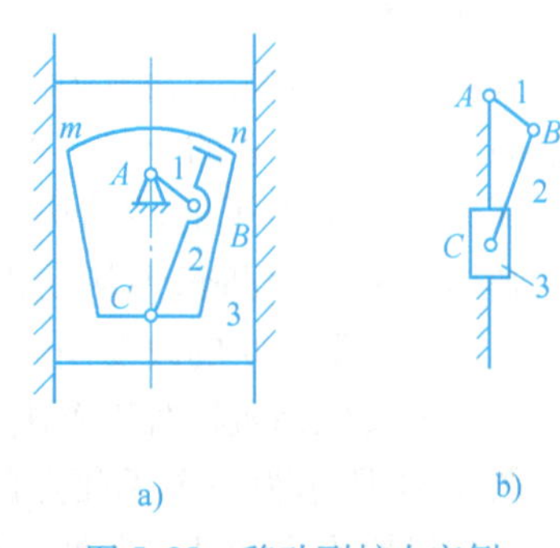

图 5-28 移动副扩大实例

是一个曲柄滑块机构。

图5-29所示为一往复凸轮分度机构，其中移动副B扩大，将转动副A和凸轮高副C均包含在其中。该机构工作时，滑块1做往复移动，通过滑块内孔边缘廓线推动正三角形凸轮2间歇转动。其中，图5-29a所示为锁紧位置，图5-29b所示为滑块1左移，推动凸轮顺时针方向转动的位置。凸轮每次转位角为60°，若需要不同的转位角，可利用不同的正多边形凸轮形状来实现。由此可见，改变运动副的尺寸，不仅改善了机构的受力状态、运动及动力效果，还拓展出机构的新功能，演化出新机构。

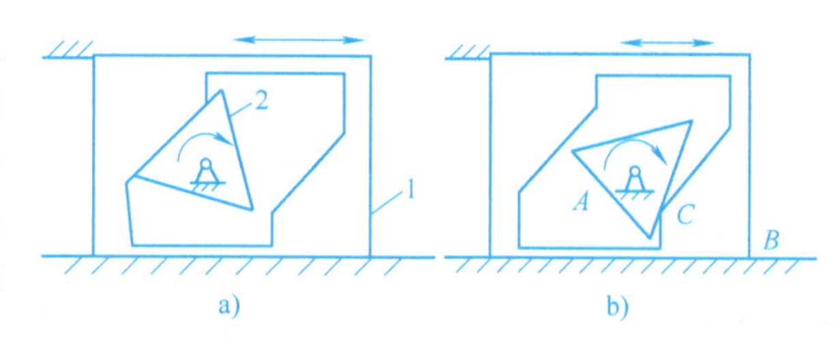

图5-29　往复凸轮分度机构

2. 运动副元素的接触性质变换

低副元素的接触性质为滑动接触，高副元素包含有滚动和滑动两种接触性质。滑动接触使运动副元素的接触表面产生磨损，降低了机械传动效率和传动精度。为减少磨损，可用滚动接触代替滑动接触。

（1）移动副　把组成移动副元素之一的结构形状改变成滚子形，这样使原始机构中导路与滑块的结构形式（图5-30a），演变为导路与滚子结构形式，如图5-30b、c所示。

（2）转动副　把组成转动副的销轴和销轴孔之间增设若干个滚动体，构成滚动轴承。

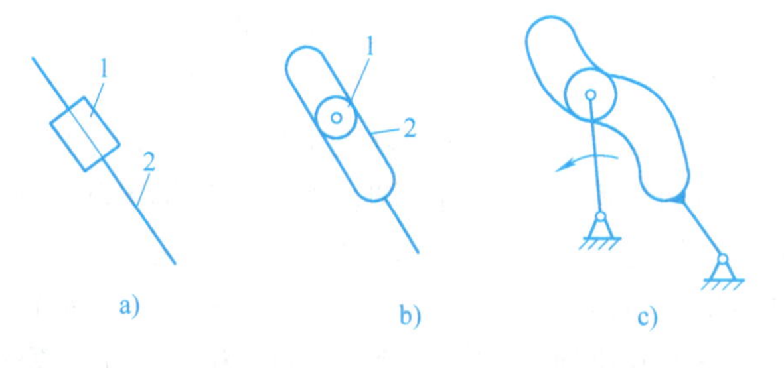

图5-30　移动副变异为滚滑副

（3）高副　把凸轮高副中从动件设计成滚子形，槽轮高副中的拨销也设计成滚子形，则可减少摩擦磨损。

3. 运动副元素的形状变换

运动副元素的形状变换是内容最丰富的一种演化变异，因为运动副的作用、性质主要取决于运动副元素的形状，而且运动副元素形状的逐步改变还可以获取不同性质的运动副，因此也就能演化出不同功能的机构。

（1）平面低副　转动副元素的形状变换如图5-27所示，由于转动副元素的形状逐步改变而形成了移动副。

移动副由滑动接触转变为滚动接触后，进一步改变移动副元素的形状，如导轨的形状，把直线型的移动导路变成曲线形的，并让带有小滚子的转动构件为主动构件，如图5-30c所示，则构造了一个凸轮为从动件，摆杆为主动件的反凸轮机构。移动副元素形状的改变用途很多，可以实现特殊的运动规律，且能解决原始机构难以解决的问题。

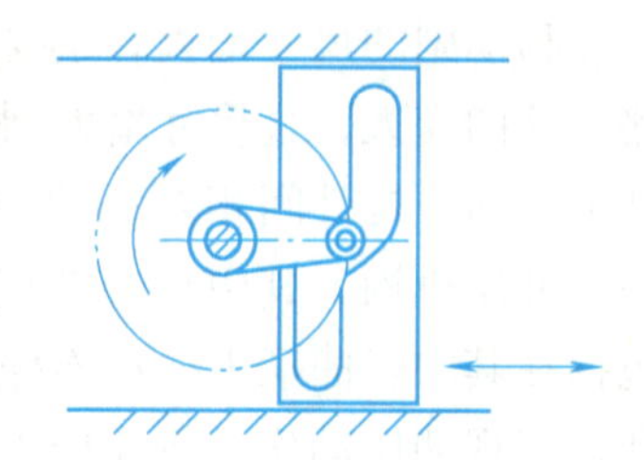
图5-31　无死点的曲柄滑块机构

图5-31所示为一个无死点的曲柄滑块机构。曲柄滑块机构中，在滑块为主动件、曲柄为从动件时，若连杆与曲柄位于同一直线，则机构处于死点位

置。为了改变这种状况，常采用多个曲柄滑块机构错位排列或使用飞轮克服死点。而图5-31所示机构是一个较简单的克服死点机构，其结构特点是在滑块上制成导向槽，利用滚滑副的导向作用，使机构由移动变换为转动，且无死点位置。

（2）平面高副 平面高副元素的形状变换，是为了演化变异出具有不同功能的平面高副，此外还可改善高副机构的各种性能，如受力状态、接触强度、运动及动力特性等。平面高副元素的各种形状可看作是由凸轮高副变异而来的，而凸轮机构（图5-32b）又可以看成是由楔块机构（图5-32a）变异而来的。

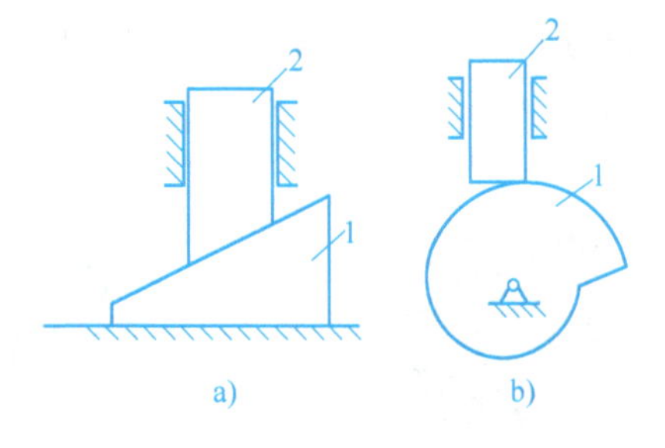

图5-32 楔块机构变异

组成凸轮高副的两个运动副元素，一个是凸轮轮廓曲线，另一个是从动件与凸轮接触的工作面。凸轮的形状是向径变化的曲线，而从动件的形状一般常是圆柱滚子或平面、球面等单一曲线形状。凸轮的工作过程一般是变凸轮转动为从动件的往复运动。图5-33a所示为一电动锯条的凸轮机构，凸轮轮廓曲线是一个具有12个凸凹圆弧形的曲线，从动件是2个圆柱滚子摆杆。机构工作时，一个滚子位于凸轮凹曲线底部，另一个则位于顶部，由此完成锯条往复运动的动作要求。从该凸轮的形状观察，这是一个形状比较特殊的凸轮轮廓曲线，它具有轮廓曲线的重复性和连续性。由这种形状的凸轮就可以联想到，若主、从动件的轮廓曲线都具有这种形状重复，并沿圆周连续、再现，就可以传递连续转动。由此也就产生了图5-33b所示的齿轮机构，主、从动件均具有相同的轮廓曲线，并且凹凸间隔相同，它们之间可以传递匀速转动。若将渐开线齿轮的基圆半径变得无穷大时，则渐开线就展直成直线，齿轮也就展直成齿条，如图5-33c所示。仿效这种变异方法，许多间歇转动机构也可转变成间歇移动机构，图5-34所示为槽轮机构变异为移动形式，图5-35所示为棘轮机构变异为移动形式，这种变异可实现间歇移动。

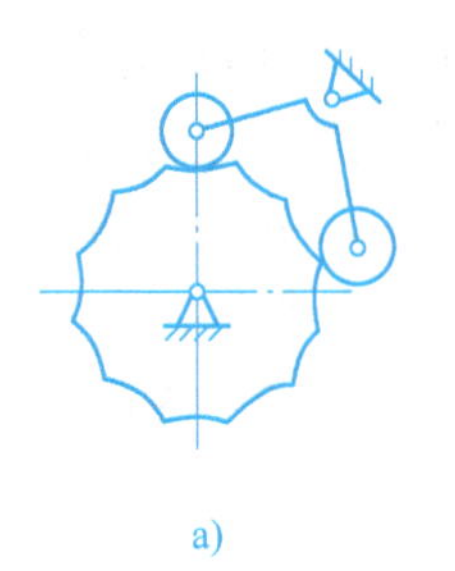

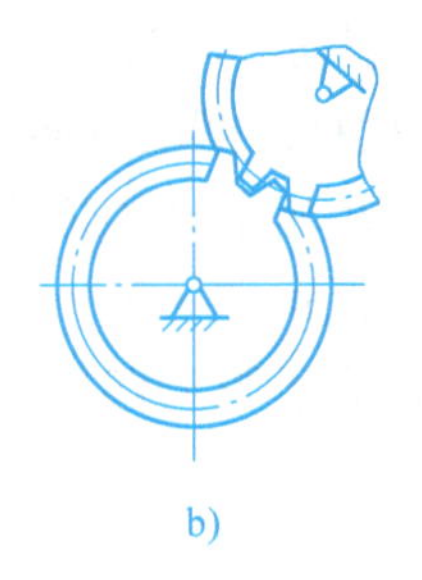

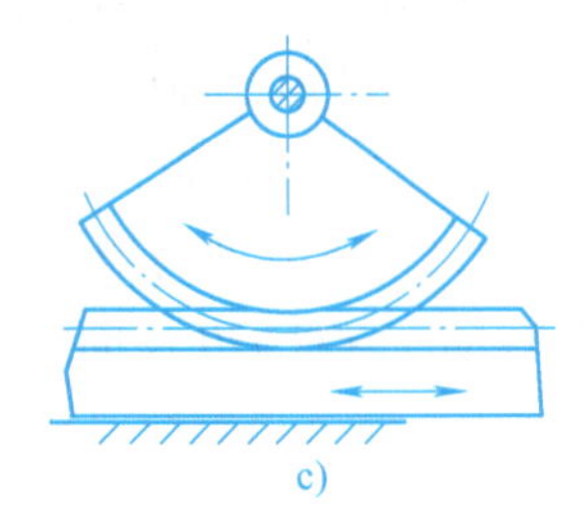

图5-33 凸轮机构仿效变异

平面高副元素形状变换还可改善机构性能，如凸轮高副，可从凸轮轮廓曲线和从动件与凸轮接触的工作平面两个方面考虑。从凸轮轮廓线考虑，凸轮轮廓曲线应满足从动件各种运动规律；从从动件方面考虑，可将从动件的工作平面设计成平面的、凸曲面的或凹曲面的，以增强接触强度，减少磨损。

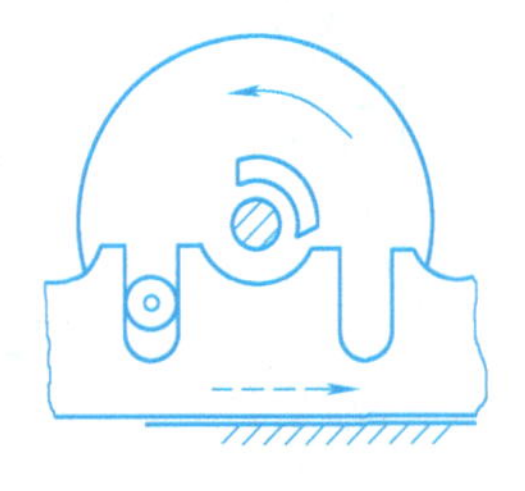
图5-34 移动式槽轮

（3）螺旋副 螺旋副一般是由互相旋合的螺杆和螺母组成的，从其剖面看螺纹形状有矩形、梯形、锯齿形和三角形等，可用于传动、微调、增力、联接等，既简单又可靠。若从螺旋副旋转推进工作原理考虑，把组成螺旋副的两个运动副元素之一——螺杆的剖面形状设计成一个有利于推进流体或粉状物料的叶片形状，将其放在密闭圆筒状容器内，这样就构造了一种旋转推进的螺旋输送器（物料相当于螺母），用于各种螺杆泵、挤出机等机械设备中。图 5-36 所示就是一种螺旋推进器的示意简图。

图 5-35 棘轮副的展直

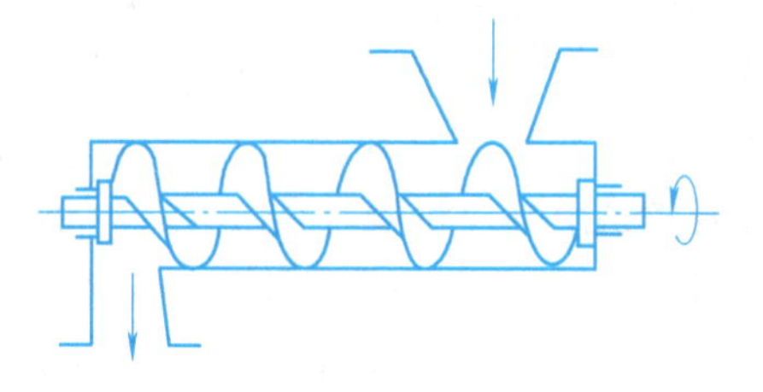

图 5-36 螺旋推进器

二、机构的构件演化与变异

通过机构构件的演化与变异，可改善机构的运动性能、受力状态，提高构件强度或刚度，构造出新机构，实现一些新功能。常用的演化变异方法有：利用构件的运动性质进行演化变异；改变构件的结构形状和尺寸；在构件上增加辅助结构；改变构件的运动性质。

1. 利用构件的运动性质演化变异

当构件进行往复运动时，可利用其单程的运动性质，再进一步改变构件的形状以实现这个单程运动间歇地重复再现，从而演化出新的机构。图 5-37a 所示为摆动导杆机构，曲柄 AB 为主动件，输入转动，摆杆 OB 为从动件，输出往复摆动。如果用滚滑移动副代替移动副 B，则变成了图 5-37b 所示的机构。观察该机构的运动可以发现，当曲柄 AB 和摆杆 OB 的夹角为锐角，即处于 B' 位置时，摆杆的摆动方向与曲柄同向，为逆时针方向；而曲柄 AB 与摆杆 OB 的夹角为钝角，即位于 B'' 时，摆杆的摆动方向则与曲柄的转动方向相反，为顺时针方向。方向改变的起始位置是在 AB 和 OB 相垂直的位置，即图示 B 的位置上。如果以 B 点位置为分界线，把滚滑副的槽分割成两部分，一部分如图 5-37c 所示，当滚子位于槽内时，曲柄 AB 转动，导杆 OB 反向摆动。若滚子脱离摆槽，则运动中断。为避免这种现象发

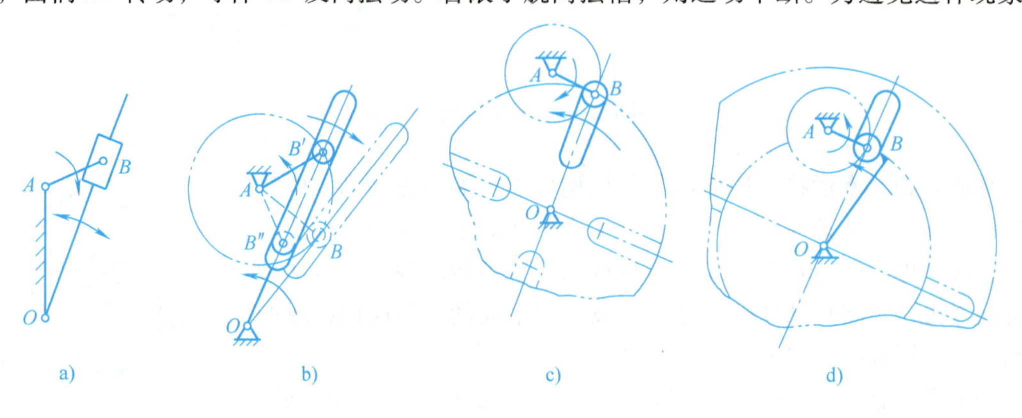

图 5-37 摆动导杆机构变异为槽轮机构

生，可改变摆杆的形状，设计一个沿 OB 为半径的轨迹圆上开了四个均布相同槽的圆盘，使滚子在脱离一个槽后，相隔一段时间又进入另一个槽，就把连续转动转换成间歇转动，摆动导杆机构也就变异成外槽轮机构了。被分割的另一部分如图 5-37d 所示，按照前面同样的做法，也可以变异成内槽轮机构。

2. 改变构件的结构形状和尺寸

改变构件的结构形状可以解决机构运动不确定和机构因结构原因无法正常运动等问题，下面通过实例说明其演化变异过程。

（1）平行四边形机构的变异　图 5-38a 所示为一平行四边形机构，其特点是相对构件平行且相等，能传递匀速转动，但当机构运动到四个构件为一直线时，机构处于死点位置，造成机构运动不确定。改变这种状态需对机构加以适当的约束，使其运动确定。一个可行的办法是采用两个以上相同机构的组合，如图 5-38b 所示。由此联想，若曲柄上的各活动销轴铰接在同一个圆盘上，如 A 点和 D 点、B 点和 E 点分别铰接在圆盘 1、3 上，且进一步缩短机架 4 的尺寸，则变成了图 5-38c 所示的形状。在该机构中，两个转动曲柄分别是两个转动圆盘 1 和 3，其转动中心分别是固定铰链 O 和 C，件 2 是连杆，可采用多个对称布置在两个圆盘之间，用来传递转动，这是一种平行四边形联轴器。该机构还可以进一步变异，把连杆 2 全部做成滚轮的结构形式，把圆盘 1 上的铰链 A 位置全部做成以连杆 2 的长度为半径的圆孔，孔的内侧与曲柄 3 上的滚轮滚动接触，这样就又构造出一个新的机构，称为孔销式联轴器，如图 5-38d 所示。由于其结构紧凑，常用于摆线针轮减速器的输入或输出装置中。

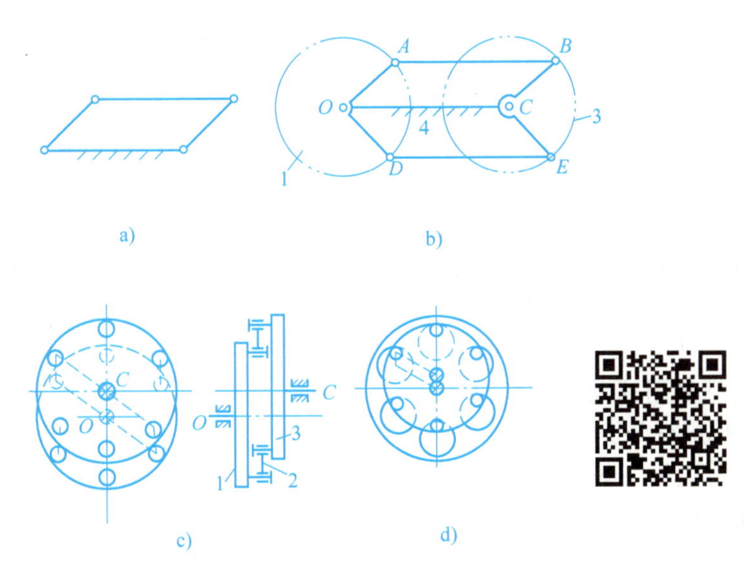

图 5-38　平行四边形机构的变异

（2）双转块机构的变异　图 5-39a 所示为双转块机构的示意图，块 1 转动，通过连杆 2 将转动传递给块 3，件 4 为机架，A、B 为两个固定转动副。按机构原始结构形状，两个转块是无法实现整周回转的。若分别将构件 1、2、3 的形状改变成含有滑槽和凸榫的圆盘形状，则构造成一个十字滑块联轴器，如图 5-39b 所示。其中连杆 2 变成了图 5-39c 所示的两面各有矩形条状凸榫的圆盘，且两凸榫的中心线互相垂直，并通过圆盘中心。转盘 1 和 3 上各开有一个凹槽，圆盘2上的凸榫分别嵌入1和3相应的凹槽内。机架支撑两个固定转轴A和B，此时当转盘1转动时，转盘3以同样的速度转动。

（3）抓斗机构的创新设计　图5-40所示为两种抓斗机构。其中，图5-40a所示机构是由行星轮系1–2–3和两边对称布置的杆4、5组成的，件1、2为齿轮，件3为系杆。系杆扩展为抓斗的左侧爪，齿轮扩展为抓斗的右侧爪，再加上对称的两边连杆4、5，可使左右两侧爪对称动作，绳索6可控制两侧爪的开或闭。这一新型抓斗机构的创新构型正是应用了简单的周转轮系，将齿轮2和系杆3的形状及功能加以扩展，利用两构件的运动关系而形成的。图5-40b所示为将两摇杆滑块机构组成完全对称的形式，当拉动滑块4上下运动时，使构成左右抓斗的连杆3闭合和开启，以装卸散装物料。通过改变构件的结构形状，可使构造出的机构简单实用。

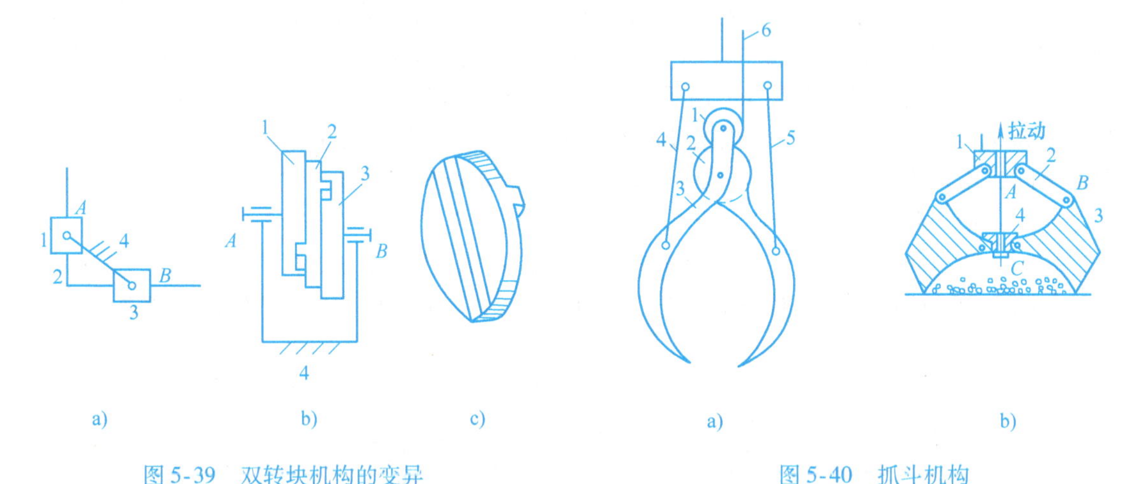

图5-39　双转块机构的变异

图5-40　抓斗机构

3. 增加辅助结构

在机构运动时，往往会产生一些机构的各个组成元素本身无法解决的问题，如运动不确定问题、运动规律可调性问题等，一般可采用辅助结构解决。下面结合具体实例进行分析。

（1）转动导杆机构　图5-41a所示为一个转动导杆机构，可以传递非匀速转动。若将导杆的中心线置于曲柄的活动铰链B的轨迹圆上（图5-41b），则导杆将以曲柄速度的一半等速转动。但当活动铰链B的中心与导杆转动中心重合时，则图5-41b所示机构的位置将会不确定。为了消除图5-41b所示导杆机构的运动不确定性，采取加入第二个滑块的办法，并将导杆做成带十字槽的圆盘（图5-41c），双臂曲柄两端滑块就在十字槽中运动。圆盘和转臂围绕各自的固定转轴转动，圆盘槽数为任何数目时，均以曲柄转速的一半速度旋转。这样的机构可用来传递大载荷。串联两种这样的机构，就可以获得1:4的无声传动。

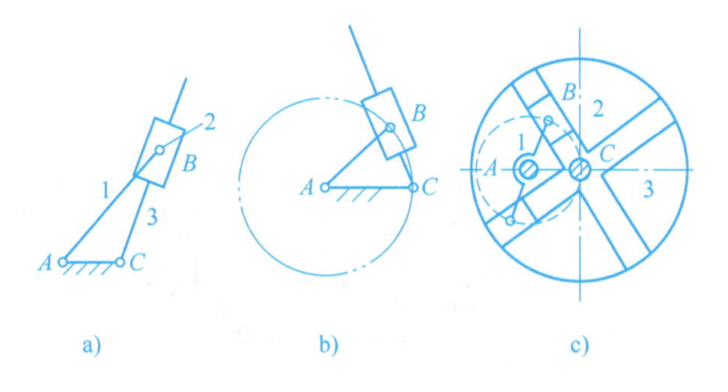

图5-41　转动导杆机构的变异

（2）凸轮机构　凸轮机构结构简单，可实现任意运动规律。但当凸轮廓线确定后，从动件的运动规律则不能变换和调节。为了改变这种情况，可采用增加辅助结构的办法。图5-42所示为一种廓线可变的凸轮机构，凸轮1绕固定轴A转动，推杆2在导轨B中做一定运动规律的往复运动。为改变推杆2的运动规律，在轮1上装有四片凸轮片，凸轮片上开有圆弧槽，把凸轮片旋转到合适的位置，然后用螺钉紧固，就可以获得不同形状的凸轮廓线。

图5-43所示为一种推杆可换的凸轮机构。圆柱凸轮1上制有两个凸轮沟槽a和b，它们是按不同的运动规律确定的，形状不同。有两个推杆带有两个滚子A和B，它们和凸轮的两个沟槽相互对应。两个推杆上制有齿条，可分别与夹在它们中间的齿轮2相啮合。旋转齿轮就可以实现滚子的变换，从而可以输出不同运动规律的移动。

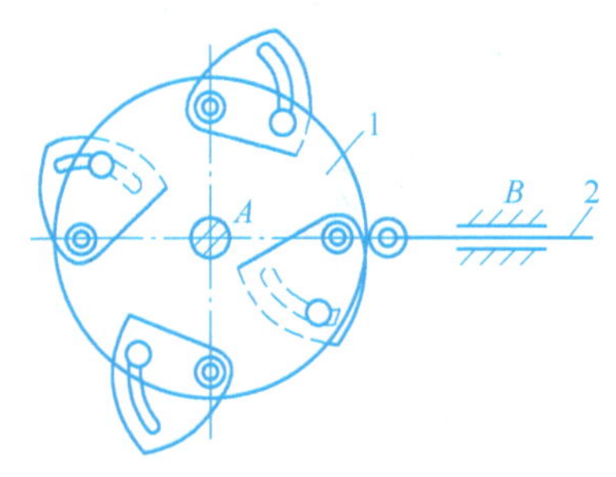

图5-42 廓线可变的凸轮机构

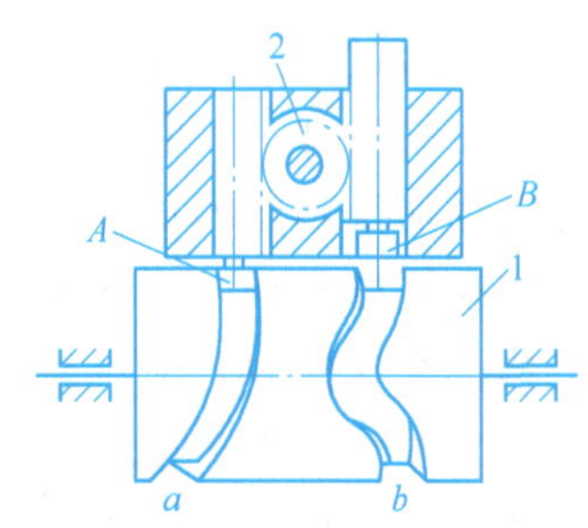

图5-43 推杆可换的凸轮机构

增加辅助结构以实现运动规律可调的这种变异方法还常用在连杆机构中，借助于螺旋机构来调节构件的长度尺寸，以实现不同的运动规律。

4. 改变构件的运动性质

改变构件的运动性质主要针对凸轮机构增大行程的问题。例如，改变凸轮做定轴转动的运动性质，使凸轮相对于机架既转动又移动，则可实现凸轮的运动和从动件相对于凸轮的运动这两项运动的合成，从而实现行程的增大。

图5-44a所示为一种压力角没有增加，凸轮尺寸也没有增加，而推杆行程增大的凸轮机构。具体的结构是：在凸轮轴1上套着一个既可借助于导向键A沿轴向移动又可以转动的端面凸轮，端面凸轮的上端与从动杆4上的滚轮接触，下端则与固定滚轮3接触。凸轮转动时，从动杆的升程是两项升程之和，一项是凸轮2相对于固定滚子3的升程，另一项是从动杆4相对于凸轮2的升程，从而可获得较大的升程。

图5-44b所示也是一种增程凸轮机构，其增程原理与上例相似。为了使凸轮能够沿从动推杆的位移方向移动，将其设计成中间带有滑道，并将转块设在其中，这样当凸轮转动时就可以实现凸轮相对于固定滚子3的位移，而从动杆2相对于凸轮又有位移，两项位移之和就是从动杆的最终行程，达到了增大行程的效果。

图5-44 增程凸轮机构

三、机构的机架变换与创新

机构的机架变换是指机构的运动构件与机架的互相转换，或称作机构的倒置。按照相对运动原理，机架变换后机构内各构件的相对运动关系不变，而绝对运动则发生了改变。因此，用这种方法可以得到不同特性的机构，进一步拓宽了机构的应用范围。

1. 平面四杆机构的机架变换

在机械原理课程中，已将平面四杆机构经机架变换后形成的各种机构作为典型实例介绍过，如铰链四杆机构在满足曲柄存在的条件下，取不同构件为机架，可以分别得到曲柄摇杆机构、双曲柄机构、双摇杆机构。图5-45a所示为卡当机构，若令杆OO_1为机架，则原机构的机架成为转子3（见图5-45b），曲柄1每转一周，转子3同步转一周，同时两滑块2及4在转子3的十字槽内往复运动，将流体从入口A送往出口B，从而得到一种泵机构。

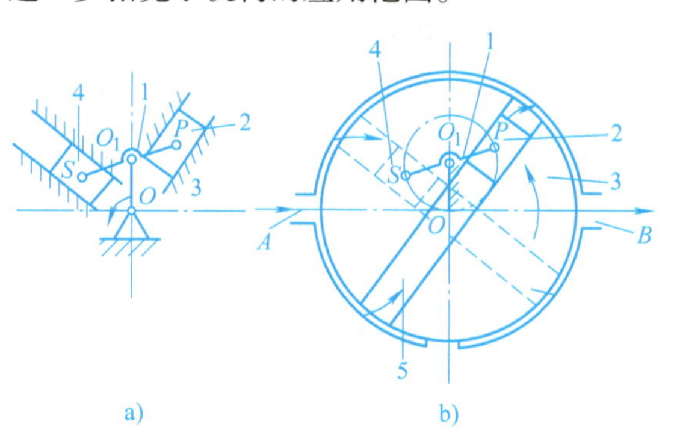

图5-45 卡当机构及其机架变换

2. 凸轮机构的机架变换

凸轮机构的一般运动过程是凸轮主动，做定轴转动或直线移动，从动件（推杆或摆杆）输出往复移动或摆动。输入与输出的运动均为简单的转动、移动或摆动。机架变换后，若凸轮固定作为机架，原机架变换为主动构件，输入转动或移动，从动件（推杆或摆杆）则输出复合运动，可称为固定凸轮机构；或者从动件作为机架，原机架与凸轮为运动构件，但这样的变换很难实现运动的输入要求。

图5-46所示为凸轮机构的机架变换情况及实际应用。其中，图5-46a所示为原摆动从动件盘形凸轮机构；图5-46b所示为机架变换后的凸轮机构；图5-46c所示为机架变换后的凸轮机构应用实例，该机构为凸轮-行星机构，系杆1是主动构件，输入转动，齿轮3是从动构件，凸轮4固定，机架1做定轴转动，从动件2做平面复合运动；图5-46d所示为移动从动件凸轮机构机架变换的实例，构件1绕A轴摆动，与该构件组成移动副的从动件2端部的滚子位于固定凸轮3的沟槽内，使从动件2在随构件1转动的同时做相对移动；可实现复杂的平面运动；图5-46e所示为移动从动件圆柱凸轮机构机架变换的实例，圆柱凸轮1固定，在其沟槽内安置从动件2上的圆锥滚子C，该从动件与主动件3组成移动副，当构件3绕固定轴线A转动时，从动件2在随构件3转动的同时，还按特定的运动规律沿移动副B移动。

3. 齿轮机构与挠性件传动机构的机架变换

图5-47a所示为机架变换前的齿轮机构与挠性件传动机构，图5-47b所示为机架变换后的机构。原机架变换成系杆，两轮中的一个固定，另一个变换成行星轮，这样变换就构造出行星传动机构。但应注意，对于挠性件传动机构，必须是具有啮合性质的链传动或同步带传动，普通的靠摩擦力工作的带传动不适合这种变换。

定轴齿轮传动机构经机架变换后可得到行星传动机构。在该机构的基础上，又可经过机构的串联、并联等组合形式变换出各种各样的周转轮系，用于各种减速、增速、变速及速度合成与分解的机械传动装置中。

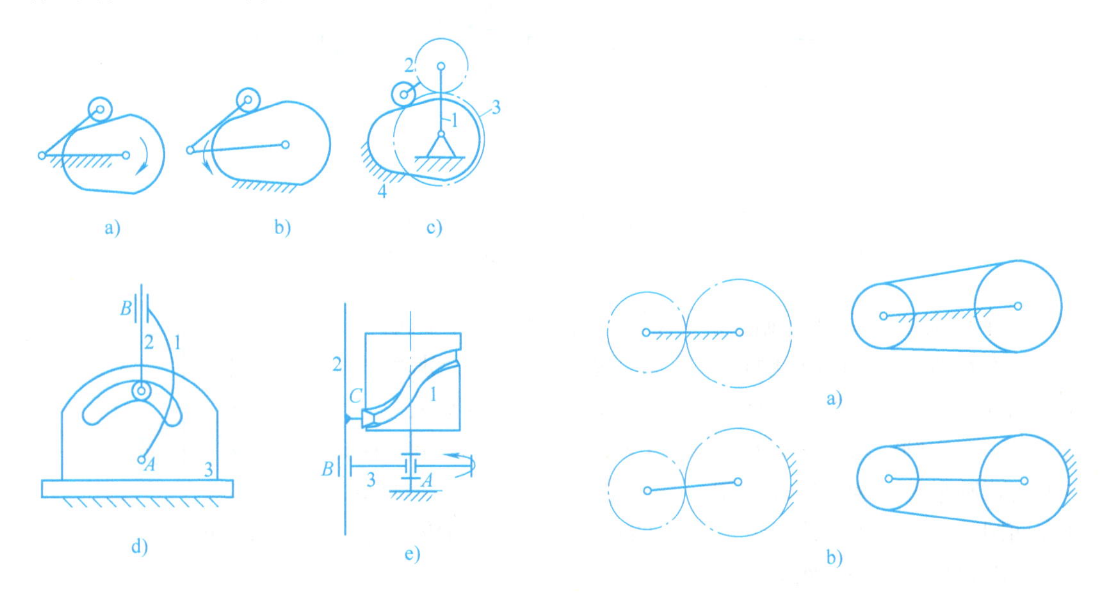

图 5-46　凸轮机构的机架变换及实际应用

图 5-47　齿轮机构与挠性件传动机构的机架变换
a）机架变换前　b）机架变换后

机构中的机架变换只是运动变换的一种形式，还有其他形式的运动变换。例如凸轮机构中，对凸轮与从动件的运动关系进行变换，使从动件变为主动件，主动件凸轮变为从动件，形成一个反凸轮机构，可实现某种特殊的功能。

四、机构的等效变换与创新

机构的等效变换可称为机构的同性异形变换，通常指输入、输出的运动特性相同或等效，但结构不同的一组机构。若能经常注意收集各种机构是否有可能等效或同性，或者探索各种途径构造同性异形机构，进而比较它们的受力状态、占据空间位置以及零件的工艺性能等各项特点，就可用性能较好的机构代替性能不太理想的机构，从而获得多种选择的机会，这也是机构创新的一个很好的途径。

1. 利用运动副的等效代换创新同性异形机构

运动副的等效代换是指组成机构的各种运动副相互转换或替代，而又不改变机构运动的输入和输出特性，这些特性主要指机构的自由度、机构中各相应构件的运动特征等。经过这种代换，可以获取同性异形的各种机构，从而增加了多种选择机构的机会。常见等效代换的形式如下：

（1）空间运动副与平面运动副的等效代换　如图 5-48a 所示，球面副 S 可由汇交于球心的三个转动副 $R-R-R$ 等效代换，图 5-48b 所示的圆柱副 C 可由转动轴线与移动导路重合的转动副 R 与移动副 P 等效代换。这种代换经结构改进后在生产实际中具有一定的使用价值。图 5-49 所示汽车上用的万向联轴器就是其中一例。该机构在结构上做了改进，减少了一个球面副，而代之以十字杆联接，大大提高了联轴器的强度和刚度。

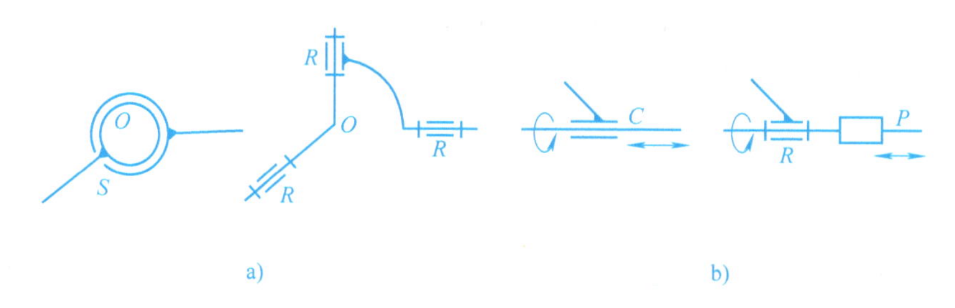

图 5-48 运动副的等效代换之一

a）球面副与转动副的等效代换 b）圆柱副与转动副加移动副的等效代换

（2）平面高副与平面低副的等效代换 图5-50a中，组成平面高副的两元素均为圆，高副接触点为两圆切点 C，圆心分别为 A、B，半径分别为 AC、CB，这是一个摆动滚子从动件盘形凸轮机构，盘形凸轮为一个偏心圆。机构运动时，A、B 两点之间的距离始终保持不变，即为两圆半径之和。因此，用一长度与之相当的附加构件3，并使其在两圆心 A、B 处铰接，组成一个曲柄摇杆机构 $OABD$，则该机构与原凸轮机构就成为一组同性异形机构。

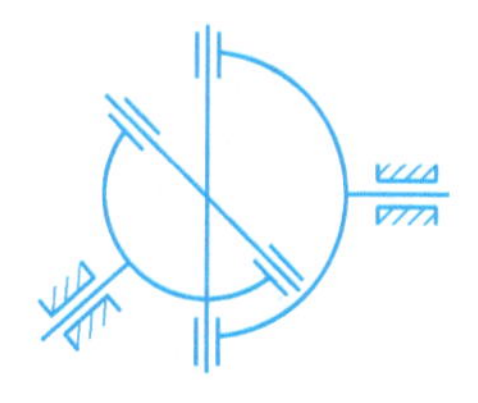

图 5-49 万向联轴器

图5-50b中，组成平面高副的两元素一个是圆心为 A、半径为 AC 的圆，而另一个为点 C，平面高副接触点就是点 C，这是一个尖顶移动从动件偏心盘凸轮机构。机构运转时，AC 两点之间的距离始终保持不变，因此，用一个长为 AC 的附加构件，并使其在 A、C 两点分别与原机构的构件1和2组成转动副 A 和 C，构成一个曲柄滑块机构 $OACB$，则该机构与原凸轮机构就成为一组同性异形机构。

图5-50c中，组成平面高副的两元素一个是圆心为 A、半径为 AC 的圆，而另一个为一直线，平面高副接触点是直线与圆的切点 C，这是一个平底摆动从动件偏心盘凸轮机构。机构运转时，圆心 A 至切点之间的距离始终不变。因此，用一个附加构件3，使其与圆在 A 点铰接，与直线组成移动副 C，构成一个摆动导杆机构 $OACB$，则该机构与原凸轮机构是一组同性异形机构。

通过以上三个实例可知，当过高副接触点的二曲线曲率半径之和为常数时，可用低副机构代替高副机构。若过高副接触点的二曲线曲率半径之和不为常数，只能瞬时代换。

2. 利用周转轮系的不同结构创新同性异形机构

图5-51a所示的卡当运动机构中，由于行星轮2较大，内齿轮4更大，致使机构的尺寸加大，给使用带来诸多不便。为解决这一问题，应设法构造同性异形机构。若有两个周转轮系，它们的转化机构传动比的大小和方向均相同，则这两个周转轮系是一组同性异形机构。图5-51a所示机构中的周转轮系部分的转化机构的传动比是：$i_{24}^{1}=(n_2-n_1)/(n_4-n_1)=z_4/z_2=2$。现在保持 i_{24}^{1} 不变，将原来的内啮合齿轮变成外啮合齿轮。为保证方向也不变，在两个外啮合齿轮之间加一个惰轮，如图5-51b所示，其转化机构的传动比也是2。若在行星轮2上固接一杆，并使 $AB=OA$，如图5-51c所示，则当系杆1转动时，B 点输出移动，则该机构为卡当运动机构的一个同性异形机构。

将机构进一步简化，用同步带或链传动代换外啮合的齿轮传动，可以去掉惰轮，构成挠

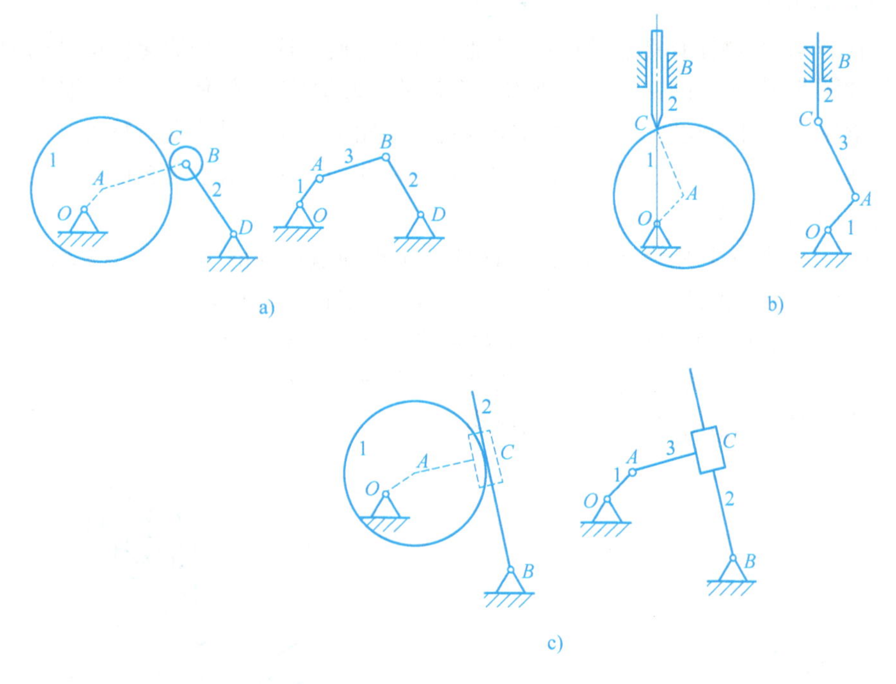

图 5-50　运动副的等效代换之二

性件周转轮系，同时在小行星轮 2 上固连一杆，同样使 $AB=OA$，如图 5-51d 所示，则该机构也为卡当运动机构的一个同性异形机构，它常用于扩大行程的运动中，B 点的行程是曲柄 OA 的 4 倍。

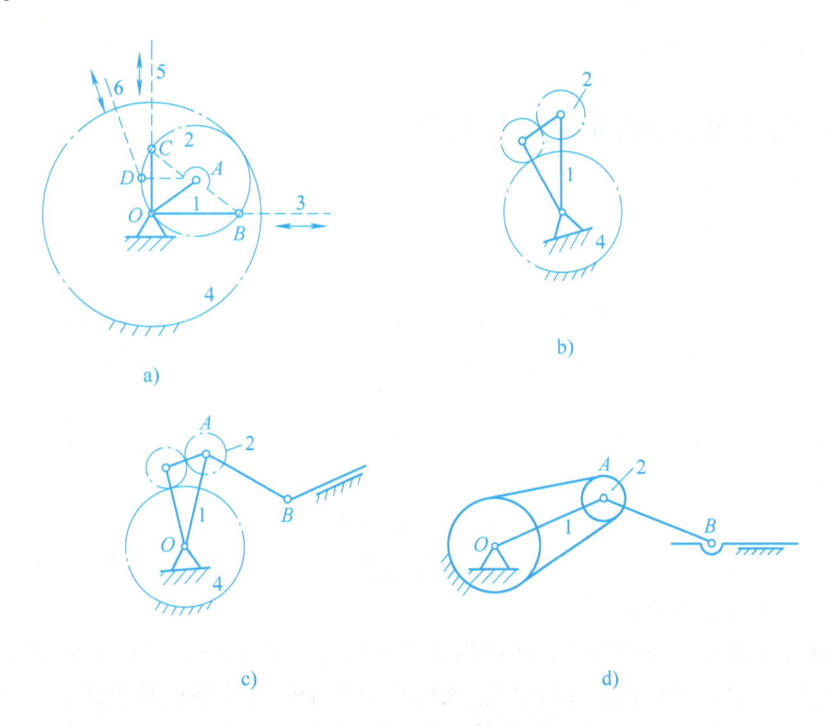

图 5-51　卡当运动机构及其创新

3. 利用材料的不同特性创新同性异形机构

利用各种非刚性材料的特性进行机构功能的等效变换，这是一种简化机构结构的很有效的途径。例如图5-52所示的钢带滚轮机构，钢带的一端固定在滚轮上，另一端固定在移动滑块上，当滚轮逆时针转动时，中间钢带将缠绕在滚轮上而拖动滑块向右移动；当滚轮顺时针转动时，两侧钢带将缠绕在滚轮上而拖动滑块向左移动。它等效于齿轮齿条机构，适用于要求消除传动间隙的轻载工作场合。

图5-53所示机构是利用弹性元件的弹性变形实现间歇运动的。图中构件2的两端与输出转动轴构成转动副，构件2的两臂间装有扭簧4，扭簧的一端固定在构件2上，并与转轴3之间有配合。当构件2逆时针转动时，扭簧4被放松，轴3不受影响而保持静止状态；当构件2顺时针转动时，扭簧4被拧紧而使与其紧固的轴3转动。该机构可以被看作是棘轮机构的等效机构，但其结构简单，并且没有噪声。

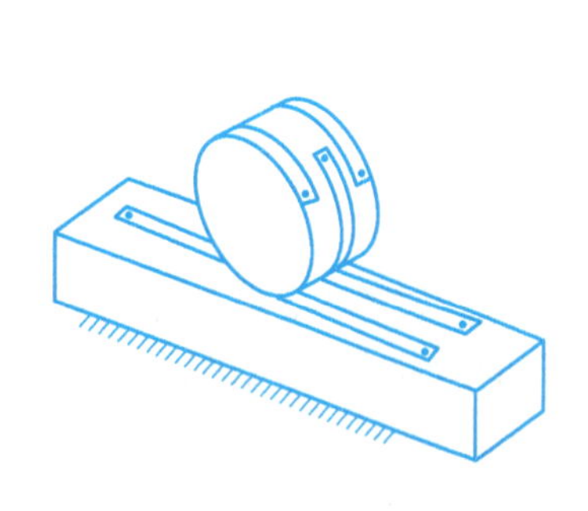

图5-52 钢带滚轮机构

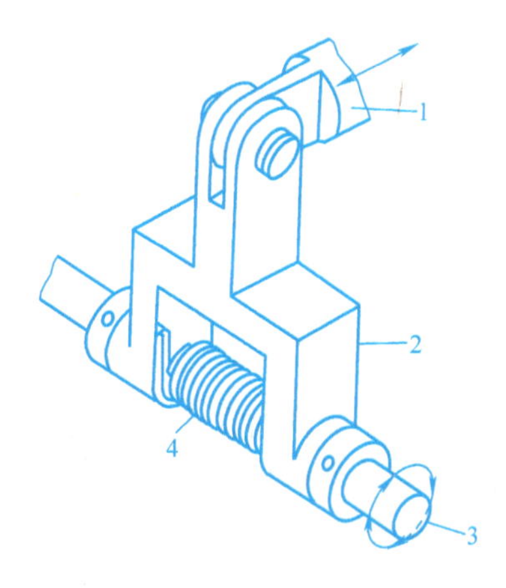

图5-53 弹性间歇机构

五、机构运动原理的仿效与创新

机构运动原理的仿效，是指一些相同的运动原理可以用到不同的机构中去，如运动的差动原理、谐波传动原理等。

1. 差动原理的仿效

差动原理常用于轮系中，称为差动轮系，用于运动的合成或分解。这种差速机构的自由度一般是2，用于运动的合成则是输入两个运动，合成为一个输出；如果用于运动分解，则是输入一个运动，借助于其他条件的限制输出两个运动。图5-54所示为用于汽车后轮的差速机构，该机构的作用是把发动机输出的运动分解给两个车轮，使两个车轮的转动能够与直行或拐弯运动相适应，实现运动分解。

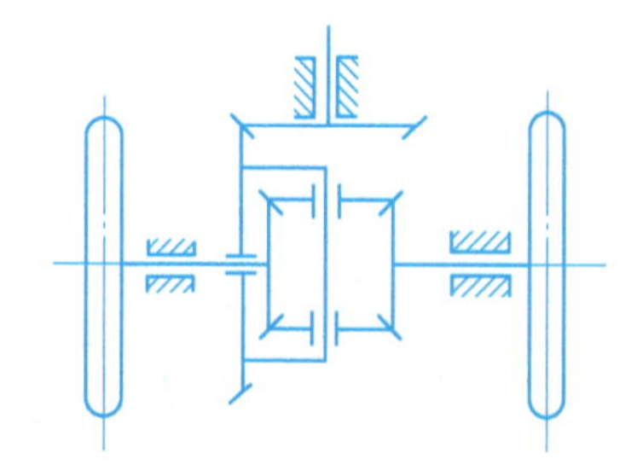

图5-54 汽车后轮差速机构

差动原理除了用于齿轮机构外，还可用于凸轮机构、螺旋机构、棘轮机构以及槽轮机构等。图5-55所示就是一种凸轮差动机构，该机构由3个同轴旋转的构件组成，它们分别是外凸轮1、推杆2和内凸轮3。内、外凸轮的凸凹轮缘上均布数量不等的齿槽，一般为奇数，推杆沿内外凸轮之间的圆周布置，一般布置偶数个带有滚子的推杆，推杆的个数为两个凸轮齿槽数量之和的约数。例如，内凸轮 3 有 13 个齿槽，外凸轮 1 有 11 个齿槽，则推杆的个数可为 $(13+11)/3=8$。机构工作时，沿圆周连在一起的推杆和两个凸轮之一输入转动，另一个凸轮则输出转动。

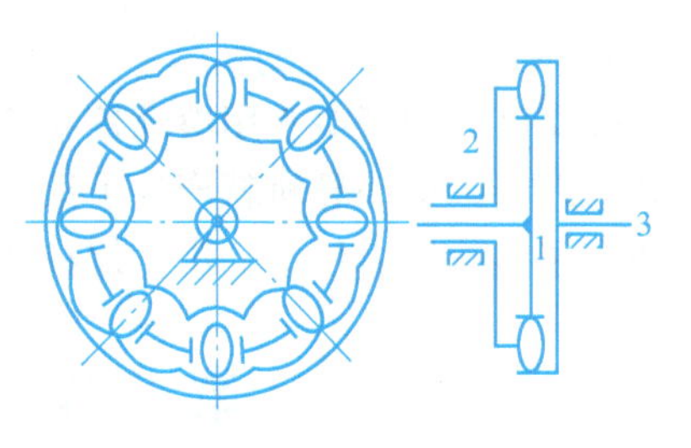

图 5-55　凸轮差动机构

2. 谐波传动原理的仿效

谐波传动是一种靠中间挠性构件（柔性轮）的弹性变形来实现运动和动力的传递。这种传动原理常用于齿轮传动中，但也可用于螺旋传动及摩擦传动中。

图 5-56 所示为一种谐波齿轮传动，基本构件是柔性轮 1、刚性轮 2 和波发生器 H，其中波发生器 H 为主动件，柔性轮为从动件，刚性轮固定。柔性轮本身的形状为圆形，齿数为 z_1，刚性轮的齿数为 z_2，比 z_1 略大。由于波发生器的引入，迫使柔性轮产生弹性变形，并使其长轴两端的齿与刚性轮完全啮合，短轴两端的齿完全脱离，而位于长短轴之间的齿则处于啮入或啮出的过渡状态。当波发生器转动时，随着柔性轮变形部位的变更，使得柔性轮与刚性轮齿之间在啮入、啮合、啮出、脱离四种情况中不断变化，从而使柔性轮相对于刚性轮按与波发生器相反的转动方向旋转。该机构输入与输出的传动比为：$i_{H1}=-z_1/(z_2-z_1)$，传动比范围为50～500。

图 5-56　谐波齿轮传动

这种谐波传动原理若用于螺旋传动，则可将转动转换成缓慢的移动或相反，也可用于减速。图 5-57 所示为其中的一种，它可以将波发生器 H 的高速转动转变为螺杆 1 的低速移动。其中波发生器 H 的截面形状为椭圆形，薄壁螺杆 1 的原始形状为圆柱形，由发生器使其变为椭圆形，刚性的螺母 2 为圆形固定构件。螺杆 1 与螺母 2 的螺纹形状、旋向及螺距均相同。当波发生器转动时，由于螺杆的变形，使其与刚性螺母之间产生螺纹周长之差，致使柔性螺杆 1 沿螺纹中径做无滑动的滚动，并将转过不大的角度，且形成与螺母 2 的轴向移动。波发生器的转角和柔性螺杆 1 的转角之比为机构的传动比，其值取决于波发生器的椭圆轴的尺寸差和螺纹的中径。如果螺杆只做移动，不做转动，则螺杆的轴向位移为 0.1～0.0025mm。

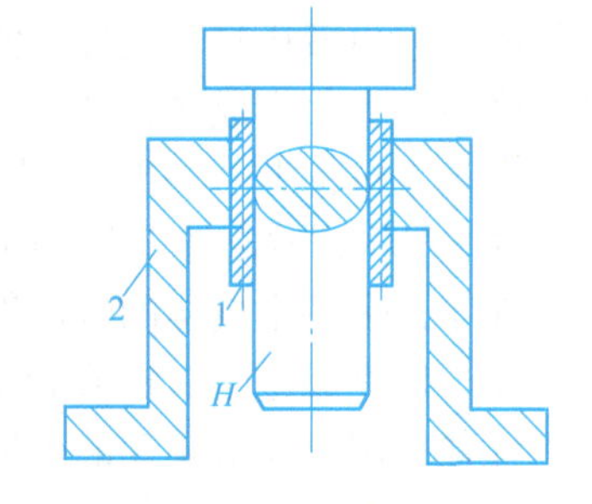

图 5-57　谐波螺旋传动

3. 啮合传动原理的仿效

齿轮传动具有传动可靠、平稳、效率高的特点，但不便于远距离传动；带传动可实现远距离传动，但摩擦传动不可靠、效率低。如果仿效啮合传动原理，把刚性带轮与挠性带设计成互相啮合的齿状，就形成了同步带传动。

4. 滚动传动原理的仿效

前文已提到了关于用滚动接触代替滑动接触可以减少运动副的摩擦磨损，仿效这种滚动传动原理用于移动导轨就产生了滚动导轨，用于螺旋传动就产生了滚珠丝杠，用于齿轮传动就产生了钢球活齿传动，用于蜗杆传动就产生了循环钢球单头圆柱蜗杆传动。

第三节 广义机构的创新设计

随着科学技术的迅速发展，利用液、气、声、光、电、磁等工作原理的机构日益增多，这类机构统称为广义机构，如液压机构、气动机构、光电机构和电磁机构等。在广义机构中，由于利用了一些新的工作介质和工作原理，较传统机构能更方便地实现运动和动力的转换，并能实现某些传统机构难以完成的复杂运动。因此广义机构的应用已经成为机构创新设计中非常有效的方法，下面介绍一些常用广义机构的工作原理和特点。

一、利用液、气物理效应

利用液体、气体作为工作介质实现能量传递和运动转换的机构，分别称为液动机构和气动机构，广泛应用于冶金、矿山、建筑和交通运输等行业。

1. 液动机构

液动机构与机械传动机构相比较，具有以下特点：易于无级调速，调速范围大；体积小、重量轻、输出功率大；工作平稳，易于实现快速起动、制动、换向等操作，控制方便；易于实现过载保护；由于液压元件具有自润滑性，机构磨损少、寿命长；液压元件易于标准化、系列化。

图5-58所示为摆动液压马达驱动的升降机构，可实现较大的行程和增速，常用于高低位升降台等机械中。图5-59所示为液压夹紧机构，由摆动液压马达驱动连杆机构，这种液压机构可用较小的液压缸实现较大的夹紧力，同时还具有锁紧作用。图5-60所示为铸锭供料机构，它由液压缸5通过连杆4驱动双摇杆机构1-2-3-6，将加热炉中出来的铸锭8送到升降台7上，完成送料动作。图5-61所示的挖掘机由三个带液压缸的连杆机构组合而成，第一个基本机构1-2-3-4的机架4是挖掘机的机身；第二个基本机构5-6-7-3叠联在第一个基本机构的输出件3上，即以3作为它的相对机架；同样第三个基本机构8-9-10-7又叠联在第二个基本机构的输出件7上，亦即以7作为它的机架。三个液压缸可分别工作或协调工作，以完成挖土、提升和倒土等动作。由以上实例可以看出，采用液动机构的机械系统，往往比用电动机驱动的机械系统要简单得多。

图5-58 升降机构

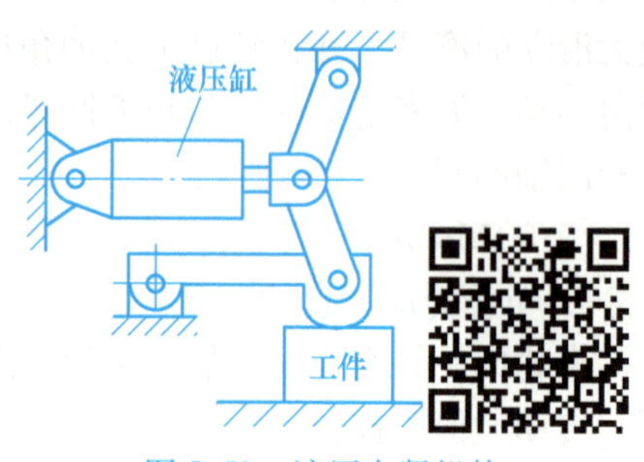

图5-59 液压夹紧机构

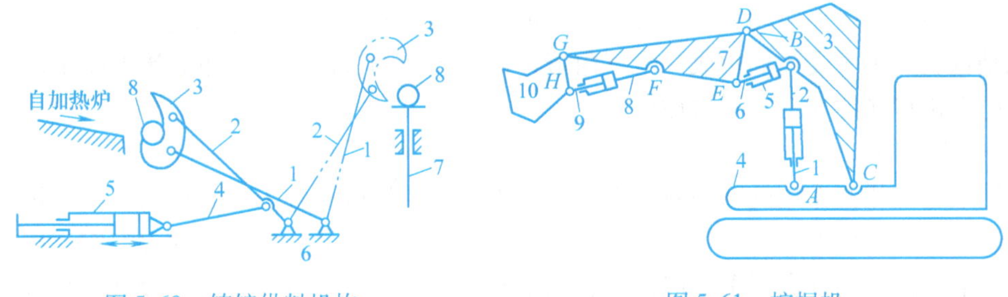

图 5-60 铸锭供料机构

图 5-61 挖掘机

2. 气动机构

气动机构与液动机构相比，由于工作介质为空气，故易于获取和排放，不污染环境；另外，气动机构还具有压力损失小，易于过载保护，易于标准化、系列化等优点。

图 5-62 所示为一种比较简单的可移动式气动通用机械手的结构，由真空吸盘 1、水平气缸 2、垂直气缸 3、齿轮齿条副 4、回转气缸 5 及小车 6 等组成，可在三个坐标平面内工作。其工作过程是：垂直气缸上升→水平气缸伸出→回转气缸转位→回转气缸复位→水平气缸退回→垂直气缸下降。该机械手一般用于装卸轻质、薄片工件，只要更换适当的手指部件，还能完成其他工作。

图 5-63 所示为商标自动粘贴机，该机构使用了一种吹吸气泵。这种吹吸气泵集吹气和吸气功能为一体，吸气头朝向堆叠着的商标纸下方，吹气头朝着商标纸压向方形盒产品的上方。当转动鼓吸气端吸取一张商标纸后，顺时针转动至粘胶滚子，随即滚上胶水（依靠右边上胶滚子上胶），当转动轮带着已上胶的商标纸转到下面由传送带送过来的方形盒产品之上时，即被压向产品。当传送带带动它至最左端时，商标纸被压刷压贴在方盒上。由此例可以看出，如果限于刚体机构的范围，不加入气动机构，则很难实现这样复杂的工艺动作。

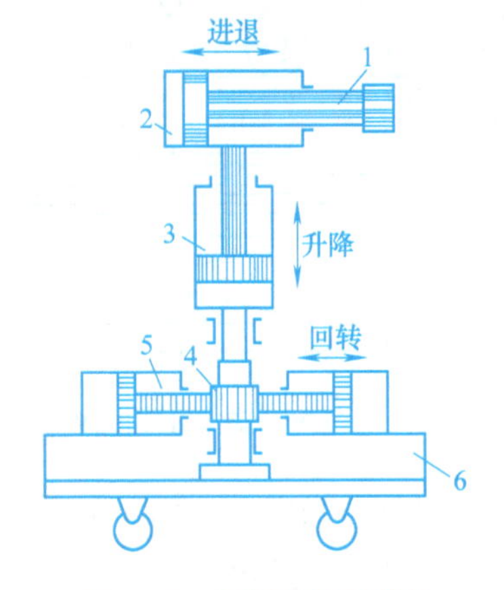

图 5-62 通用机械手结构

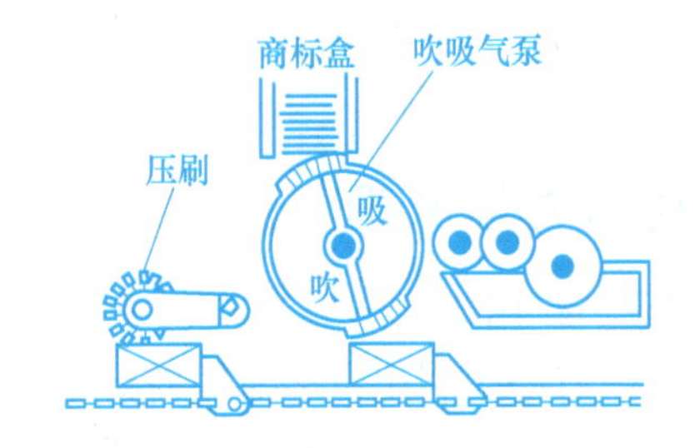

图 5-63 商标自动粘贴机

二、利用光电、电磁物理效应

1. 光电动机

图 5-64 所示为光电动机的原理，它实际上是将太阳能电池与电动机有机组合而成的一种原动机。其受光面是组成三角形的三个太阳能电池，与电动机的转子结合起来。太阳能电

池将太阳能转化为电能驱动电动机转动，当电动机转动时，太阳能电池也跟着旋转，动力由电动机轴输出。由于受光面构成一个三角形，即使光线的方向改变，也不影响正常起动。这样，光电动机将光能转变成了机械能。

2. 电磁机构

利用电与磁相互作用的物理效应来完成所需动作的机构，称为电磁机构。电磁机构可用于开关、电磁振动等电动机械中，如电动按摩器、电动理发器、电动剃须刀都广泛应用了电磁机构。电磁机构的种类很多，但都是利用电磁转换产生机械运动的。图5-65所示机构为电磁开关，电磁铁1通电后吸合杆2，接通电路3。断电后，杆2在复位弹簧4的作用下脱离电磁铁，电路断开。

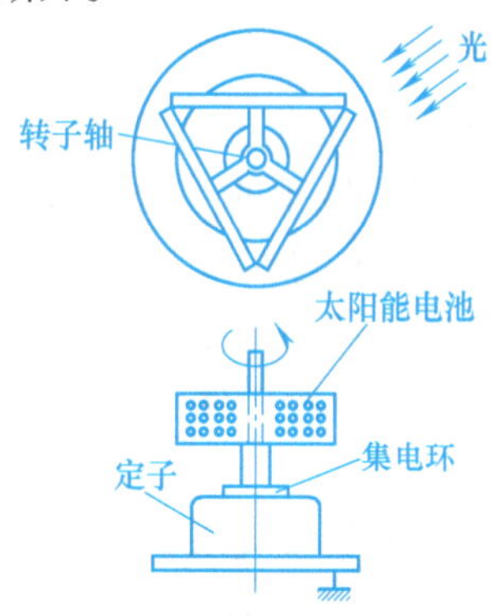

图5-64 光电动机的原理

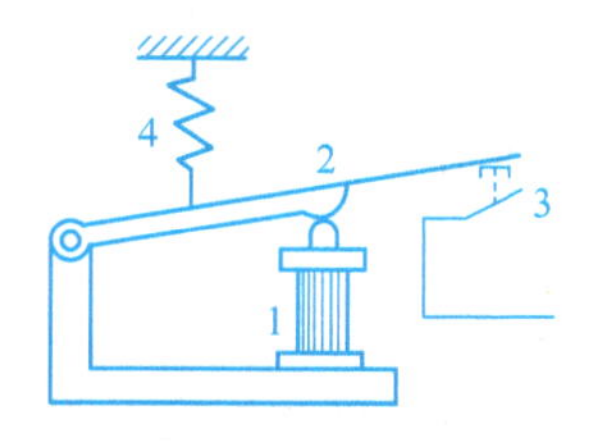

图5-65 电磁机构

图5-66所示为一台钢板运送机构，图中滚轮为磁性滚轮。工作人员操纵提升机构使滚轮下移，将一块钢板吸住，然后使机构上移，将钢板对准两输送辊之间的位置，驱动磁性滚轮转动，将钢板水平送入输送辊之间，完成钢板的运送作业。该机构由于采用了磁性滚轮作为钢板的抓取机构，使整个机构的结构和工艺动作大大简化，同时也节约了能耗，使维护变得简单而易于操作。

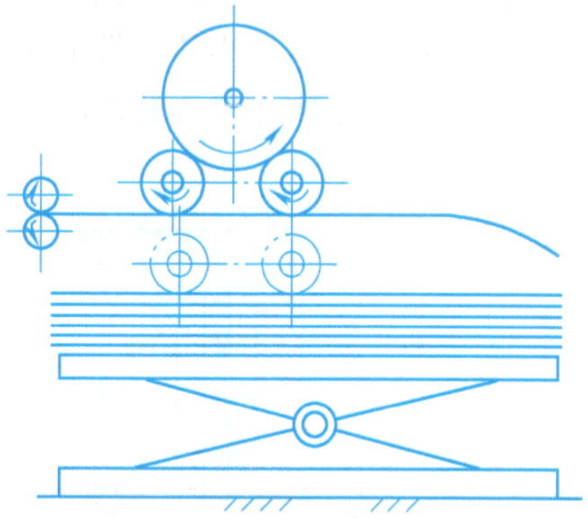

图5-66 磁性滚轮钢板运送机构

三、利用力学原理

1. 利用重力作用

实际生产中有许多利用力学原理创新出的简便而实用的机构。图5-67所示为弹头整列机构，从子弹的形状可见，它的重心在圆柱形部分。因此从上送料槽落下时，不论待整列零件是弹头朝上或朝下，当滑块左右移动推动零件到达右方槽内尖角时，便可以由零件的重心位置变化自行整列，即圆柱体朝下，尖端朝上，使零件全部呈弹头向上地被推入下料槽中。

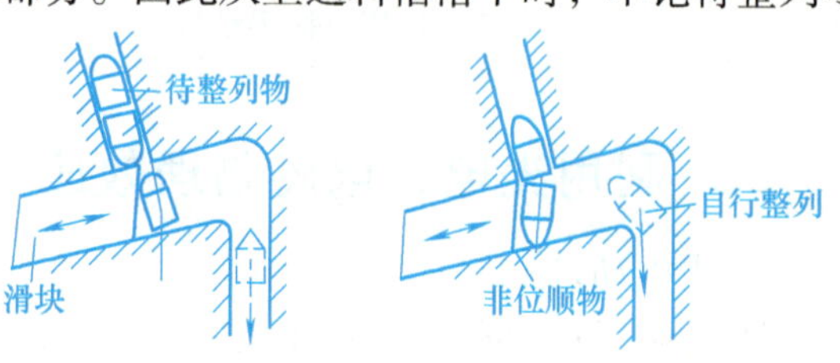

图5-67 弹头整列机构

图5-68所示为巧妙利用重力设计的在

斜坡上工作的自动装卸矿车。这种矿车通过滑轮用绳索连接在重锤上，空载时被自动拽到坡上。坡上有装沙子的料斗，矿车爬到坡的上端，车的边缘就会推开料斗底部的门，将沙子装在车中。当装上沙子的矿车变得沉重足以克服重锤的拉力时，矿车从坡上滑下来。在坡的下端，导轨面推动车上的销子，靠它将车斗反倒卸沙，车子卸空后又重新自动返回坡上。

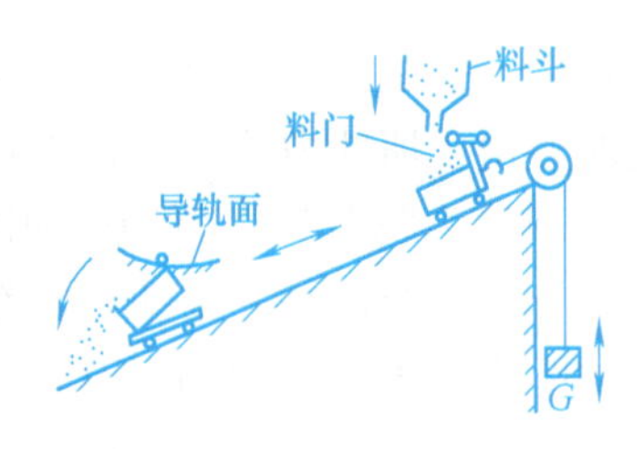

图 5-68　自动装卸矿车

图 5-69 所示为应用平衡重锤作用的平移机构，气缸驱动摆杆 3 摆动，摆杆上铰接一个带平衡重锤 4 的工件座。图中 A 为放入工件 1 时的状态，工件座 2 因挡块 5 的作用而倾斜，这样便于工件放入。在工件放入后的搬运途中，工件座离开挡块，受平衡重锤作用而水平移动到达取出位置 B。同样，若取出工件时也希望倾斜，则可设置挡块来实现。若设置缓冲装置，则可提高移动速度。

图 5-70 所示的工件夹紧切断机构是巧妙利用重力来约束转动副，使机构能完成先将工件夹紧，然后将其切断的顺序工艺过程。图中 H 为一圆盘锯，借助圆盘锯和重物 Q 的重力作用，迫使 GF 杆在 I 点与机架接触，使转动副 G 不能转动，构件 GF 暂时如同一机架。当机构 A 点向上移动时，由于 E 点所受重力较大，B 点先向上运动，从而驱动夹头将工件夹紧。当工件被夹紧后，随着 A 点继续向上运动将圆盘锯 H 提起，逐渐将工件切断，完成整个工艺过程。

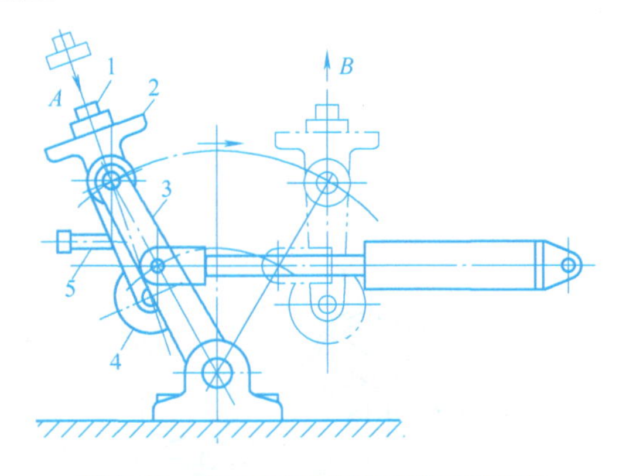

图 5-69　应用平衡重锤作用的平移机构

1—工件　2—工件座　3—摆杆　4—平衡重锤　5—挡块

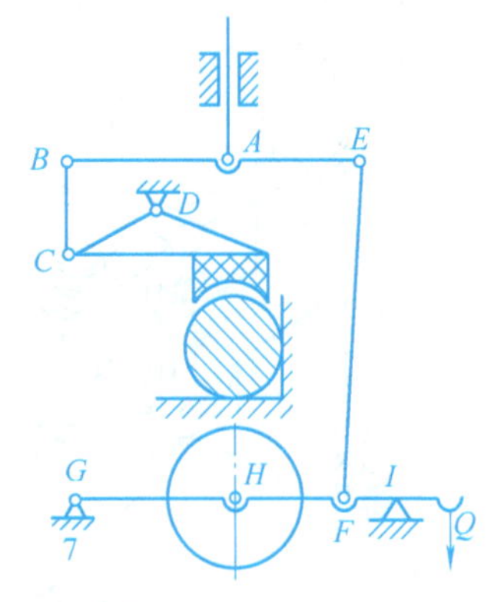

图 5-70　工件夹紧切断机构

2. 利用振动及惯性作用

（1）振动机构　利用振动产生运动和动力的机构称为振动机构，广泛应用于散装物料的捣实、装卸、输送、筛选、研磨、粉碎及混合等工艺中。

图 5-71 所示为利用电磁振动工作的送料机构，它由槽体 1、激振板簧 2、底座 3、橡胶减振弹簧 4 以及激振电磁装置（由铁心线圈 5 和衔铁 6 构成）等组成。当交流电输入铁心线圈 5 时，产生频率为 50Hz 的电磁力，吸引固定在料道上的衔铁 6，使槽体向左下方运动；当电磁力迅速减小并趋近零时，槽体在板簧 2 的作用下，向右上方做复位运动，如此周而复始便使槽体产生微小的振动。

当槽体在板簧的作用下向右上方运动时，由于工件 7 与槽体之间存在摩擦力，工件被槽体带动，并逐渐被加速；当槽体在电磁力作用下向左下方运动时，由于惯性力的作用，工件将按原来的运动方向向前抛射（或称为跳跃），工件在空中微量跳跃后，又落到槽体上。这样，槽体经过一次振动后，在槽体上的工件就向上移动一定的距离，直至出料口，从而达到送料的目的。显然，在工件与槽体的摩擦因数一定时，工件的运动状态与槽体的加速度有关。

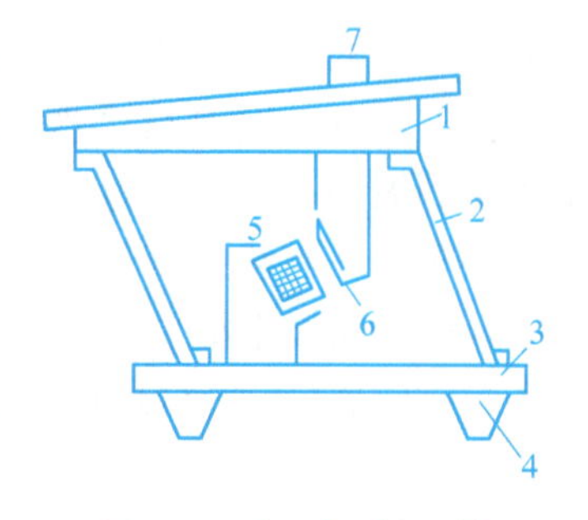

图5-71　振动送料机构

图5-72所示为机械振动式锚头安装机，用于预应力混凝土制品的锚头安装。电动机1通过传动带使带轮2转动。带轮2兼做曲柄摇杆机构的曲柄，摇杆是绕支点O转动的板簧5。板簧5的一端插入锤杆7的槽中，两面垫以橡胶块6。锤杆7在基座孔中上下移动，锤头8和砧座3可以更换，以适应各种工件。摇杆的长度可用螺钉4调节，以防止共振。

（2）惯性机构　利用物体的惯性来进行工作的机构称为惯性机构，如建筑机械中的夯土机、打桩机等。多数情况下，惯性和振动在这类机构中同时被利用。

图5-73所示为惯性激振蛙式夯土机，由电动机5通过两级传动带6、4，使带有偏心块2的带轮3回转。当偏心块2回转至某一角度时，夯头1被抬起，在离心力的作用下，夯头被提升到一定高度，同时整台机器向前移动一定距离；当偏心块转到一定位置后，夯头开始下落，下落速度逐渐增大，并以较大的冲击力夯实土壤。该夯土机用于建筑工程中夯实地基以及场地的平整等。

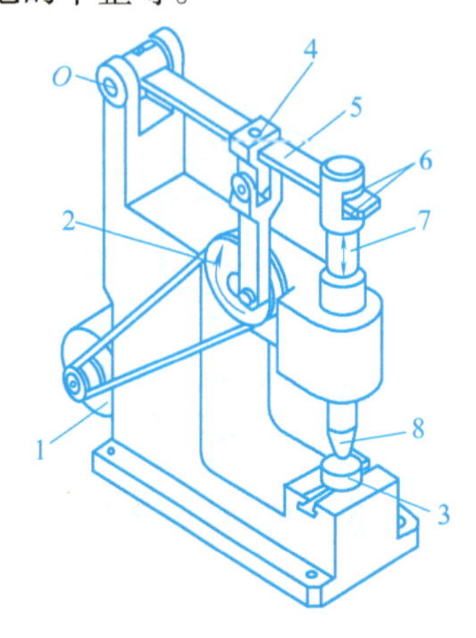

图5-72　机械振动式锚头安装机

1—电动机　2—带轮　3—砧座　4—螺钉

5—板簧　6—橡胶块　7—锤杆　8—锤头

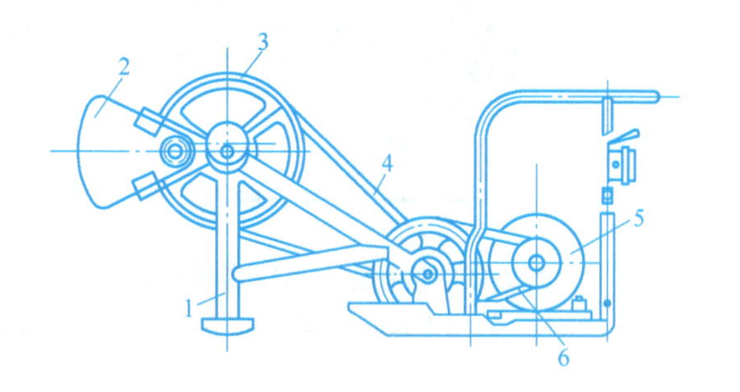

图5-73　惯性激振蛙式夯土机

1—夯头　2—偏心块　3—带轮

4、6—传动带　5—电动机

3. 利用自锁原理

爬杆机器人是由清华大学学生在第十七届挑战杯科技竞赛中设计制造的。这种机器人模仿尺蠖的动作向上爬行，其爬行机构采用简单的曲柄滑块机构，如图5-74所示。其中，电动机与曲柄固连，用于驱动整个装置运动。上、下两个自锁套是实现上爬的关键结构。当自锁套有向下运动的趋势时，钢球楔入锥形套与杆之间的楔形缝隙而形成可靠的自锁，使装置不能下滑；当自锁套有向上运动的趋势时，钢球从楔形缝隙中滑落，解除自锁状态。

爬杆机器人的爬行过程如图5-75所示。其中，图5-75a所示为初始状态，上、下自锁套位于最远极限位置，同时处于锁紧状态；图5-75b所示状态为曲柄逆时针方向转动，上自锁套锁紧，下自锁套松开并被曲柄连杆带动向上运动；图5-75c所示状态为曲柄已越过最高点，下自锁套锁紧，上自锁套松开并被曲柄带动向上运动。如此反复切换，实现自动爬杆运动。该爬杆机器人中，通过巧妙地使用简单的机构和结构实现爬杆功能，体现了设计的独创性和实用性。

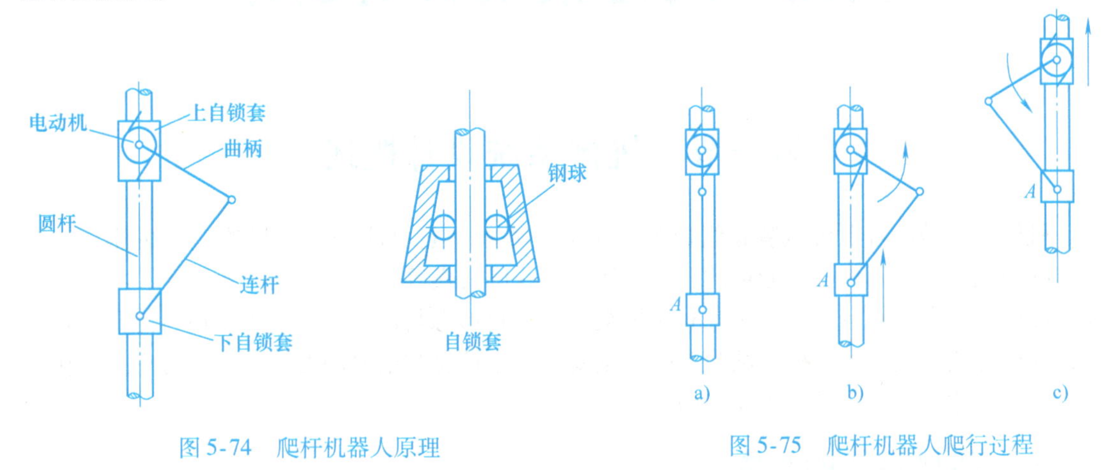

图5-74　爬杆机器人原理

图5-75　爬杆机器人爬行过程

本章介绍了许多机构，这些机构有些是大家熟悉的，有些是新鲜的。它们的构思都很有创意，这些创意都是人类智慧的结晶。通过介绍这些机构的创新原理和方法，使人们能够从中领悟到创造性思维及其在创新实践中的重要性。机构创新不是简单的抄袭和模仿，可以通过研究他人的成功获得启迪，并在此基础上有所发展，有所前进。

第六章

机械系统方案设计的创新

第一节　机械系统设计概述

机械系统是由若干机械装置组成的一个特定系统。它可能是一台机器，如机床、纺织机、缝纫机等，主要包含有能量的转化、运动形式的转换等；也可能是一台设备，如化工容器、反应塔、变压器等，主要包含有能量交换、物料形态与性质的转变等；还可能是一台仪器，如应变仪、流量计、振动试验台等，主要包含了信息与信号的变换。由此可见，机械系统是一个实体，是以产品形式体现的。

一、机械系统的组成

现代机械种类繁多，结构也越来越复杂，按机构组成的复杂程度和连接方式可分为三类：第一类是由单一的基本机构组成的机械系统，这些基本机构可能是齿轮机构、凸轮机构、连杆机构、螺旋机构或其他常用机构，其设计方法在机械设计基础课程中已经学过；第二类是由若干个独立的基本机构组成的机械系统，但各独立工作机构的运动必须满足运动协调关系，如压力机的冲压机构和送料机构是单独的基本机构，但两者之间的运动关系必须满足先完成送料动作后再进行冲压动作；第三类是由若干个单一的基本机构经过串联、并联、复合、叠加等组合方式连接到一起的机械系统，这类系统设计最复杂、设计难度最大，通常是机械系统创新设计研究的重点。

机械系统虽然种类繁多，但其组成情况基本类似，一般由动力部分、传动部分、执行部分、控制部分等组成。其中动力部分提供动力源，完成由其他能向机械能的转化；传动部分传递运功和动力，完成运动形式、运动规律等的转换；执行部分系统的末端，是与作业对象接触的部分，用来改变作业对象的性质、状态、形状、位置等；控制部分用来操纵与控制动力、传动、执行等部分协调运行，准确可靠地完成系统的预定功能。它们之间的关系如图6-1所示。

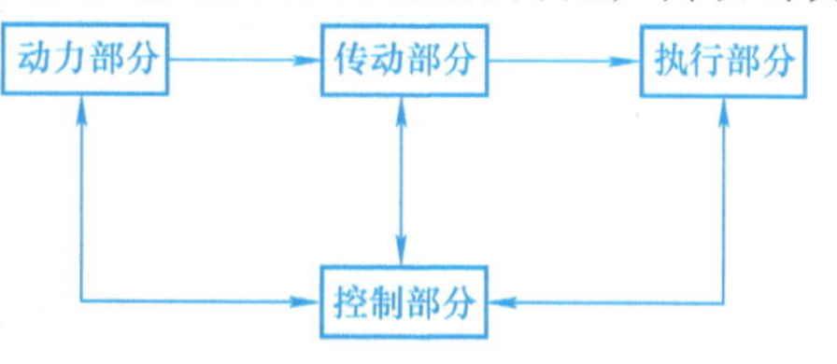

图6-1　机械系统的组成及各组成部分关系

二、机械系统的相关性

每个机械系统一般都由若干个子系统组成，子系统又由各种元件与操作构成。例如减速器是机床的一个子系统，而减速器又由齿轮、轴、轴承、箱体等各类元件构成，各元件之间又完成连接、运动的转换、支承等各种功能。系统中的各子系统之间互相影响，互相关联，同时各子系统也影响着系统，而系统又受超系统的制约。超系统可以理解为系统的环境，系统得以存在的条件。这种各子系统之间，系统与子系统之间，以及系统与超系统之间相互关联的性质称为系统的相关性。

例如，汽车是一个系统，它具有动力、传动、车体等子系统，动力性能、传动性能、车体形状等都影响着汽车的质量；但汽车本身又受超系统，即交通系统的制约，如车体的长、宽、高，车的行驶速度，尾气的排放等。进行创新设计时要考虑这种相关性问题，合理地利用其相关性，使得设计方向有利于系统的发展，而不是造成更大的制约。例如可以研制新能源汽车，从根本上解决尾气排放问题；安装限速装置以解决超速行驶的问题。

三、机械系统设计的过程

机械系统的设计就是要开发一种新的产品，一般分为原产品开发、适应性开发和系列化开发。所谓原产品开发，是指根据机械产品功能要求和制约条件制造出全新产品的过程；适应性开发，是指根据技术的发展和用户要求，对产品结构和性能进行升级换代，使之满足新的附加需求的过程；系列化开发，是指不改变机械产品的工作原理和主要结构形状，仅改变结构尺寸的产品开发过程。不同类型的机械，其产品开发过程不尽相同，但一般都须经历以下四个阶段。

（1）产品规划阶段　主要是进行市场需求调研和预测，进行国内外信息的研究与分析，论证产品开发的必要性、可行性，进而确定产品的功能目标，并形成设计任务。

（2）方案设计阶段　主要是以系统的总功能目标为基础，继续对系统进行分析、分解，确定各子系统的分功能及功能元；并对各功能目标进行创新、探索、优化、筛选，从而确定较理想的工作原理方案；最后还要针对不同的工作原理进行构型综合，确定机构类型与结构形状。

（3）技术设计阶段　主要是在方案原理设计的基础上，进行系统中零部件的尺寸、形状、结构、强度、刚度、精度设计；绘制出相应的工作图，编制出相应的设计技术资料。

（4）施工设计阶段　是在技术设计的基础上，进行加工、制造等工艺设计；进行安装、调试、维护及使用的设计与说明。

在这四个设计阶段中，方案设计对产品的性能、成本、使用与竞争力的影响最大，也是最具有创新的阶段。

四、方案设计的创新

方案设计的主要工作有功能综合、原理综合和构型综合三个阶段。功能、原理及构型综合都没有统一的规律可遵循，其方案解是发散的。由于方案是很多的，最后要根据实用性、经济性、可靠性等各项性能指标进行评定，并推出其中一种方案。因此方案设计的过程是发散—收敛的过程，是最富有创造性的阶段，其设计过程如图 6-2 所示。

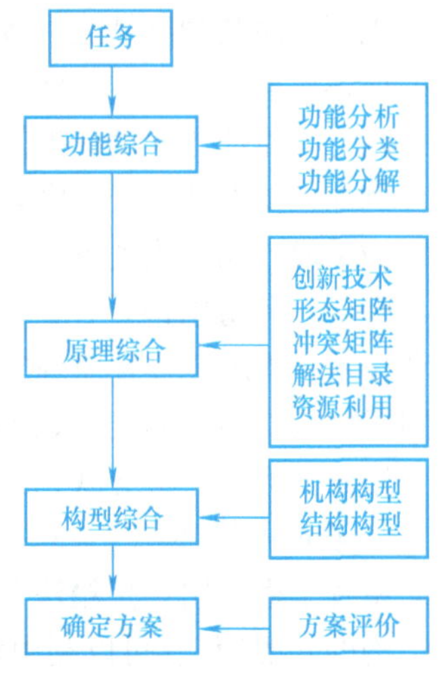

图 6-2　方案设计过程

在方案设计阶段要用到功能分析法，它贯穿于方案设计的三个阶段。采用对产品进行功能分析的方法，可以把对产品具体结构的思考转化为对产品功能的思考，从而可以撇开产品形式结构对思维的束缚，放开手脚搜寻一切能满足产品功能要求的工作原理，探索满足这些工作原理的技术装置——功能载体，并且通过对各种功能载体的组合和优选，找到实现产品功能要求并具有创造性的设计方案。这种紧紧围绕产品功能进行分析、分解、求解、组合、优选的方案设计方法称为功能分析法。其基本步骤是：①在明确任务的基础上，通过“黑箱法”求总功能；②利用创造技法和设计目录，进行总体方案分析；③利用功能树等方法进行分解，求功能元；④利用创造技法和设计目录，求功能元解；⑤利用形态学矩阵进行组合，求系统原理解，并通过评价获得最佳原理方案。在新产品设计时，功能分析法非常有效。

第二节　方案设计创新中的功能综合

功能综合是指将口头提出的任务形成技术系统的目的或要求。其主要工作是功能的分析与分解，并判断与功能相对应的效应，为下一步寻求实现功能的工作原理打下基础。另外，为了方便地进行功能的分析与分解，还要对机械系统中需要实现的各种功能进行分类。

一、功能分析

1. 功能的定义

20世纪40年代，美国通用电气公司的工程师劳伦斯·戴罗斯·麦尔斯首先提出功能的概念，并把它作为价值工程研究的核心问题。他认为，用户购买的不是产品本身，而是产品具有的功能。由此可见，功能在设计过程中起着举足轻重的作用，体现了设计者的设计意图和产品的物理行为。在设计科学的研究过程中，人们也逐渐认识到产品机构或结构的设计往往首先由工作原理确定，而工作原理构思的关键是满足产品的功能要求。

功能是产品或技术系统特定工作能力抽象化的描述，它与产品的用途、能力、性能等概念不尽相同。例如，钢笔的用途是写字，而其功能是存送墨水；电动机的用途是驱动水泵或搅拌机等，而其功能是能量转化——电能转化为机械能。在原理方案设计时，对设计对象功能的描述要准确、简洁，要合理抽象，抓住本质，避免带有倾向性的提法。这样可使设计思路开阔，为原理方案设计提供一个宽松的范围，更有利于设计的创新。

例如，要设计一个夹紧装置，若将功能描述为机械夹紧，则设计者联想到的工作原理必为机械手段，如楔块夹紧、偏心盘夹紧、弹簧夹紧、螺旋夹紧等；若将功能描述为压力夹紧，则设计者的思路会更宽，除上述机械手段外，还会联想到液压、气动、电磁等更多的方法和技术，构思更多种原理方案，从而设计出新颖的夹紧装置。又如洗衣机的功能若表达为“用搓洗方式实现污物与衣物的分离”，则会限于搓洗方式的设计思维，而漏掉“捣洗、搅洗、振洗、溶洗”等方式，最终导致洗衣机结构复杂，甚至陷入难以实现的尴尬境地。

2. 功能的描述

系统工程学用“黑箱法”研究功能问题。对于复杂的未知系统，犹如不透明不知其内部结构的“黑箱”，可以利用外部观测，通过分析“黑箱”与周围环境的输入、输出以及其他联系，了解其功能、特性，从而进一步探求其内部原理和结构。在这里可以用技术系统所具有的转化能量、物料、信息等物理量的特性描述其功能。把待求系统看作“黑箱”，分析比较系统输入/输出的能量、物料和信息，则输入/输出的转换关系即反映系统的总功能。图

6-3a 所示为增压泵的“黑箱”，通过分析可知增压泵的总功能为液体增压；图 6-3b 所示为洗衣机的“黑箱”，通过输入、输出结果的分析、比较，可以将洗衣机的总功能简捷地概括为物料分离；图 6-3c 所示为电气开关的“黑箱”，通过分析可将电气开关的总功能概括为信号转换。一般情况下都可以用名词加动词简捷地描述系统的总功能。

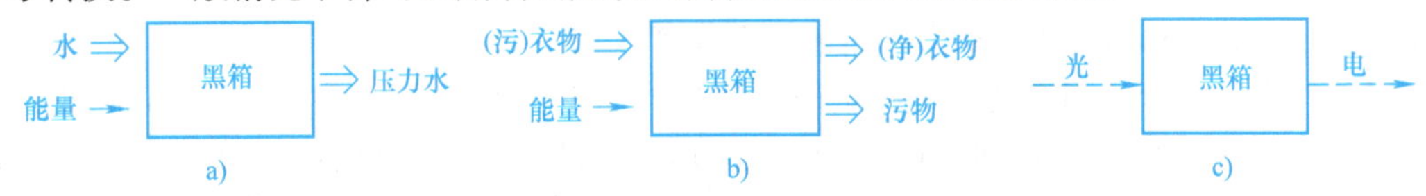

图 6-3　“黑箱”与系统总功能

a）液体增压（物料与能量结合）　b）物料分离　c）信号转换

针对图 6-3a 所示的功能，可以设计出各种液体增压装置，如不同原理的水泵；针对图 6-3b 所示的功能，可以设计出各种原理的净衣装置（包括洗衣机）；针对图 6-3c 所示的功能，可以设计出光电转换装置。当系统原理方案完全确定时，“黑箱”即变为“玻璃箱”，原理方案问题得到解决。

二、功能分类

功能分类就是将系统中输入与输出的三要素操作具体化，这将有利于功能的分析，也有利于原理的综合与构型的综合。功能分类可以按照机械系统的组成进行，也可以按三要素变换的物理作用进行。

1. 按机械系统的组成进行功能分类

（1）驱动功能　为系统提供能量或动力，它接受测控部分发出的指令，执行驱动部分工作。其功能载体为各种类型的原动机，如电动机、内燃机等。

（2）传动功能　传递驱动和执行部分之间的运动和动力，包括运动形式、方向、大小、性质的变换。其功能载体可以是机械式、液压气动式或电磁式装置等。

（3）执行功能　实现和完成产品的最终功能，如压力机的加压功能。简单系统可用简单的构件实现特定的动作；复杂系统有多个执行功能，各动作需要协调配合。

（4）控制功能　包括检测、传感与控制。它把系统工作过程中各种参数和工作状况检测出来，变换成可测定和可控制的物理量，传送到信息处理部分，并发出对各部分的工作指令和控制信号。

2. 按三要素变换的物理作用进行分类

为了有利于开拓创新，常把机器、设备和仪器中的复杂过程，即功能归结为物理的基本作用类型。例如“净衣”的过程实际就是“分离”的作用；齿轮减速器的“减速”过程实际上就是物理意义上的“缩小”。这样就把复杂繁多的具体功能归结为简单较少的基本活动，简化分析过程，同时在进行方案设计时容易开阔思路，开发出创新产品。

下面列出了系统中经常出现的具体功能的物理作用及其反作用。

（1）转变－复原　凡是引起能量、物料或信号特性发生变化的活动都应称为转变或复原，如热能转变为机械能的能量形式转变，电信号转换为机械信号的信号转变，以及物料特性（如物态的转变、形状的变化等）的转变等。

（2）放大－缩小　一切使物理量放大或缩小的活动都称为放大－缩小，如传动机构的转速和转矩的增减，功率的变化，温度的升降等。

(3) 混合-分离 凡是根据不同的物理特性参量（密度、波长、频率等）使两个或几个混合在一起的流分离开，或者使已经分开的流混合在一起的活动都应称为分离-混合。例如，水与能量混合为具有压力的水，用于各种液体增压装置（如水泵）；暖气片中的热水，通过热传导、对流和辐射将热水中的热量与水分离。

(4) 结合-分开 用来把体现能量的物理量如功率、力、位移等合成或者分解成几个分量的过程，以及用来产生或取消物料间结合力的活动都可归纳为结合-分开。例如，差速器是分解力流的装置；焊接、切削或剪断等工艺是物料合成与分解操作的实例。

(5) 存储-取出 把能量、物料、信号存放起来，或从存储器中取出来的活动称为存储-取出，如利用飞轮、弹簧、电池、容器、磁盘等用来实现能量、物料和信号存取过程的操作。

(6) 传导-中断 是指能量、物料、信号通过电流、光纤、管道、机构等进行传输或断开的活动，如离合器、管道的阀和电气开关等都可实现传导-中断的操作。

3. 按机构实现的基本功能分类

机构能实现的基本功能有以下几种：

(1) 变换运动的形式 运动形式通常分为转动、单双向移动、单双向摆动以及间歇运动等，如曲柄滑块机构、曲柄摇杆机构、棘轮机构等。

(2) 变换运动的速度 实现减速、增速、变速或调速等，如各种各样的减（增）速器。

(3) 变换运动的方向 运动方向通常分为输入/输出轴间平行、相交、空间交错，实现运动方向变换的机构有圆柱齿轮、锥齿轮、蜗杆蜗轮机构等。

(4) 进行运动的合成与分解 指两个自由度的机构以及各种差速机构。

(5) 对运动进行操纵与控制 主要指各种离合装置、操纵装置。

(6) 实现给定的运动轨迹 机构中的浮动构件可实现各种轨迹要求，如连杆机构中的连杆、行星轮机构中的行星轮、挠性件传动机构中的挠性构件等。

(7) 实现给定的运动位置 如两个连架杆的对应位置，以及浮动构件的导引位置等。

(8) 实现某些特殊功能 有增力、增程、微动、急回、夹紧、定位和自锁等。

三、原理方案的总体分析

在功能分析的基础上，首先应对系统的原理方案进行总体分析。在一定工作对象的情况下，执行功能与工艺过程和执行元件有密切联系，需要分析其工艺过程，在较大的领域内进行工作原理的搜索。

例如，石墨电极加工设备总体原理方案的分析。根据石墨电极形状复杂和石墨材质的特点，可以提出以下几种加工原理：

(1) 数控加工成形法 在数控铣床上，根据石墨电极的形状进行数控加工。

(2) 研磨成形法 针对石墨材质较软的特点，采用石墨电极的原形，翻制具有强磨削能力的研具，快速研磨石墨坯而获得石墨电极。

(3) 离散堆积成形法 利用石墨是离散材料的特点，通过电极的计算机辅助三维几何模型，获得堆积的路径和控制方法，分层堆积石墨材料和胶接剂而直接成形三维立体的石墨电极。这种方法对任意复杂形状的电极都可进行加工，具有最高的柔性。

（4）激光束聚焦法　在充满C_2H_2的密闭容器中，采用激光束在空间进行三维聚焦（即聚焦点进行三维运动），在聚焦点处C_2H_2分解，碳原子沉积下来堆积成电极，氢原子结合成氢分子逸出。

由以上分析可见，由于原理和加工工艺不同，会有不同的执行元件和工作运动，对于方案（2）、（3）、（4）需分别设计研磨机、快速成形机和激光加工机，而对于方案（1）却只需购买现成的数控铣床，不必设计新设备。

再如螺纹加工机总体原理方案的分析。根据“形成螺纹”的总功能，沿机械加工的思路可形成图6-4所示的五种原理方案。其中，图6-4a、b所示为车削和铣削，属切削加工，两者所用刀具和工件运动都不同；图6-4c、d、e所示为无切削加工，是利用滚压加工进行搓丝，而由于执行元件的不同，可形成不同的搓丝机方案。最后根据螺纹的特定加工要求（材料、强度、批量、成本等），选择最经济、最合理、最可行的总体方案，才能进行机器的具体设计。

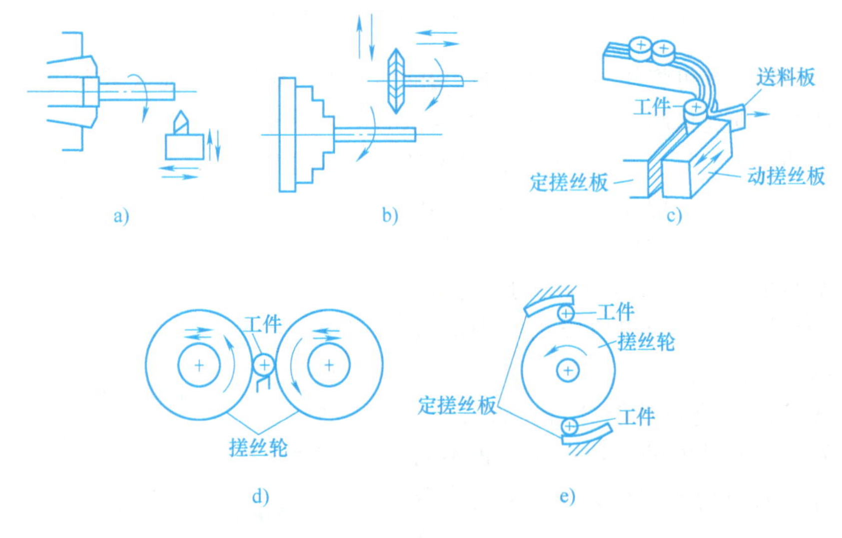

图6-4　螺纹加工机总体原理方案

复杂系统往往有多个执行功能，在总体方案阶段要求对各执行构件间的关系配合和动作协调进行规划，以便指导下一步的设计。

四、功能分解

产品和技术系统的总体功能称为产品的总功能，产品的用途不同，其总功能也不同。技术系统一般都比较复杂，难以直接求得满足总功能的原理解。为了方便地求得原理解，即确定实现功能的工作原理，需要将系统的功能按总功能、分功能、子功能乃至基本功能（即功能元）进行分解，以便通过各功能元解的有机组合求得满足总功能的原理解。其中功能元是可以直接求解的系统最小组成单元；另外有的分功能已经有了定型化的产品或已经研制出来，可以直接购置或拿来使用，没有必要再继续研制，如减速器、发动机、印制电路板等。

为了清楚地表达各级功能之间的逻辑和因果关系，以便为进一步设计提供充足的信息，通常将功能用结构框图表示，称为功能结构图。功能结构图可以表示为树状结构（称为功能树)、串联结构、并联结构以及环形结构，如图6-5所示。

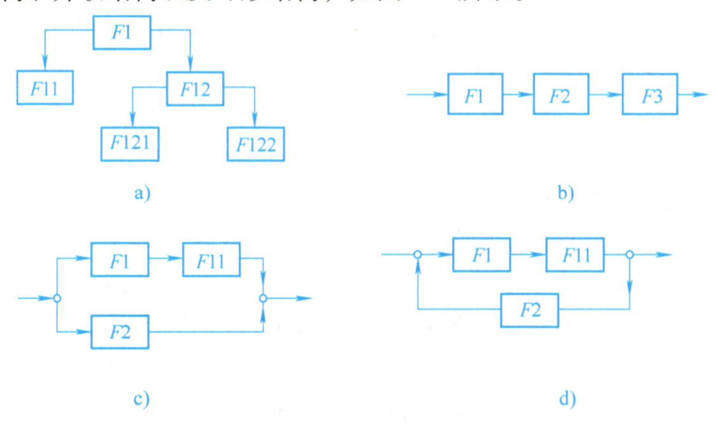

图6-5 功能结构图

a) 树状结构 b) 串联结构 c) 并联结构 d) 环形结构

通过以上分解，就可将任务书给出的总功能划分为已知的分功能或基本功能，并把分功能或基本功能逻辑地连接起来，从而产生所要求的整个系统的因果关系。

功能分解的过程实际上就是对机械产品不断认识的过程，同时也是对机械产品进行不断创新的过程。总功能不断地分解得到众多分功能，分功能深入分析又可拓展出子功能，直至分解到功能元后获得问题的解，这一过程要尽量突破各种思维定式的限制，拓宽思路，取得创新。下面举两个例子，说明功能结构图的表示方法。

例6-1 要求设计一个以电能为动力的包装液体饮料的自动包装机。

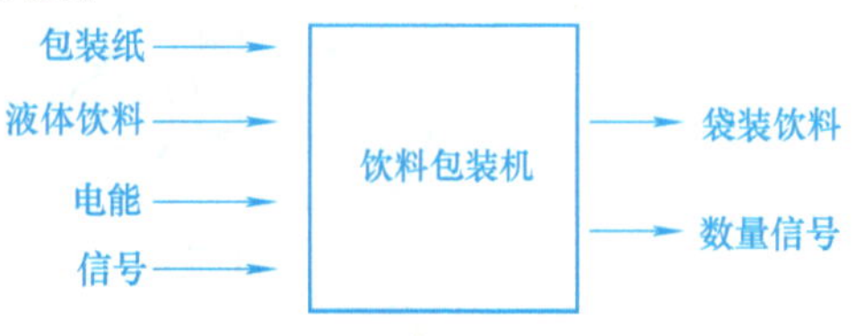

图6-6 自动包装机“黑箱”

按照“黑箱法”进行功能分析，如图6-6所示。可以看出基本功能的具体运作过程不明显，不好操作。若将功能进行分解，把每个分功能的具体物理作用充分体现出来，进一步确定工作原理就容易了。按照功能的分解过程可知，本产品的总功能为包装饮料，需完成输入动力、取料、送料、制盒、罐装饮料、封口、输出成品、计数、入库等工艺过程，这些过程即为实现总功能的分功能，分功能间的关系可用图6-7所示的功能结构图表示。

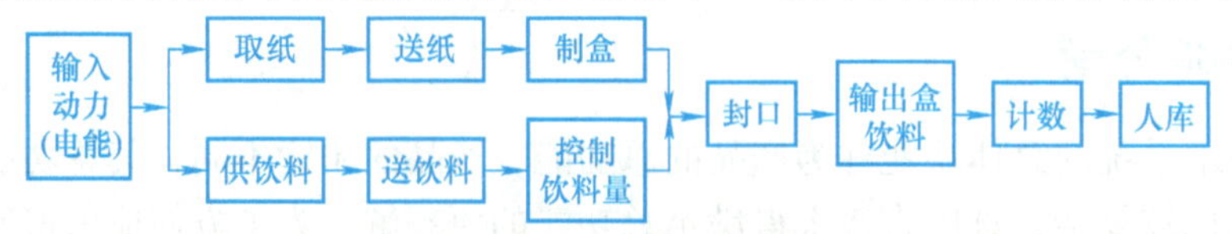

图6-7 自动包装机的功能结构图

例6-2 设计齿轮减速器的功能结构图。

齿轮减速器的总功能为降速增矩，是由输入动力、传递动力、润滑零件、密封零件、联接零件、支承与定位传动零件、输出动力等功能元组成，取每个功能元的一个解后得到该减速器的一种功能结构，可用图6-8所示的功能树近似表示。

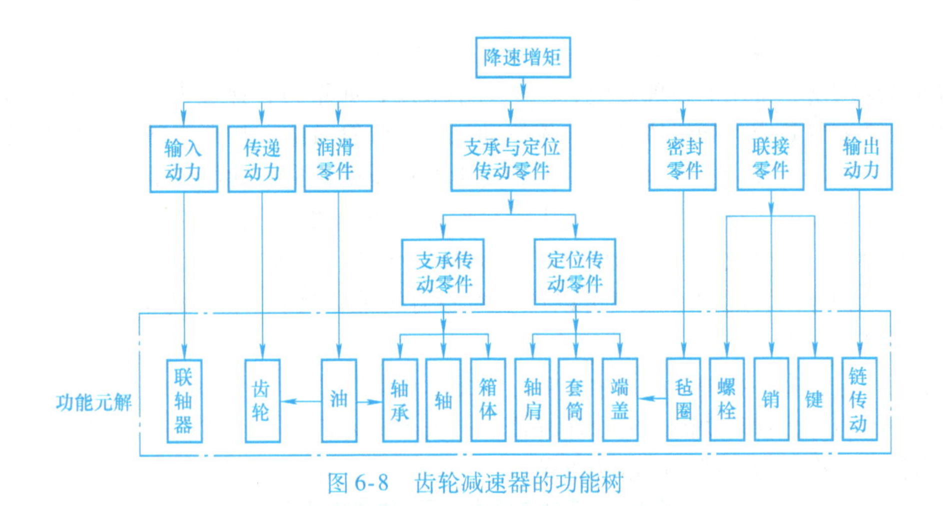

图 6-8　齿轮减速器的功能树

第三节　方案设计创新中的原理综合

在功能分析与综合的基础上，对基本功能的求解过程就是工作原理的综合，这是最富有创造性的阶段。原理综合没有一个统一的规律可遵循，其方案解是发散的，即实现同一功能目标可以采用各种不同的工作原理。例如洗衣机的主要功能可以抽象地描述为“分离”，即污物与衣物的分离。探索实现这一功能解的过程就是明确效应，确定其工作原理。一旦确定了工作原理，就要按照工作原理寻求相应的工艺动作。其中每一步都存在多个解，每个解都是创新的产物。例如分离功能可以看作是物理效应，也可以看作是化学效应；效应的载体可以是水，也可以是汽油（干洗）。而工作原理更是多解的，可以利用水与衣物通过旋转产生摩擦进行分离，也可以添加洗衣粉作为表面活性剂加速分离，还可以利用超声波产生很强的水压，使衣物纤维振动实现分离。为实现工作原理，要寻求相应的工艺动作，如为实现水或衣物的旋转就有波轮或滚筒等不同形式的结构。总之，针对一个需要实现的功能目标，设计者可以综合运用各种物理效应及科技原理，寻找实现产品功能的工作原理和相应的工艺动作。在进行原理综合时，除了合理地运用前面介绍的创新思维方法与各种创新技法外，还可以采用建立原理解目录及形态学矩阵等方法。

一、建立原理解目录，求功能元解

设计是获取信息和处理信息的过程。如何合理地存储信息及更快捷地提供信息，是提高设计效率的有效措施。设计目录是一种设计信息库，它把设计过程中所需要的大量信息有规律地加以分类、排列、存储，以便设计者查找和调用。在计算机辅助自动化设计的专家系统和智能系统中，科学完备的设计信息库是解决问题的基本条件。

设计目录不同于一般的手册和资料，它是密切结合设计过程和需要编制而成的，范围十分广泛，如原理目录、解法目录、对象目录等。每种目录应目的明确、内容清晰、信息面广、提取方便。为达到这样的要求，必须采用系统工程方法建立目录，针对相关对象进行系统分析和搜索。

用功能分析法进行原理方案设计，功能元解是组合原理方案的基础。物理功能元是工程系统的基本功能元，它反映系统中能量、物料及信号变化的基本物理作用，常用的有转变－

复原、放大 – 缩小、混合 – 分离、结合 – 分开、存储 – 取出、传导 – 中断六类。物理功能元可用物理效应求解，常用的物理效应有：①力学效应，如重力、弹性力、惯性力、离心力、摩擦力等；②液气效应，如流体静压、流体动压、毛细管效应、帕斯卡效应、虹吸效应等；③电力效应，如静电效应、压电效应、电动力学等；④磁效应，如电磁效应、永磁效应等；⑤光学效应，如反射、折射、衍射、光干涉、偏振、激光效应等；⑥热力学效应，如膨胀、热传导、热存储、绝热效应等；⑦核效应，如辐射、同位素效应等。同一物理效应能完成不同的功能，如物体回转的离心效应可以产生离心力（能量转换）、分离不同液体（物料分离）或测转速（信号转换）。

功能元可通过多种物理效应搜索求解，在此基础上通过科学分析和比较，选择较好的原理解。表 6-1 为部分物理功能元的原理解目录；表 6-2 为机械一次增力功能元的解法目录；表 6-3 为机械二次增力功能元的解法目录。

表 6-1　部分物理功能元的原理解目录

功能元＼解法		力学机械	液气	电磁
力的产生	静力	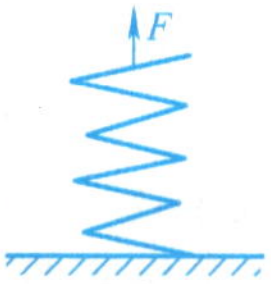 弹性能（F）　位能（h） 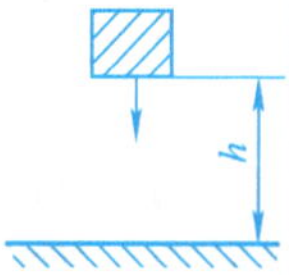	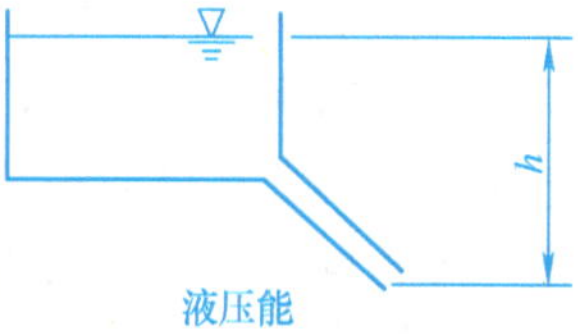 液压能（h）	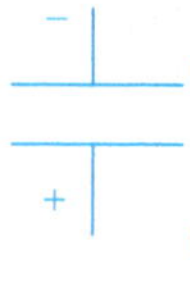 静电（+ 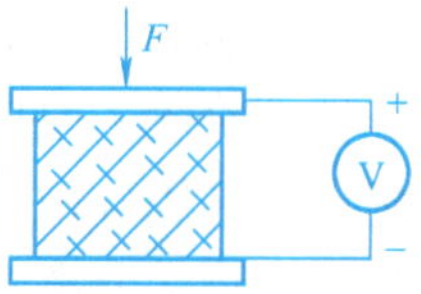 −）　压电效应（F，V，+ −）
	动力	 离心力（F）	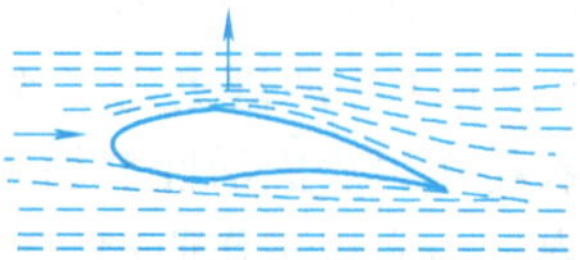 液压压力效应	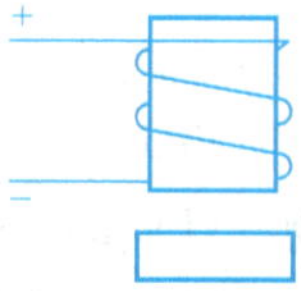 电磁效应（+ −）
摩擦阻力的产生		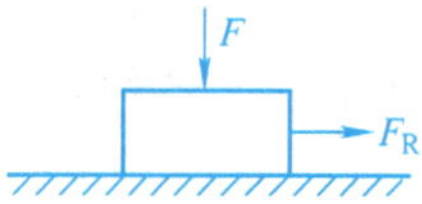 机械摩擦（F，F_R）	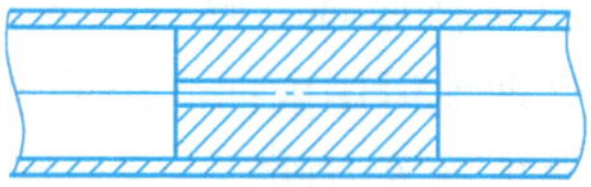 毛细管	 电阻
力 – 距离关系		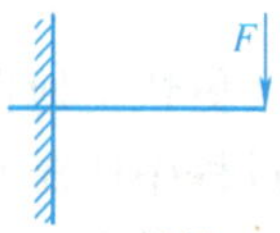 片簧（F）	 气垫（P）	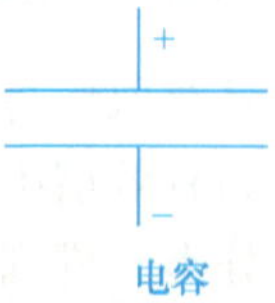 电容（+ −）
固体的分离		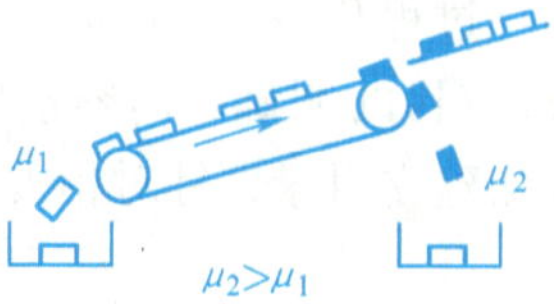 摩擦分离（μ_1，μ_2，$\mu_2>\mu_1$）	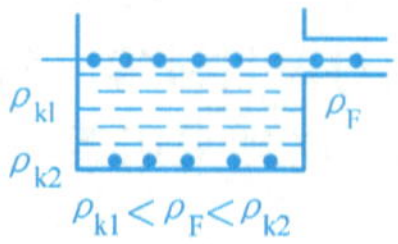 浮力（ρ_{k1}，ρ_{k2}，ρ_F，$\rho_{k1}<\rho_F<\rho_{k2}$）	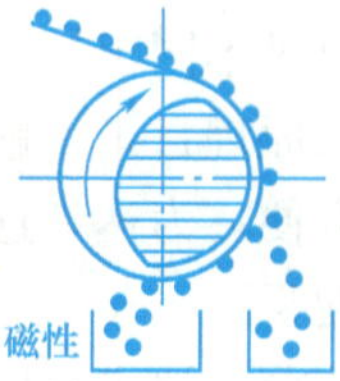 磁分离（磁性，非磁性）

（续）

解法 功能元	力学机械	液气	电磁
长度距离的放大	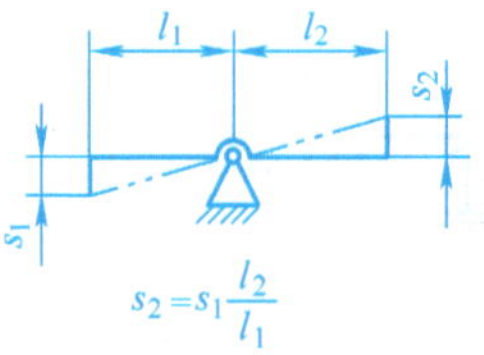 $s_2=s_1\frac{l_2}{l_1}$ 杠杆作用	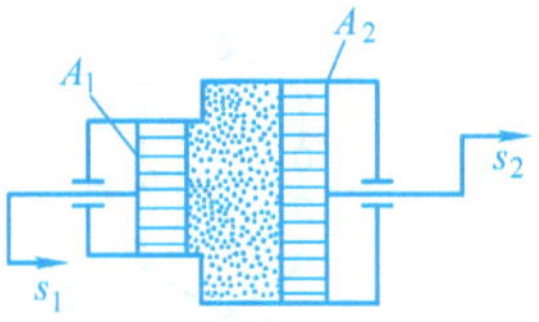 $s_2=\frac{A_1}{A_2}s_1$ 流体作用	
	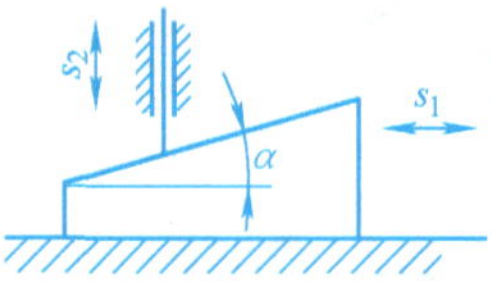 $s_2=s_1\tan\alpha$ 楔作用	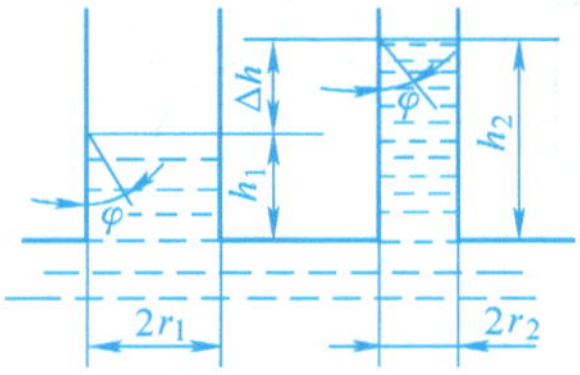 $\Delta h=h_1-h_2$　$\Delta r=r_1-r_2$ $\Delta h=-\frac{\Delta r}{r_2^2-r_1\Delta r}\cdot\frac{2\sigma\cos\varphi}{\rho g}$ 毛细管作用	

表 6-2　机械一次增力功能元的解法目录

机构	杠杆		曲杆（肘杆）	楔	斜面	螺旋	滑轮
简图	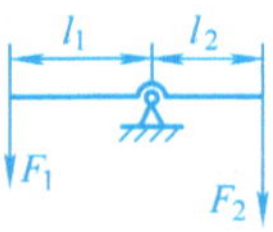	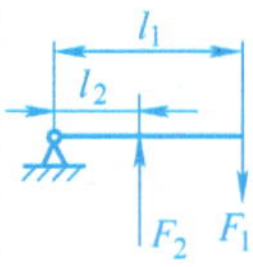	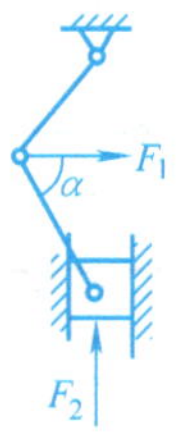	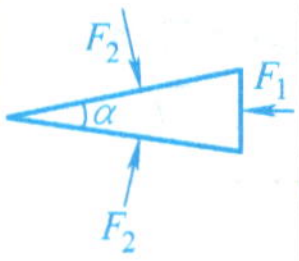	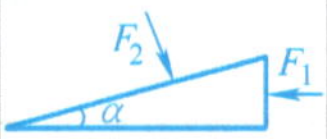		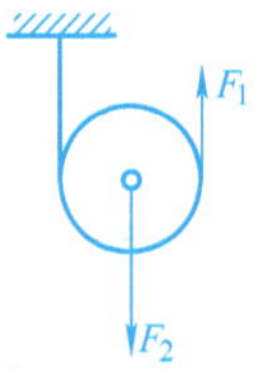
公式	$F_2=F_1\frac{l_1}{l_2}$ $(l_1>l_2)$	$F_2=F_1\frac{l_1}{l_2}$	$F_2=\frac{F_1}{2}\tan\alpha$ $(\alpha>45°)$	$F_2=\frac{F_1}{2\sin\frac{\alpha}{2}}$	$F_2=\frac{F_1}{\tan\alpha}$	$F=\frac{2T}{d_2\tan(\lambda+\rho)}$ d_2—螺杆中径 λ—螺杆升角 ρ—当量摩擦角	$F_1=\frac{F_2}{2}$

表 6-3 机械二次增力功能元的解法目录

输入 \ 输出	序号	斜面	曲杆	杠杆	滑轮
		1	2	3	4
斜面（螺旋）	1	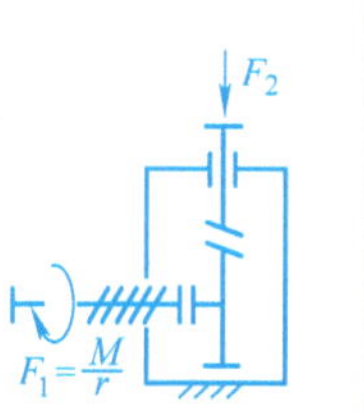	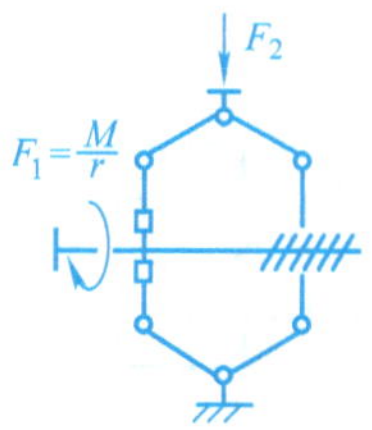	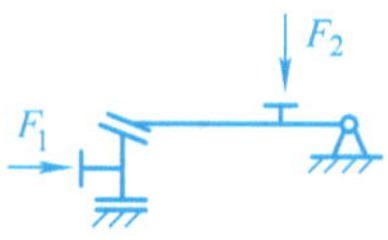	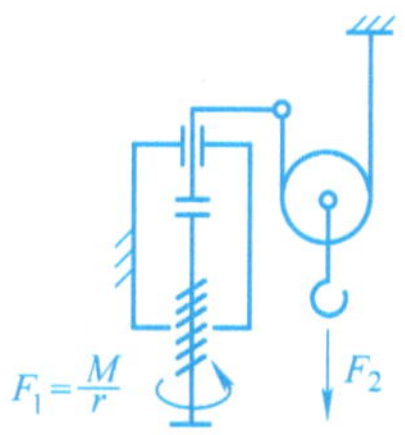
曲杆	2	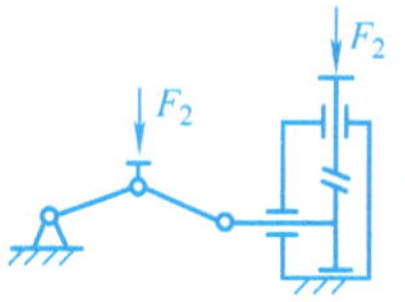	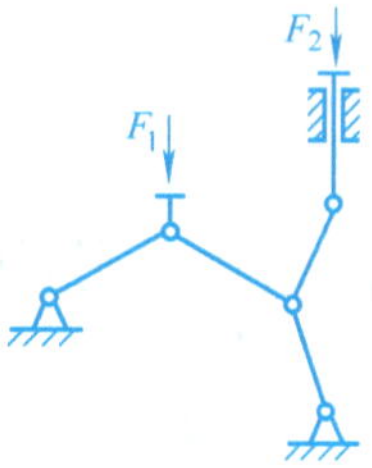	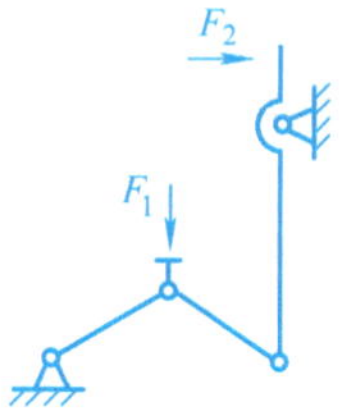	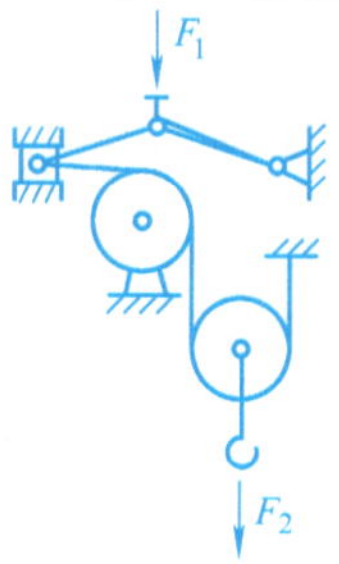
杠杆	3	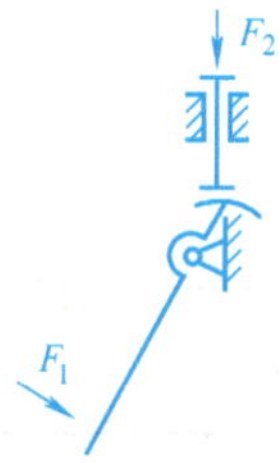		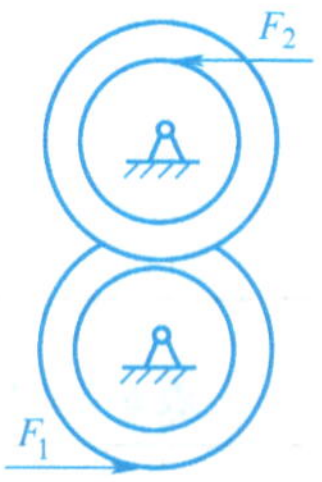	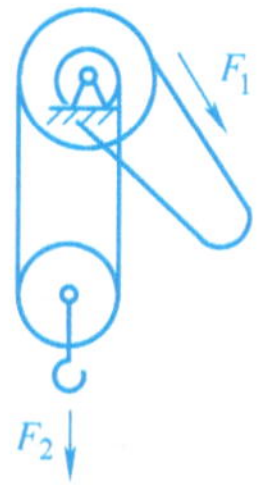
滑轮	4	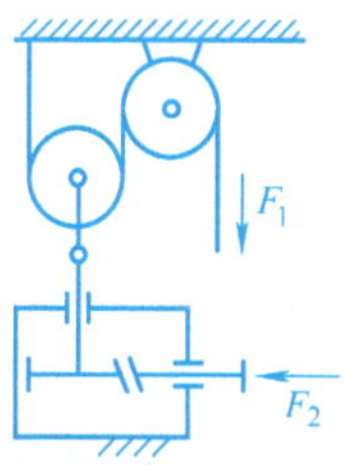	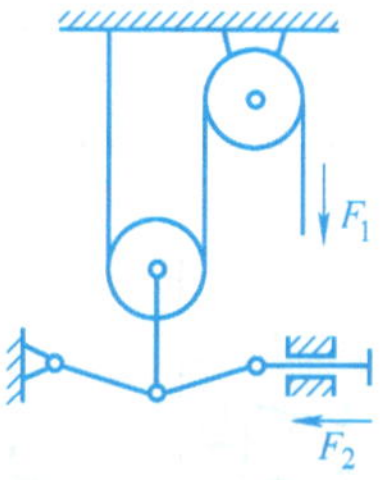	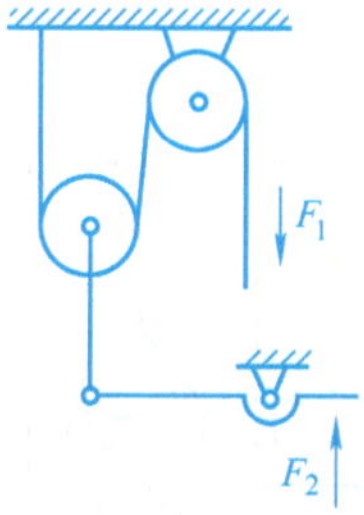	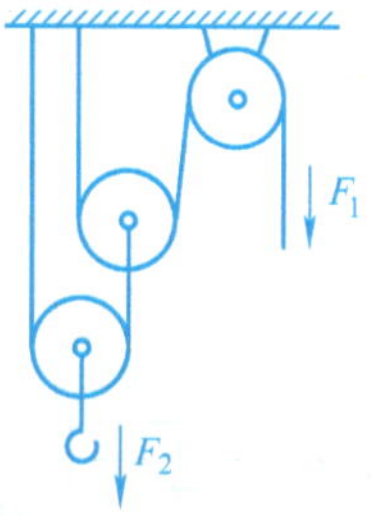

二、建立形态学矩阵，求系统原理解

当功能元解求出后，将各功能元解合理组合，可以得到多个系统原理解。一般采用形态综合法进行组合，将技术系统的功能元和相应的功能元解分别作为纵、横坐标，列出形态学矩阵，将每个功能元的一种功能元解进行有机组合即构成一个系统解。若各功能元的解分别为 n_1，n_2，…，n_m 个时，最多可以组合出 N 种方案，$N=n_1n_2\cdots n_j\cdots n_m$。

例 6-3 行走式挖掘机的原理方案分析。

（1）功能分析（见图 6-9）

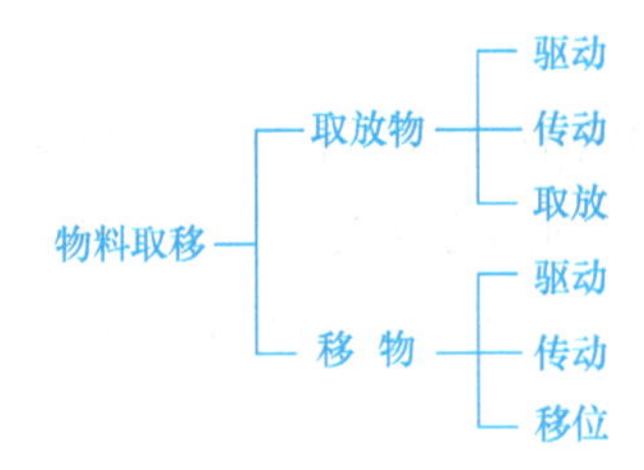

图 6-9　行走式挖掘机功能分析

（2）求功能元解　探索功能元解并列出形态学矩阵见表 6-4。

表 6-4　挖掘机的形态学矩阵

功能元	功能元解					
	1	2	3	4	5	6
A 动力源	电动机	汽油机	柴油机	汽轮机	液动机	气动马达
B 移位传动	齿轮传动	蜗杆传动	带传动	链传动	液力耦合器	
C 移位	轨道及车轮	轮胎	履带	气垫		
D 取物传动	拉杆	绳传动	气压传动	液压传动		
E 取物	挖斗	抓斗	钳式斗			

（3）方案组合　可能组合的方案数为

$$N = 6 \times 5 \times 4 \times 4 \times 3 = 1440$$

其中，根据选优比较采用 $A1 - B5 - C3 - D4 - E2$ 组合得到履带式挖掘机，采用 $A5 - B5 - C2 - D4 - E2$ 组合得到液压轮胎式挖掘机。由于上述两种挖掘机具有合理的结构形式和对特殊工况的适应能力，已在挖掘机的生产中被广泛地采用。

在多个系统解中，首先应根据不相容性和设计边界条件的限制，删去不可行和明显不理想的方案，选择较好的几个方案，通过定量的评价方法评比优化，最后求得最佳原理方案。

三、工艺动作的构思与设计

由于机械系统是靠工艺动作实现其功能的，因此系统设计的目的就是完成各种原理下工艺动作的构思和设计。这就要求我们进行方案设计时，必须仔细地研究工艺过程中提出的动作要求，把复杂的运动分解成若干基本运动，并找出能够实现这些运动动作的机构。整个工艺动作过程是由若干工艺动作按一定的顺序协调完成的。由于工艺动作设计的不同，设计出的机构运动方案也就不同；而不同的机构可能实现同一工艺动作并满足同样的要求，所以方案设计中工艺动作的设计是进行创新的重要方法。工艺动作的合理性，是机器设计成败的关键。以洗衣机的方案构思为例，如果采用人工搓揉布料的工艺动作设计洗衣机，它将包括钩爪、手臂和由四杆机构组成的机械手等相当复杂的机构；但采用旋转运动，利用水流和布料相对运动产生的摩擦除去衣料上的污垢时，就使问题大大简化了。

1. 工艺动作的常见动作形式

机械系统中常见的工艺动作形式有转动、直线运动和曲线运动等。其中转动分为连续转动、间歇转动和往复摆动；直线运动分为往复移动、间歇往复移动和单向间歇直线运动；曲线运动是指执行构件上某点的特殊运动规律，如挖掘机铲斗的运动、插秧机秧爪的插秧动作等。此外还有微动、换向和补偿等运动形式。

2. 工艺动作的构思方法

工艺动作的构思方法有基于实例的方法、仿生法和系统资源的充分利用等。

（1）基于实例的方法　基于实例的方法是按照总功能的要求，选定与之相似的成功案例，确定相应工艺动作的方法。例如设计香水礼品自动包装机的工艺动作可参照图书包装机的实例完成，由于香水礼品包装与图书包装存在大小、外形等不同，因此只需修改包装纸包裹和封口动作，将贴标签动作改为在礼品表面贴上有象征意义的图形即可。

（2）仿生法　模拟自然界各类生命体的活动过程来完成机械系统工艺动作的构思和设计。例如平版印刷机模拟人在纸上盖图章的动作，制订了放纸和上墨→铅字板移动→印刷→取纸的工艺动作。仿生法为人们提供了大量的启示案例，如直升机、鱼雷、各种机器人的设计等。

（3）系统资源的充分利用　系统资源的充分利用是指充分利用系统中的能量、材料、产品及其形状，动态调节资源，以完成工艺动作过程的方法。例如汽车发动机不仅驱动车轮，而且驱动液压泵，保证液压系统正常工作。

第四节　方案设计创新中的构型综合

构型综合是在原理综合和工艺动作构思的基础上，为实现原理解和工艺动作而进行的运动机构类型的选择与构造，零部件结构形状的设计与构造。这个阶段的工作是设计者花费时间和精力最多的阶段。作为机械系统除了能量的变换，运动的变换是最主要的变换。从功能的角度分析，放大与缩小、混合与分离、结合与分开、传导与中断、转变与复原、存储与提取都是属于运动变换的范畴，是变换的不同体现形式。从机械系统的组成来分析，动力系统、传动系统、执行系统、控制系统也都充满了运动的变换过程。而运动的变换，尤其是机械运动的变换一般都是由机构来实现的。

一、机构的构型

由原理解目录求得机械系统的原理方案后，需对工作原理进一步细化构型，构造出实现该工作原理的具体运动机构，以便下一步评价实施。例如，利用原理解目录中的杠杆原理可以采用构型的方法构造出连杆机构、齿轮机构、凸轮机构、滑轮机构等；利用楔原理可以构造出斜面机构、凸轮机构、螺旋机构等；利用流体原理也可以构造出移动气缸、液压缸，或摆动气缸等机构；利用摩擦原理又可构造出带传动、摩擦轮传动、绳传动、制动器等机构。在这些机构的基础上，通过改变功能载体的形状、尺寸、数量、材料以及机构变异、组合等创新方法，又可继续构造出各种各样的新型机构。

二、机构的选型

不同的工艺动作完成不同的运动形式变换，因此需选用不同的机构及机构间的组合。若能及时收集、归纳和总结出构型解法目录，并建立包含各种基本机构的运动和动力特性、性能、特点等特征目录供设计时综合考虑，即可方便快捷地实现原理方案设计的自动化，提高设计效率。

由于基本机构的运动特征是实现各种运动形式的变换，因此常按机构运动变换的形式来构建基本机构解法目录。表6-5列出了实现运动形式变化的常用机构，通过基本机构的组合还可以得到更多的解。完成上述基本机构解法目录的构建后，设计过程中只需在该目录中寻找实现对应工艺动作的机构，然后按照特定的设计要求顺序组合和控制即可。

表6-5 实现运动形式变化的常用机构

<table>
<tr><th colspan="5">运动形式变换</th><th rowspan="2">基本机构</th><th rowspan="2">其他机构</th></tr>
<tr><th>原动运动</th><th colspan="4">从动运动</th></tr>
<tr><td rowspan="14">连续回转</td><td rowspan="6">连续回转</td><td rowspan="4">变向</td><td rowspan="2">平行轴</td><td>同向</td><td>圆柱齿轮机构（内啮合）
带传动机构
链传动机构</td><td>双曲柄机构
回转导杆机构</td></tr>
<tr><td>反向</td><td>圆柱齿轮机构（外啮合）</td><td>圆柱摩擦轮机构
交叉带（或绳、线）传动机构
反平行四边形机构（两长杆交叉）</td></tr>
<tr><td colspan="2">相交轴</td><td>锥齿轮机构</td><td>圆锥摩擦轮机构</td></tr>
<tr><td colspan="2">交错轴</td><td>蜗杆机构
交错轴斜齿轮机构</td><td>双曲柱面摩擦轮机构
半交叉带（或绳、线）传动机构</td></tr>
<tr><td rowspan="2">变速</td><td colspan="2">减速增速</td><td>齿轮机构
蜗杆机构
带传动机构
链传动机构</td><td>摩擦轮机构
绳、线传动机构</td></tr>
<tr><td colspan="2">变速</td><td>齿轮机构
无级变速机构</td><td>塔轮带传动机构
塔轮链传动机构</td></tr>
<tr><td colspan="4">间歇回转</td><td>槽轮机构</td><td>非完全齿轮机构</td></tr>
<tr><td rowspan="2">摆动</td><td colspan="3">无急回特性</td><td>摆动从动件凸轮机构</td><td>曲柄摇杆机构（行程传动比系数 $K=1$）</td></tr>
<tr><td colspan="3">有急回特性</td><td>曲柄摇杆机构
摆动导杆机构</td><td>摆动从动件凸轮机构</td></tr>
<tr><td rowspan="4">移动</td><td colspan="3">连续移动</td><td>螺旋机构
齿轮齿条机构</td><td>带、绳、线及链传动机构中的挠性件</td></tr>
<tr><td rowspan="2">往复移动</td><td colspan="2">无急回特性</td><td>对心曲柄滑块机构
移动从动件凸轮机构</td><td>正弦机构
不完全齿轮（上下）齿轮机构</td></tr>
<tr><td colspan="2">有急回特性</td><td>偏置曲柄滑块机构
移动从动件凸轮机构</td><td></td></tr>
<tr><td colspan="3">间歇移动</td><td>不完全齿轮齿条机构</td><td>移动从动件凸轮机构</td></tr>
<tr><td colspan="4">平面复杂运动
特定运动轨迹</td><td>连杆机构（连杆运动）
连杆上特定点的运动轨迹</td><td></td></tr>
<tr><td rowspan="3">摆动</td><td colspan="4">摆动</td><td>双摇杆机构</td><td>摩擦轮机构
齿轮机构</td></tr>
<tr><td colspan="4">移动</td><td>摆杆滑块机构
摇块机构</td><td>齿轮齿条机构</td></tr>
<tr><td colspan="4">间歇回转</td><td>棘轮机构</td><td></td></tr>
</table>

例6-4 设计化工厂双杆搅拌器的机械传动装置。该传动装置中已知电动机转速 $n=960\mathrm{r/min}$，要求两搅拌杆以240次/min同步往复摆动（摆动方向不限）。

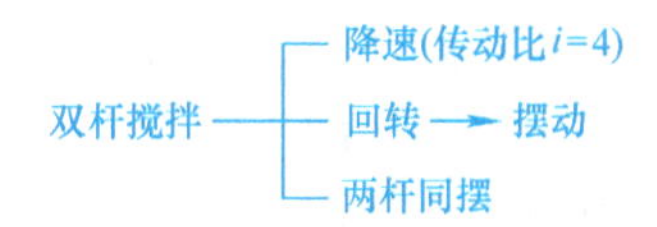

图6-10 双杆搅拌器机械传动装置的功能分析

（1）功能分析（见图6-10）

（2）机械传动方案综合 各分功能解形态学矩阵见表6-6。

表6-6 双杆搅拌器传动方案的形态学矩阵

分功能＼分功能解		1	2	3	4
A	降速（*i*=4）	齿轮传动	带传动	链传动	摩擦轮传动
B	回转→摆动	曲柄摇杆机构	摆动导杆机构	凸轮机构（摆动从动件）	
C	双杆同摆	平行四边形机构	对称凸轮（双摆动杆）		

取三种分功能的各一种解法组合得到传动装置的一种方案，可组合的最多方案数为

$$N=4\times3\times2=24$$

（3）方案评选 考虑到化工厂工作环境恶劣，且摩擦传动体积相对较大，故选用啮合传动。图6-11所示的两种方案可供进一步选择。

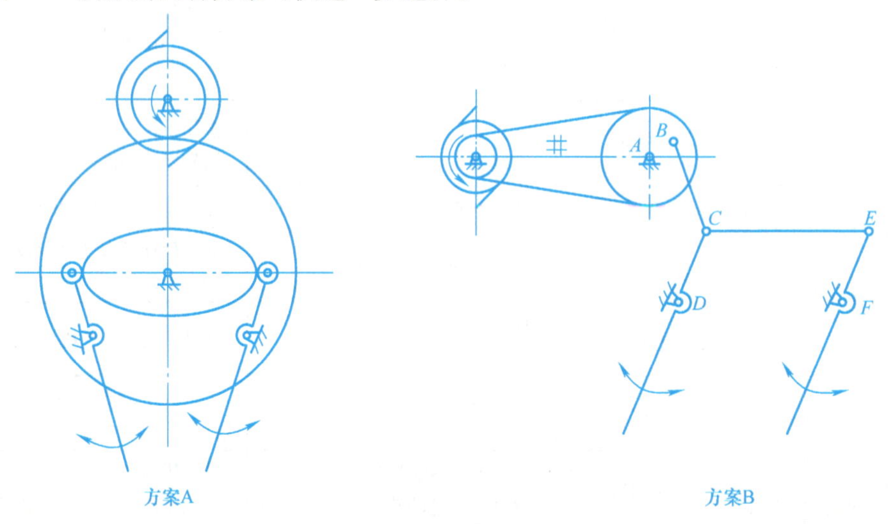

图6-11 双杆搅拌器原理方案

方案A：$A1+B3+C2$，电动机－齿轮传动－凸轮机构－对称凸轮（双摆动杆），其特点是结构紧凑。

方案B：$A3+B1+C1$，电动机－链传动－曲柄摇杆机构－平行四边形机构（双摆动杆），其特点是可远距离传动，成本较低。

三、构型综合应注意的问题

1. 应尽量满足或接近功能目标

从上述基本机构解法目录可知，满足原理要求或满足运动形式变换要求的机构种类很

多，应结合实际工作要求，从中选择较理想的几个机构，然后再评价比较，最终确定最理想的机构。例如，某纺织厂要设计一种小型钉扣机，经分析可知其执行机构的运动规律要求准确且复杂，可用连杆机构、凸轮机构、气液动机构等完成工作。连杆机构尺寸大、结构复杂，且不易实现准确运动规律；而气液动机构的载体气、液易泄漏，不能满足环保要求，且温度变化对运动的准确性影响较大，故不宜采用；凸轮机构结构简单，能实现准确的运动规律，加之纺织机械载荷小，能保证凸轮机构的工作寿命，因此最终选用凸轮机构。

2. 要力求结构简单，运动链短

结构简单主要体现在运动链要短，构件与运动副数量要少，结构尺寸要适度，布局要紧凑。坚持这些原则，可使材料消耗少，成本低。而且当运动链短、运动副数量少时，机构传递运动时积累的误差就少，运动副的摩擦损失就小，有利于提高机构的运动精度与机械的效率。

3. 要方便加工制造，提高精度

在平面机构中，低副机构比高副机构容易制造；在低副机构中，转动副比移动副容易保证配合精度。因此，应优先选用转动副多的低副机构。

4. 要保证良好的动力特性

现代机械系统运转速度一般都很高，因此应对高速运转机械的动平衡问题应给予高度重视。在高速机械中应尽量不采用杆式机构，若必须采用，则要考虑合理布置，力争达到动平衡。例如两套结构尺寸相同的曲柄滑块机构，若按图 6-12a 所示方法布置，可以使总惯性力得到完全平衡；而按图 6-12b 所示方法布置，则其总惯性力只得到部分平衡，但机构所占空间要小一些。

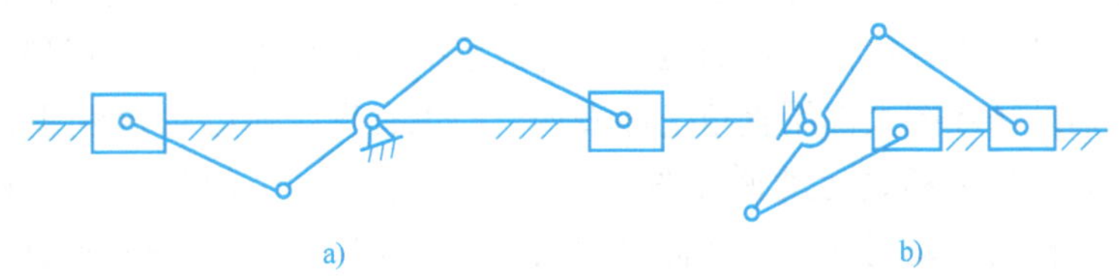

图 6-12　连杆机构合理布置的方法

5. 尽量选用机械效益和机械效率高的机构

机械效益是衡量机构省力程度的一个重要标志，机构的传动角越大，压力角越小，机械效益越高。构型与选型时，可采用最大传动角的机构，以减小输入轴上的转矩。机械效率反映了机械系统对机械能的有效利用程度，为提高机械效率，除了力求结构简单外，还要选用高效率机构。

6. 要考虑动力源及其形式

若有调速要求，且气、液源获取方便时，为简化结构，优先选用气动、液压机构。若用电获取方便，且原动件的运动形式是转动，应优先选用电动机。若机械系统工作地点经常变动，则选用各类发动机或燃料电池等动力源，如汽车等输送系统。

四、机械系统的运动协调设计

机械系统中有很多机械是由几个简单的基本机构组成的，它们之间没有进行任何连接，而是独立存在，但它们之间的运动却要求互相配合、协调动作，称此类设计问题为机械系统的运动协调设计。现代机械中，运动协调设计有两种途径：其一是通过对电动机的时序控制实现机械的运动协调设计，这类方法简单实用，但可靠性差些；其二是通过机械手段实现机械的运动协调设计，这类方法同样简单实用，但可靠性好些。下面介绍通过机械手段实现运动协调设计的方法。

1. 机械系统的运动协调

有些机械的动作单一，如钻床、卷扬机、打夯机等机械都是完成较简单的工作，无须进行运动协调设计。但也有很多机械动作较为复杂，要求执行多个动作，各动作之间要求协调运动，以完成特定的工作。例如压力机的设计中，为保证操作人员的人身安全，要求冲压动作与送料动作必须协调，否则会发生机器伤人事故。

在图 6-13 所示压力机中，机构 *ABC* 为冲压机构，机构 *FGH* 为送料机构。要求在冲压结束后，冲压头回升过程中开始送料，到冲压头下降过程的某一时刻完成送料并返回原位，冲压机构与送料机构的动作必须协调。冲压机构 *ABC* 的设计可按冲压要求设计，送料机构 *FGH* 不但要满足送料位移要求，而且其尺寸与位置必须满足运动协调的条件。设计时可通过连杆 *DE* 连接两个机构。

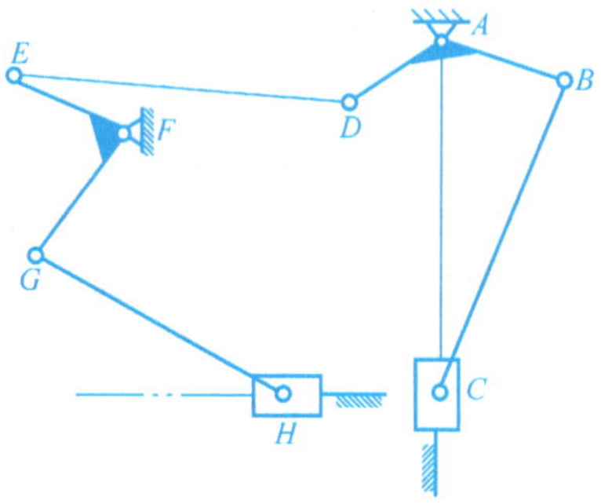

图 6-13 压力机系统

2. 运动循环图的设计

设计有周期性运动循环的机械时，为了使各执行机构能按照工艺动作有序地互相配合动作，提高生产率，必须进行运动循环设计。这种表明在机械的一个工作循环中各执行机构的运动配合关系的图形称为机械运动循环图。

执行机构的运动循环图大都用直角坐标表示，但也有直线式运动循环图和圆周式运动循环图。这里仅介绍直角坐标式运动循环图。图 6-14 所示为一个简易压力机的运动循环图，横坐标表示执行机构的运动周期，纵坐标表示执行机构动作。每一个执行机构的动作均可在运动循环图上表示，通过合理设计可以实现它们之间的协调配合。

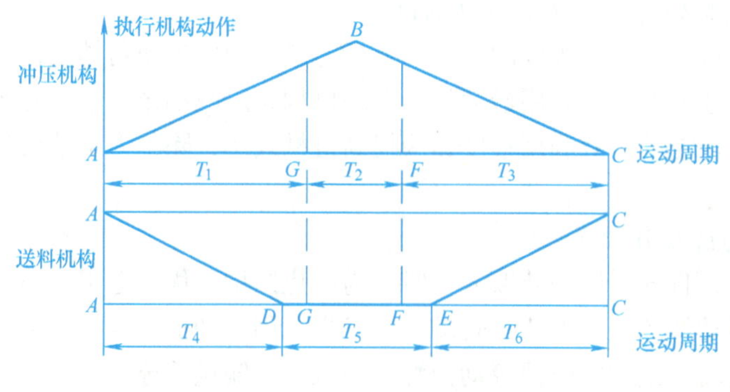

图 6-14 简易压力机运动循环图

图 6-14 中的上图为压力机冲压机构的运动循环图，*AB* 为工作行程，*BC* 为回程，其中 *GF* 为冲压过程。下图为送料机构的运动循环图，*EC* 为开始送料阶段，*AD* 为退出送料阶段。在冲压阶段，送料机构必须在 *DE* 阶段不动，使其运动不发生干涉。

运动循环图的设计结果不是唯一的，设计过程中要使机构之间的运动协调实现最佳配合。

第五节　机械系统方案设计的评价

在原理方案设计中，为了获得技术上可行、性能上先进、经济上合理，能可靠地实现用户要求的新方案，必须对设计出的各种方案进行评价。只有通过评价，才能确定价值优化的合理方案。我们的价值目标是以最低的成本获取最大的功能，只有价值高的创造才具有生命力。

评价不仅要对方案进行科学的分析和评定，还应针对方案技术、经济方面的弱点加以改进和完善。因此，评价实质上也是产品开发的优化过程。

为了对原理方案进行客观的、科学的、量化的总体评价，获得一个综合性能最佳的方案，必须建立一个原理方案的评价体系。所谓评价体系，是通过一定范围内的专家咨询，确定作为评价依据的评价指标和评价方法。评价体系的建立是围绕价值目标进行的，对不同的设计任务应根据具体情况，拟订不同的评价体系。

一、评价内容

作为原理方案的评价体系，一般应包括技术评价、经济评价、社会评价三个方面的内容，主要内容如下：

（1）功能性　是否能顺利地完成机械产品的预期功能目标，与同类产品比较是否具有先进性和新颖性，其工作原理是否有创新或突破。

（2）经济性　从产品的设计制造成本和运行成本两方面评价，如设计制造的难易程度、材料的价格和耗费情况、产品使用周期的长短、能耗大小等。

（3）可操作性　产品操作是否方便、简单，人机关系的协调性能如何等。

（4）安全性　包括产品本身的安全性及对人身和环境的安全性问题，如产品是否具有安全保护装置、对操作者有无采取安全防护措施、是否考虑环境保护问题等。

（5）可推广性　从方案实施的市场效应、社会影响、可持续发展情况等方面评价。

由于原理方案设计是机械设计过程的前期阶段，还没涉及具体的设计和制造，因此以上评价内容只是对预期结果的评价，完全准确的评价还在于产品完全投入市场之时。通过评价有助于及时发现和纠正问题，以免造成更大的损失。

二、评价指标

根据评价内容，通过对具体产品的分析和征集有关专家的意见，即可选择主要的要求和约束条件作为评价指标。

评价指标是由原理方案设计所应满足的要求而确定的。评价指标的总数不宜过多，一般不要超过6~8项，否则容易掩盖主要影响因素，不利于优良方案的选出。关于原理方案的评价指标见表6-7。

表6-7 原理方案的评价指标

序号	评价指标	加权系数	定性描述与相对应得分					
			5	4	3	2	1	0
1	功能目标完成情况	0.2	理想	较好	一般	较差	差	太差
2	方案复杂程度	0.15	简单	较简单	一般	较复杂	复杂	太复杂
3	方案实用性	0.15	实用	较实用	一般	可用	勉强实用	不实用
4	方案可靠性	0.1	可靠	较可靠	一般	差	较差	不可靠
5	方案新颖性	0.1	新颖	较新颖	一般	较陈旧	陈旧	太陈旧
6	方案经济效益	0.05	高	较高	一般	较低	低	太低
7	方案可推广性	0.05	好	良好	一般	较差	差	无推广性
8	方案可操作性	0.05	好	良好	一般	较差	差	不可操作
9	方案先进性	0.05	先进	较先进	一般	较差	差	太差
10	环境问题重视程度	0.1	很重视	重视	一般	较差	差	没考虑

三、评价方法

以原理方案的评价指标作为评价依据，对各个评价指标进行定性或定量的评价。具体评价方法有许多种，如评分法、模糊综合评价法、系统工程评价法等。下面主要介绍评分法。

评分法是用分值大小作为衡量方案优劣的定量评价。首先应对参评的各项指标进行评分，然后经加权计算再求各项指标分值的总分，作为方案评价的得分，并以此来衡量原理方案的优劣，分值高者为优。

1. 评分

对原理方案的大多数评价指标，评价时只能先用理想、较好等形容词进行定性描述，然后再根据评分标准确定出相应的分值。评分标准可采用5分制或10分制。如采用5分制，则“理想状态”取为5分，“太差”或“不能用”取为0分，具体可见表6-7。

在评分时一般采用集体评分法，以减少个人主观因素对分值的影响。对几个评分者所评的分数取平均分或去除最高分、最低分后的平均分作为有效分值。

2. 加权计分法

对于多评价目标的方案，在求其方案总分时常采用加权计分法。

对原理方案有多项评价指标时，各项评价指标的重要性不尽相同。为反映评价指标的重要程度，应根据各项指标的相对重要性设置加权系数。各项指标的重要性取决于该项指标所代表的内容对整个方案的影响程度，影响大的加权系数值就大，反之加权系数值就小。为便于分析计算，取各评价指标的加权系数 $g_i<1$，且 $\sum g_i=1$，见表6-7。

每项评价指标的加权系数值可根据经验确定，也可用判别表法计算求出。例如，对某洗衣机进行评价，共选出6个评价指标，这6个评价指标依次是价格、洗净度、维修性、寿命、外观和耗水量。将上述评价指标列于判别表的纵、横两栏中，然后根据其重要程度一一对应地进行比较。如果两指标同等重要，分别为这两项指标各记2分；如果某一项指标比另一项重要，分别记3分和1分；如果某一项指标比另一项重要得多，则分别记4分和0分。然后求出每项指标的全部得分 k_i，用 $g_i = k_i \Big/ \sum_{i=1}^{6} k_i$ 计算每项指标的加权系数。记分和加权系数的计算结果见表6-8。

表6-8　洗衣机评价指标加权系数计算表

比较指标 / 评价指标	价格	洗净度	维修性	寿命	外观	耗水量	k_i	加权系数 $g_i=\frac{k_i}{\sum_{i=1}^{6}k_i}$
价格	×	3	4	4	4	4	19	0.31
洗净度	1	×	3	3	4	4	15	0.25
维修性	0	1	×	2	3	4	10	0.17
寿命	0	1	2	×	3	4	10	0.17
外观	0	0	1	1	×	3	5	0.08
耗水量	0	0	0	0	1	×	1	0.02
							$\sum_{i=1}^{6}k_i=60$	$\sum_{i=1}^{6}g_i=1$

在进行方案总分计算时，应将各指标的分值 P_i 乘以加权系数 g_i 后再求和，即

$$N=\sum P_i g_i$$

式中　N——方案总分；

P_i——各评价指标的分值；

g_i——各评价指标的加权系数。

表6-9为三种方案汽车发动机的三项基本性能的评分。由表中数据可知，方案 C 最好。

表6-9　三种方案汽车发动机的三项基本性能的评分

性能指标	燃料消耗		单位功率质量		寿命		总分
加权系数 g_i	0.5		0.2		0.3		
方案	P_1	P_1g_1	P_2	P_2g_2	P_3	P_3g_3	$\sum P_ig_i$
A	2	1.0	3	0.6	4	1.2	2.8
B	3	1.5	3.5	0.7	3	0.9	3.1
C	5	2.5	4.5	0.9	2	0.6	4.0

通过上述方法对原理方案进行评价，可以比较直观地了解原理方案各项性能指标的优劣，为进一步决策选优提供依据。

第六节　机械原理方案创新设计实例

本节以抓斗的原理方案创新设计为例，介绍原理方案创新设计的方法。

抓斗是重型机械的一种取物装置，主要用来就地装卸大量散粒物料，用于港口、车站、矿山和林场等处。目前使用的一些抓斗还不能完全满足装卸要求，长撑杆双颚板抓斗虽应用广泛，但由于其具有闭合结束时闭合力呈减小趋势的致命弱点，影响抓取效果。其他类型的抓斗虽有使用，但不很普及，也各自存在缺点，故市场上迫切需要有一种装卸效率高、作业快、功能全、适用广的散货抓斗。本例从设计方法学和创造学的角度出发，通过对抓斗的功

能分析，确定可变元素，列出形态学矩阵，组合出多种抓斗原理方案，通过评价择优，从而得出符合设计要求的原理方案，为设计人员提供抓斗原理方案设计的新思路。

一、设计任务

在分析调查的基础上，运用缺点列举法、希望点列举法等创新技法，制订出抓斗开发的设计任务书，见表6-10。

表6-10 抓斗开发设计任务书

要求	内 容
功能方面	1）抓取性能好，有较大的抓取力 2）装卸效率高 3）装卸性能好，空中任一位置颚板可闭合、打开 4）闭合性能好，能防散漏 5）适用范围广，既可抓小颗粒物料，也可抓大颗粒物料
结构方面	1）结构新颖 2）结构简单、紧凑
材料方面	1）材料耐磨性好 2）价格便宜
人机工程方面	操作方便，造型美观
经济、使用安全等方面	1）尽量能在各种起重机、挖掘机上配套使用 2）维护、安装方便，工作可靠，使用安全 3）总成本低廉

二、功能分析

运用反求工程设计方法，对起重机一般取物装置做反求分析，可得起重机功能树，如图6-15所示。

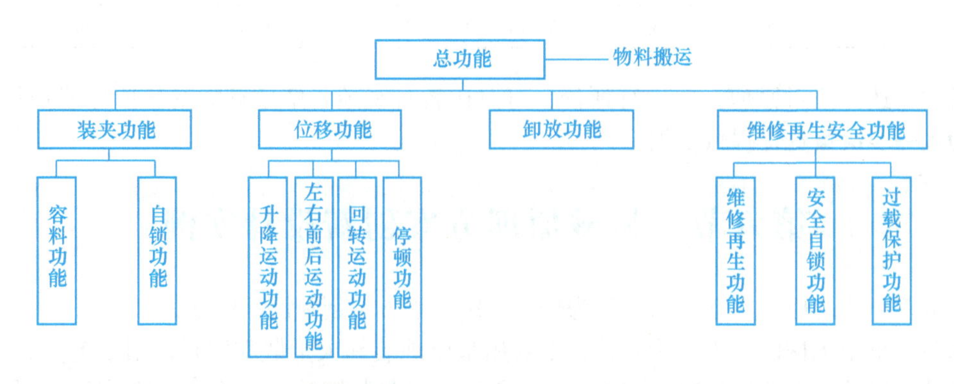

图6-15 起重机功能树

由现有抓斗可知，抓斗的主要特点是颚板运动，结合设计任务书，可得抓斗的功能树，如图6-16所示。

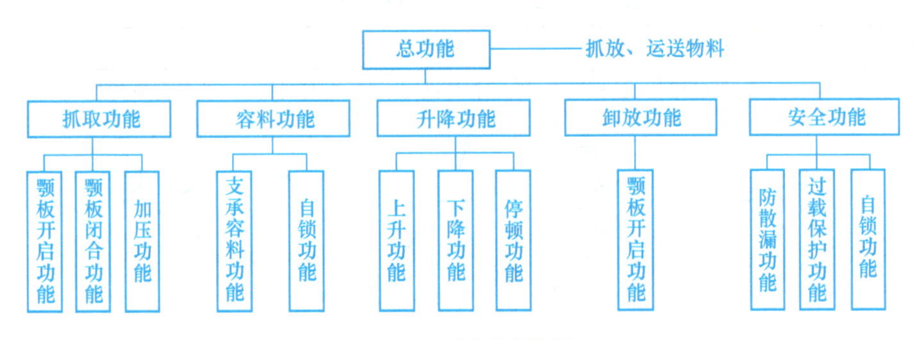

图 6-16 抓斗功能树

抓斗的功能结构图如图 6-17 所示，它包括了对系统的输入及输出的适当描述，为实现其总功能所具有的分功能和功能元以及它们之间的顺序关系。

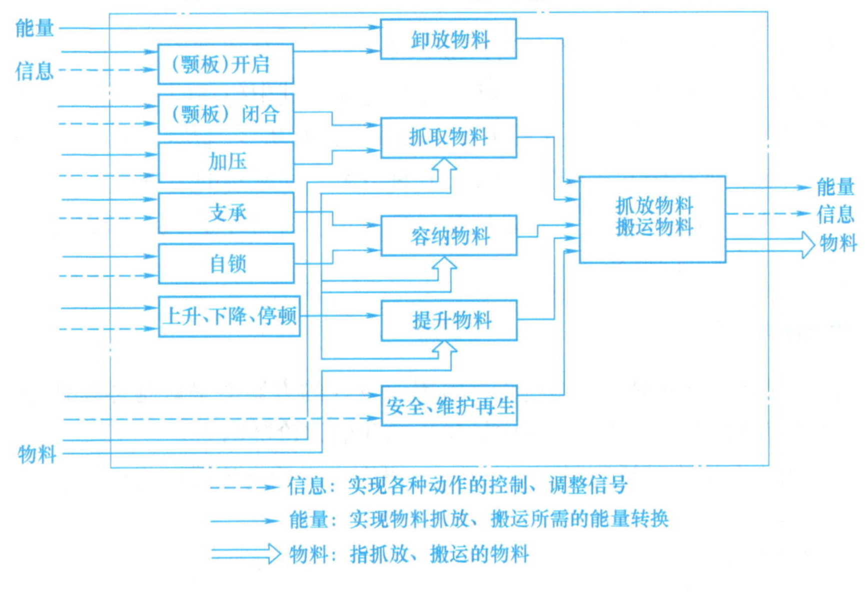

图 6-17 抓斗功能结构图

三、功能求解

确定了功能结构图，也就明确了为实现其总功能所具有的分功能和功能元以及它们之间的相互关系，利于寻找实现分功能和功能元的作用效应。

按设计方法学理论，如果一种作用效应能实现两个或两个以上的分功能或功能元，则机构将大为简化。运用反求工程设计方法，确定抓斗可变元素为：

A——能实现支承、容料和启闭运动的原理机构；

B——能完成启闭动作、加压、自锁的动力装置（即动力源形式）。

运用各种创新技法，对可变元素进行变换（即寻找作用效应），建立形态学矩阵，见表 6-11。

表 6-11 抓斗原理方案形态学矩阵

<table>
<tr><td>可变元素</td><td colspan="7">变 体</td></tr>
<tr><td></td><td>单(多)铰链杆</td><td colspan="2">连杆机构</td><td>杠杆机构</td><td>螺杆机构</td><td>齿轮齿条机构</td><td>其他</td></tr>
<tr><td>颚板启闭机构 A(平面图)</td><td> 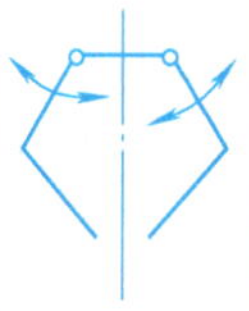A_1</td><td colspan="2"> 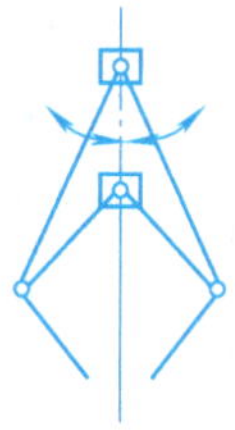A_2</td><td> 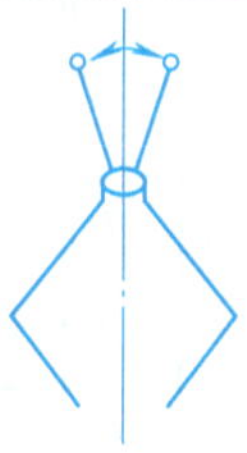A_3</td><td> 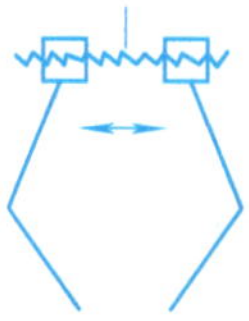A_4</td><td> 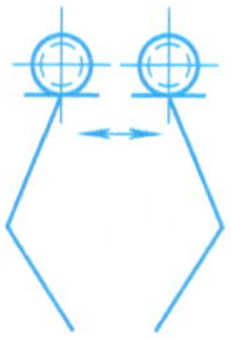A_5</td><td>…</td></tr>
<tr><td rowspan="2">(启闭、加压、自锁)动力源形式 B</td><td rowspan="2">绳索-滑轮 B_1</td><td colspan="2">电力机构 B_2</td><td rowspan="2">液压 B_3</td><td rowspan="2">气动 B_4</td><td rowspan="2">…</td><td rowspan="2"></td></tr>
<tr><td>螺杆传动 B_{21}</td><td>齿轮传动 B_{22}</td></tr>
</table>

理论上表中任意两个元素的组合就可形成一种抓斗的工作原理方案。尽管可变元素只有 A、B 两个，但理论上可以组合出 $5\times5=25$ 种原理方案，其中包括明显不能组合在一起的方案。经分析得出明显不能组合在一起的方案有 A_2B_{22}、A_4B_1、A_4B_{22}、A_4B_3、A_4B_4、A_5B_1、A_5B_{21}、A_5B_3、A_5B_4，把这些方案排除，剩下 16 种方案，而常见的一些抓斗工作原理方案基本包含在这 16 种内，如 A_1B_1 组合，就是耙集式抓斗的工作原理方案。除此之外，这 16 种方案中包含了一些创新型的抓斗。

四、方案评价

方案评价过程是一个方案优化的过程，希望所设计的方案能最好地体现任务书的要求，并将缺点消除在萌芽状态，为此从矩阵中抽象出抓斗的评价准则为：

A——抓取力大，适应难抓物料；　B——可在空中任一位置启闭；

C——装卸效率高；　D——技术先进；

E——结构易实现；　F——经济性好，安全可靠。

根据这六项评价准则，对抓斗可行原理方案进行初步评价，见表 6-12。

表 6-12 抓斗可行原理方案初步评价

抓斗方案	评价准则						评判意见
	A	B	C	D	E	F	
A_1B_1 耙集式抓斗	×	√	×	√	√	√	
A_1B_4	√	√	√	√	√	√	√
A_2B_1 长撑杆抓斗	×	√	×	√	√	×	
A_1B_{21}	√	√	×	√	√	×	
A_1B_3	√	√	√	√	√	√	√
A_2B_3	√	√	√	√	√	√	√
A_2B_4	√	√	√	√	√	√	√
A_3B_1	√	√	×	√	√	√	

（续）

抓斗方案	评价准则						评判意见
	A	*B*	*C*	*D*	*E*	*F*	
A_3B_{21}	√	√	×	√	√	×	
A_3B_{22}	√	√	×	?	√	×	
A_3B_3	√	√	√	√	√	√	√
A_3B_4	√	√	√	√	√	√	√
A_4B_{21}	√	√	×	√	√	×	
A_5B_{22}	√	√	√	√	√	×	
A_1B_{21}	√	√	×	√	√	√	
A_1B_{22}	√	√	?	?	√	×	

注：“√”表示能实现或能满足准则要求；“×”表示不满足或不能实现准则要求；“?”表示信息量不足，待查。

从表6-12中可知，能满足6项准则的有6种方案，分别为A_1B_3、A_1B_4、A_2B_3、A_2B_4、A_3B_3、A_3B_4。为了进一步缩小搜索区域，在确定最佳原理方案之前，应及时进行全面的技术经济评价和决策。

研究这6种初步评价获得的可行方案后发现：为了实现装卸效率较高，动力源形式可选择液压或气压。为了进一步筛选取优，在此可以对液动和气动做一比较，见表6-13。

表6-13　动力源采用液动和气动的抓斗性能比较

比较内容	气动	液动	比较内容	气动	液动
输出力	中	大	同功率下结构	较庞大	紧凑
动作速度	快	中	对环境温度适应性	较强	较强
响应性	小	大	对湿度适应性	强	强
控制装置构成	简单	较复杂	抗粉尘性	强	强
速度调节	较难	较易	能否进行复杂控制	普通	较优
维修再生	容易	较难			

由表6-13可知，液压传动相比气压传动具有明显的优点，液压传动的抓斗功率密度大，结构紧凑，质量轻，调速度性能好，运转平稳可靠，能自行润滑，易实现复杂控制。气压传动抓斗的明显优点是：结构简单，使用维护方便，成本低，工作寿命长，工作介质的传输简单且易获得。

对于抓斗的设计，要求抓取能力强，质量轻，结构紧凑，经济性好，维护方便。通过分析比较，权衡利弊，选择液压传动作为控制动力源更好。

经过筛选后，剩下3种方案，即A_1B_3、A_2B_3、A_3B_3。将这三种方案进行初步构思，并画出其简图，如图6-18所示。

A_1B_3组合为液压双颚板或多颚板抓斗，需两个或两个以上液压缸。

A_2B_3组合为液压长撑杆双颚板或多颚板抓斗，只需一个液压缸。

A_3B_3组合为液压剪式抓斗，需两个液压缸。

通过以上的分析，经过评价筛选确定了这三种抓斗原理方案。针对这三种方案，对照设计任务书做进一步的定性分析，见表6-14。

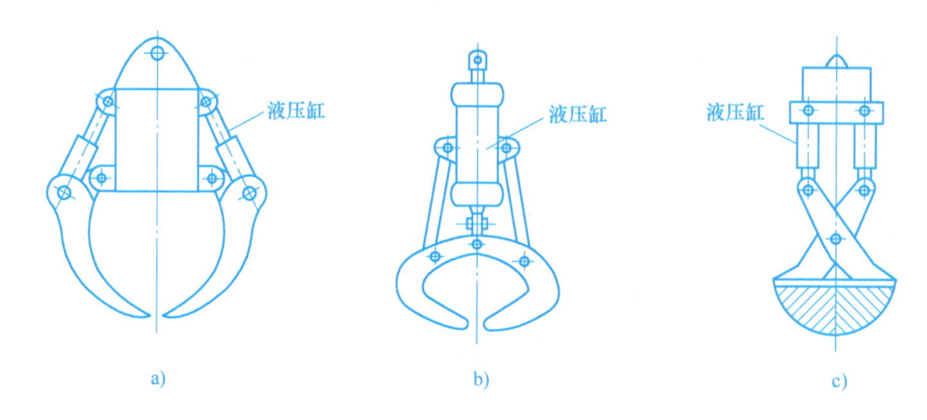

图6-18　A_1B_3、A_2B_3、A_3B_3三种方案简图

表6-14　A_1B_3、A_2B_3、A_3B_3性能比较

	抓取性能	闭合性能	适用范围	液压缸行程	结构复杂程度
A_1B_3	好	好	广	较小	较复杂（2个以上液压缸）
A_2B_3	好	差	一般	较小	简单（1个液压缸）
A_3B_3	好	好	一般	大	一般（2个液压缸）

从表6-14中得出：A_1B_3能较好地满足设计要求，其不足之处是结构稍复杂；A_2B_3无法防止散漏这一至关重要的性能要求；A_3B_3液压缸行程大，这在技术上很难实现。因此，最后确定A_1B_3为最佳原理设计方案。

第七章 机械结构的创新设计

机械结构设计是在总体设计的基础上，根据所确定的原理方案，决定满足功能要求的机械结构，即将机构和构件具体化为某个零部件的形状、尺寸、位置、数量等具体结构，以实现机械对它的工作要求。在结构设计中，要考虑材料的力学性能、零部件的功能、工作条件、加工工艺、装配、使用等各种因素的影响。因此，结构设计是机械设计中涉及问题最多、最具体、工作量最大的阶段。工程知识是从事结构设计工作的前提，巧妙构型与组合是结构创新设计的核心。

第一节 实现零件功能的结构设计与创新

在结构设计过程中，设计者首先应掌握各种零件实现功能的工作原理，提高零件工作性能的方法与措施，还要具备善于联想、类比、组合、分解及移植等创新技法，这样才能在结构设计时根据零件的功能构造它们的形状，确定它们的位置、数量、联接方式等结构要素，更好地实现零件应具备的功能要求。

一、功能分解

每个零件的不同部位承担着不同的功能，具有不同的工作原理。若将零件功能分解、细化，则会有利于提高其工作能力，有利于开发新功能，从而使零件整体功能更趋于完善。

例如螺钉是一种最常用的联接零件，其主要功能是联接。联接可靠、防止松动、抵抗破坏能力是设计的主要目标。若将各部分功能进行分解，则更容易实现整体功能目标。螺钉功能可分解为螺钉头、螺钉体、螺钉尾三个部分。螺钉头又可分为扳拧功能与支承功能；而螺钉体可分为定位功能与联接功能；螺钉尾则为导向与保护功能。

螺钉头的扳拧功能应与扳拧工具、操作环境相结合进行结构创新设计。根据所需拧紧力矩的大小，变换功能面的形状、数量和位置，可得到螺钉头的多种设计方案。图 7-1 所示为 12 种螺钉头扳拧结构。其中，前三种（图 7-1a、b、c）头部结构使用一般活动扳手拧紧，即可获得较大的预紧力，但不同的头部形状所需的最小工作空间不同；第四种（图7-1d）滚花形螺钉头和第五种（图 7-1e）蝶形螺钉头主要用于手工拧紧，不需要专门工具，使用方便，但预紧力较小；第六、七、八种方案（图 7-1f、g、h）的扳手作用在螺钉头的内表面，可使螺纹联接表面整齐美观，但需专用扳手；最后四种（图 7-1i、j、k、l）分别是用十字和一字槽螺钉旋具拧紧的螺钉头部形状，所需工作空间小，但拧紧力矩也小。可以想象，螺钉头部形状的设计方案还有许多种，只是不同的头部形状需要用不同的专用工具拧紧，故在设计新的螺钉头部形状方案时，要同时考虑拧紧工具的形状和操作方法。为提高装配效率，简化扳拧工具，还推出了一种内六角花形、外六角与十字槽组合式的螺钉头，使其功能得到扩展，如图7-2所示。

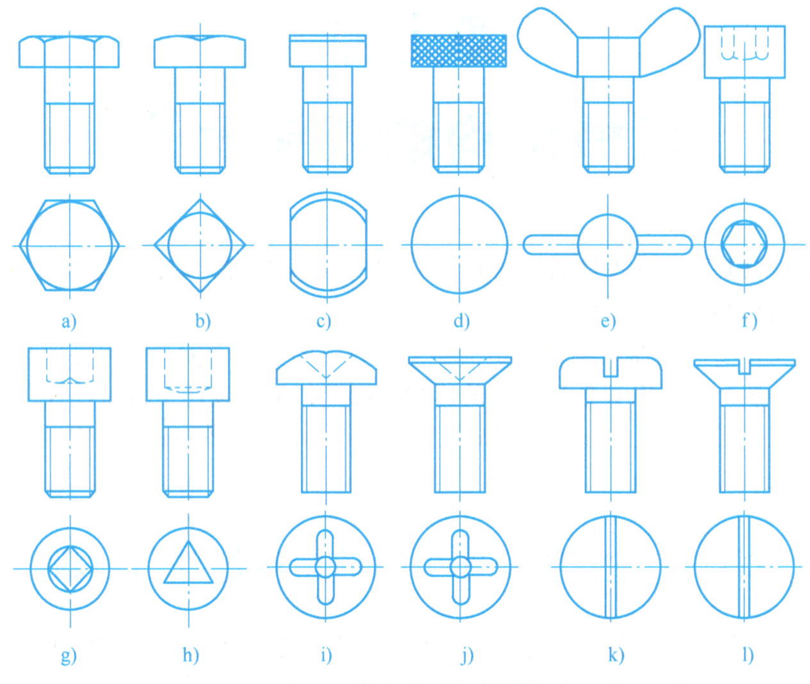

图7-1 螺钉头的扳拧结构

螺钉头的支承功能是由与被联接件接触的螺钉头部端面实现的，这个端面称为接合面。对于不同材料的被联接件和不同强度要求的联接，接合面的形状、尺寸也不同。图7-3a所示为一种法兰面螺钉头结构，它不仅实现了支承功能，还可以提高联接强度，防止松动。若进一步扩大接合面的功能，将接合面制成齿纹，则防松功能将会增倍，称为三合一螺钉，如图7-3b所示。

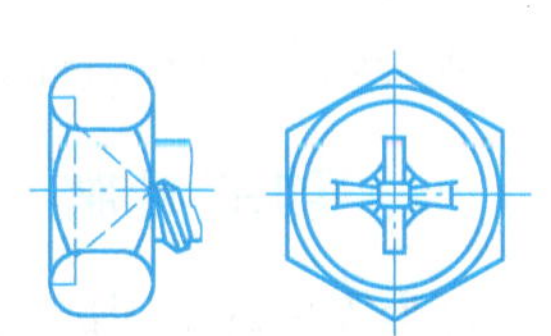
图7-2 组合式螺钉头

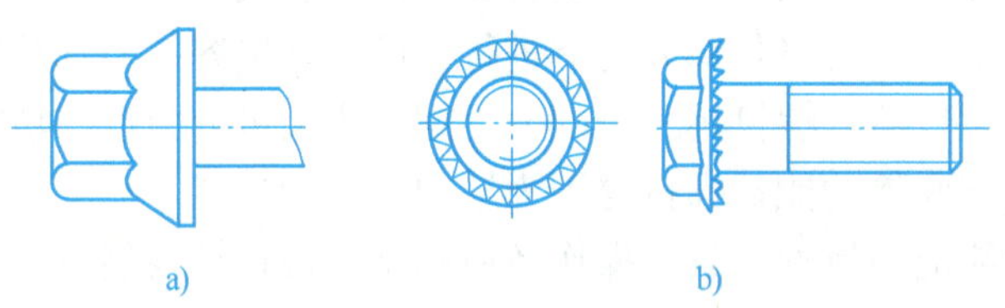

图7-3 法兰面螺钉头

螺钉体的定位功能是由非螺纹部分的光轴实现的。例如铰制孔用螺纹的光轴部分，不仅有形状、尺寸要求，还有公差要求。螺纹部分的功能是联接，是螺钉的核心结构，其工作原理是靠摩擦力实现联接。要想联接可靠，就希望摩擦力增大，而当量摩擦因数最大的剖面形状是三角形，因此联接螺纹采用的是三角形螺纹。

螺钉尾的功能主要是导向，为方便安装一般应制有倒角。为进一步扩大螺钉尾功能，可设计成自钻自攻的尾部结构，如图7-4所示。它们或将螺纹与丝锥的结构集成在一起（图7-4a)，或将螺纹与钻头的功能集成在一起（图7-4b、c)，使螺纹联接结构的加工与安装更方便。这种螺钉常用于建筑业、汽车制造业的多层板或大型面板的联接，简化了加工、装配过程，具有良好的经济效益。另外，为保护螺钉尾端不受碰伤与紧定可靠，可做成平端、锥端、短圆柱端、球面端等多种结构形状。

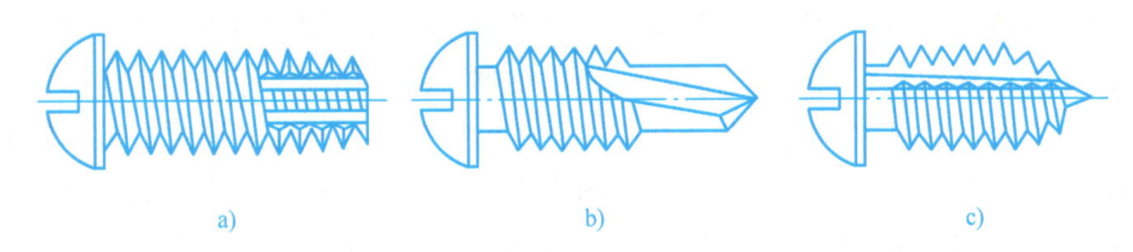

图 7-4　自钻自攻螺钉结构

零件结构功能分解的内容非常丰富，为了获得更完善的零件功能，在结构创新设计中可尝试进行功能分解的方法，再通过联想、类比与移植等创新原理进行功能的扩展或新功能的开发。

二、功能组合

功能组合是指一个零件可以实现多种功能，这样可以使整个机械系统更趋于简单化，简化制造过程，减少材料消耗，提高工作效率，是结构创新设计的一个重要途径。

功能组合一般是在零件原有功能的基础上增加新的功能，也可将不同功能的零件在结构上合并，如前面提到的具有多种扳拧功能的螺钉头、自钻自攻的螺钉尾、三合一功能的组合螺钉等。图 7-5 所示为一种外圈有止动槽，一个侧面带有防尘盖的深沟球轴承，这种结构不需要再设置轴向紧固装置及密封装置，使支承结构更加简单紧凑。图 7-6 所示为一种带轮与飞轮的组合功能零件，按带传动要求设计轮缘的带槽与直径，按飞轮转动惯量要求设计轮缘的宽度及其结构形状。图 7-7 所示为在航空发动机中应用的将齿轮、轴承和轴集成的轴系结构，这种结构设计大大减轻了轴系的重量，并对系统的高可靠性要求提供了保障。

机械零件的功能集成不仅代表了未来机械设计的发展方向，而且在设计过程中具有非常大的创新空间。

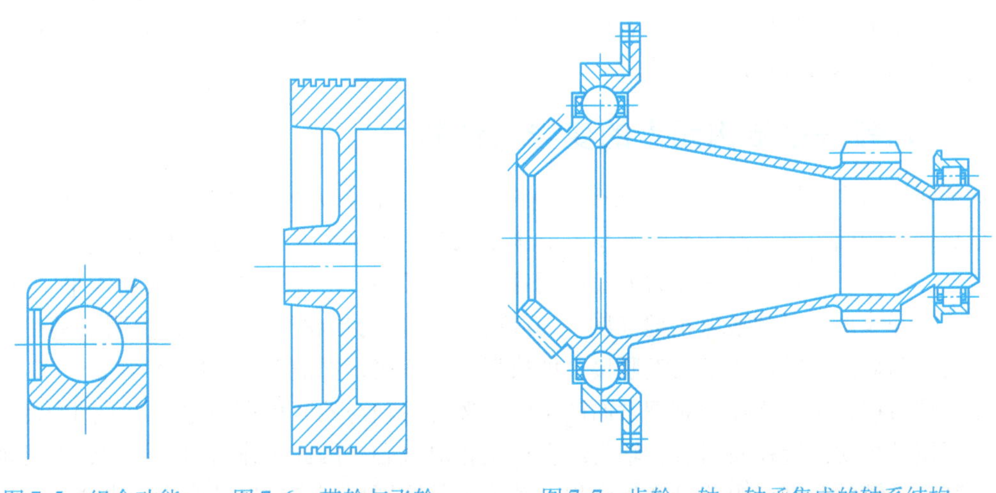

图 7-5　组合功能轴承　　图 7-6　带轮与飞轮组合功能　　图 7-7　齿轮－轴－轴承集成的轴系结构

三、功能移植

功能移植是指相同或相似的结构可以实现完全不同的功能，这样就可以通过联想、类比、移植等创新技法获得新功能。例如齿轮啮合常用于传动，但也可以将啮合功能移植到联轴器上，制成齿式联轴器，同样的还有滚子链联轴器。液压传动常用于动力传递，若将液压产生的动力用于变形就可以移植到联接功能上，也就产生了液压胀套联接。液压胀套是一种新型的轴毂联接零件，其工作原理是在胀套内制作多个环形内腔，各内腔有小孔相连，若腔中充满高压液体，则胀套主要产生径向膨胀，对轴与毂就会形成径向压力，工作时就靠摩擦力来传递转矩，实现轴毂的可靠联接，如图7-8所示。

最巧妙的功能移植是一种联接软管用的卡子，如图7-9所示。这里应用的是一种蜗杆传动。用螺钉旋具拧动蜗杆头部的一字形槽，于是蜗杆开始转动，带动与其啮合的圆环状蜗轮卡圈转动，使软管被箍紧在与其相联接的刚性管子上。

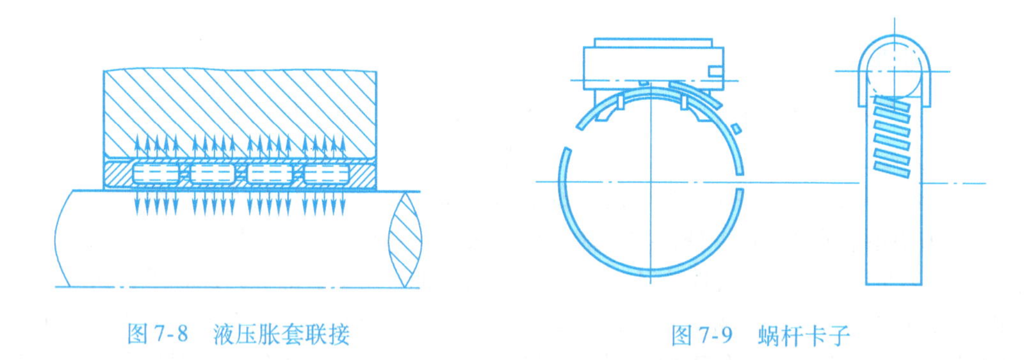

图7-8　液压胀套联接

图7-9　蜗杆卡子

第二节　结构元素的变异与创新

结构元素主要是指结构的形状、数量、位置、联接等要素。经过变异的结构要素可适应不同的工作要求，或比原有结构具有更好的功能。下面通过一些典型的结构元素变异实例，说明其变异的基本过程和应用价值。

一、轴毂联接结构元素的变异与创新

轴毂联接的主要结构形式是键联接。单键的结构形状有方形、半圆形（图7-10a、b），主要是靠键的侧面工作。当传递的转矩不能满足载荷要求时需要增加键的数量，就应使用双键联接。若进一步增加其工作能力就需使用花键（图7-10c）。花键的形状又有矩形、梯形、三角形、渐开线形，以及滚珠花键（图7-10d）。将花键的形状继续变换，由明显的凸凹形状变换为不明显的，就产生了无键联接，即成形轴毂联接，如图7-10e所示。

靠摩擦力锁合轴毂联接是靠楔紧而产生的摩擦力将轴与毂联接在一起，常采用楔键与切向键。但楔键与切向键在楔紧后，轴与毂会产生相对偏心，因此工作时对中性差，并且轴上键槽也削弱了轴的强度。由此可产生联想，若沿轴的圆周用带有锥度的套进行楔紧就可避免这种偏心，也避免了轴上键槽的加工，因此就产生了弹性环联接。

弹性环联接是利用锥面贴合并楔紧在轴毂之间的内外锥形环构成的摩擦联接，如图7-11所示。在螺纹拧紧而产生的轴向压力作用下，内外环相对移动并压紧，内环缩小抱紧轴，外环胀大撑紧毂，使接触面产生径向压力；工作时靠由压力而产生的摩擦力传递转矩。弹性环联接对轴的疲劳强度削弱很小，对中性好，装拆方便，使用寿命长，轴向和周向调整方便，容易将轮毂固定在理想的位置上；并且与过盈配合一样，双向转动不会产生冲击，而对轴与毂的加工要求比过盈配合低。

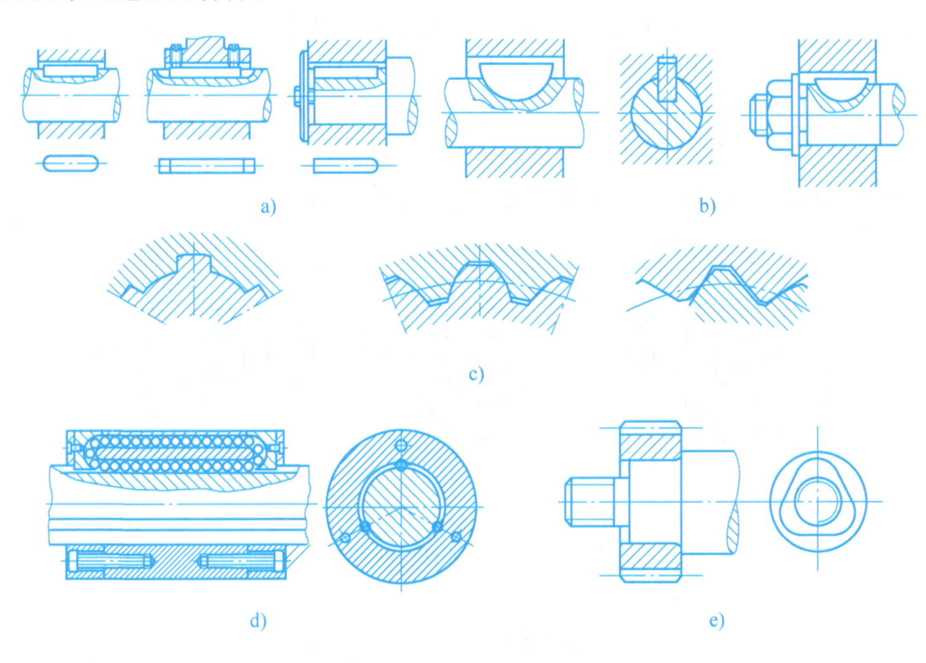

图 7-10　键联接的结构元素变异

a）平键　b）半圆键　c）花键　d）滚珠花键　e）成形轴毂联接

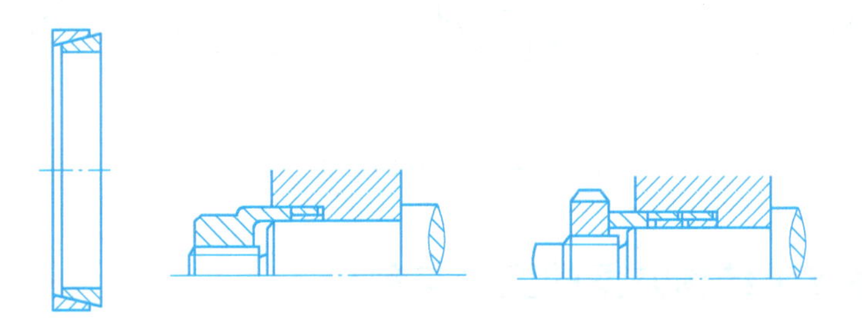

图 7-11　弹性环联接

二、棘轮传动结构元素的变异与创新

在图 7-12 所示的棘轮机构中，棘爪头部的平面与棘轮齿形平面互相接触，是棘轮机构的功能面。通过变换功能面的形状可以得到图 7-13 所示的多种结构方案，分别有滚子、尖底、平底等结构，其中，图 7-13a、c 所示方案用于单向传动，图 7-13b 所示的棘轮可用于双向传动。图 7-13c 所示的功能面能承担较大的载荷，应用较普遍，但制造误差对承载能力

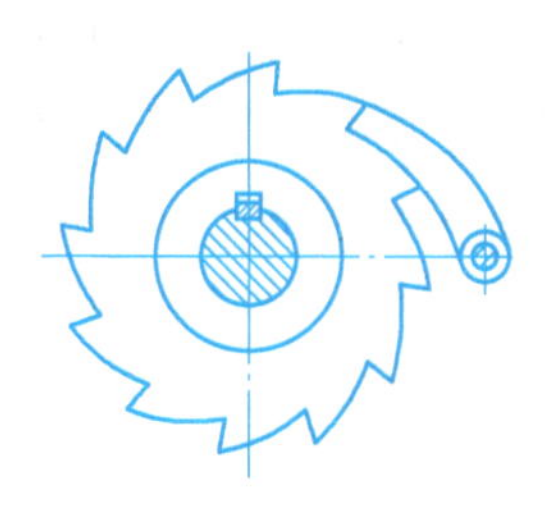
图 7-12 棘轮机构

影响较大。通过变换功能面的数量可得到图 7-14 所示的多种结构方案。其中，图 7-14a 所示方案通过减小轮齿尺寸使轮齿的齿数增多，由于齿数增加，使传动的最小反应角度减小，传动精度提高；图 7-14b 所示方案不改变棘轮的形状，而通过增加棘爪数量的方法起到在不降低承载能力的前提下提高传动精度的作用；图 7-14c、d 所示方案通过两个棘爪同时受力的方法提高了承载能力。图 7-15 所示为通过变换功能面的位置得到的多种结构方案。其中，图 7-15a所示方案为内棘轮结构，通过将棘爪设置在棘轮内的方法减小了结构尺寸；图 7-15b 所示方案为轴向棘轮结构，其棘齿布置在棘轮端面上，这种结构能实现空间运动的传递。将以上这些要素进行交叉组合变换，可以得到更多的结构方案，这些方案各有其优缺点，通过分析可以从中确定较好的结构方案。

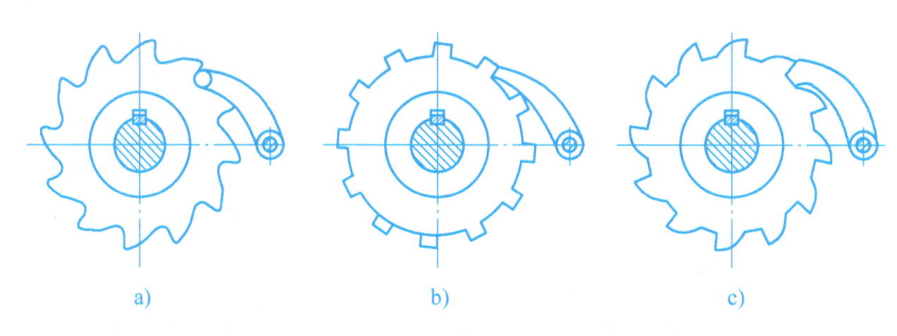

图 7-13 功能面的形状变换

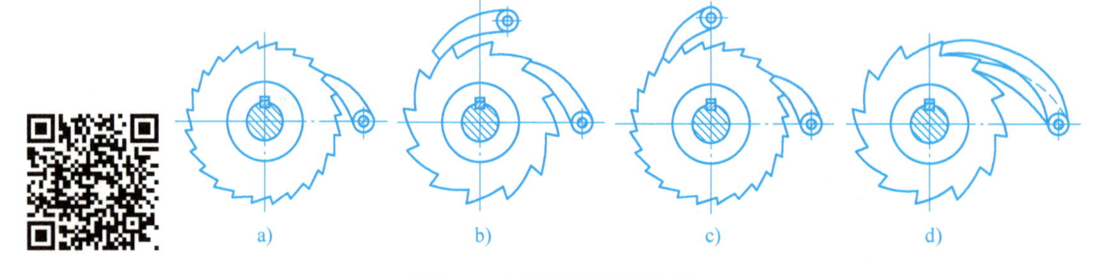

图 7-14 工作面的数量变换

三、轴系支承结构方案的变异与创新

轴系的支承结构是一类典型结构，轴系的工作性能与它的支承设计有密切联系。旋转轴至少需要两个相距一定距离的支点支承，支承的变异设计包括支点位置变异和支点轴承的种类及其组合的变异。

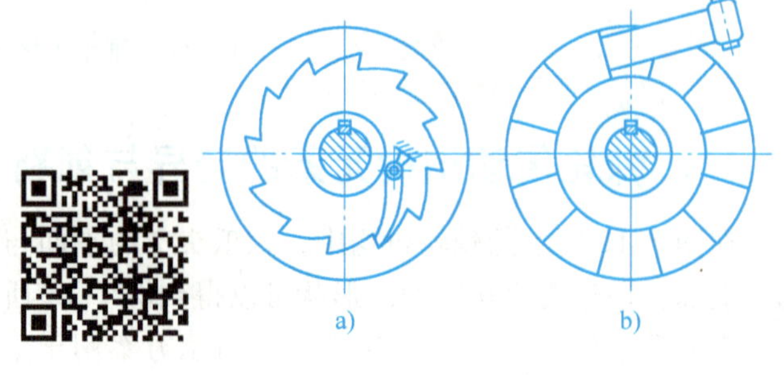

图 7-15 工作面的位置变换

下面以锥齿轮传动（两轴夹角为90°）为例分析支点位置的变异问题。

锥齿轮传动的两轴各有 2 个支点，每个支点相对于传动零件的位置可以在左侧，也可以在右侧，2 个支点的位置可能有 3 种组合方式，将两轴的支点位置进行组合可以得到 9 种结构方案，如图 7-16 所示。这 9 种方案除最后一种方案在结构安排上有困难外，其余 8 种均被实际采用。

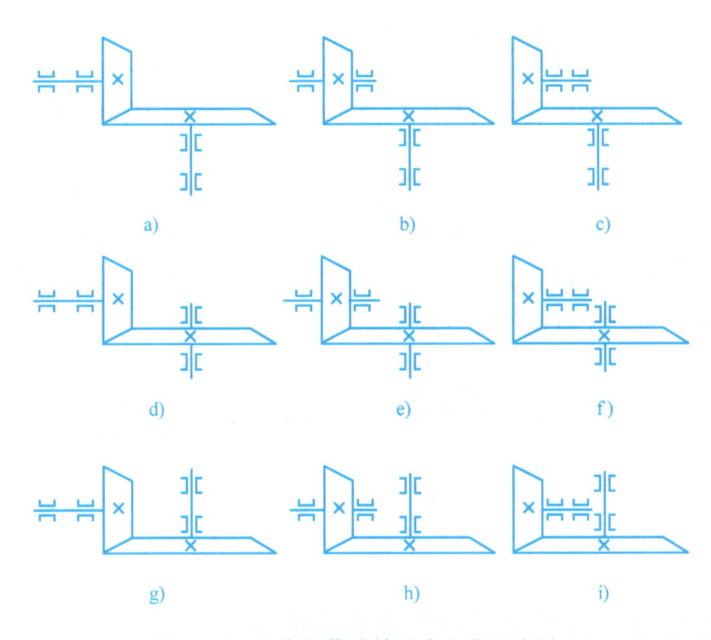

图 7-16　锥齿轮传动轴系支点位置变异

四、传统螺钉旋具结构元素的变异与创新

1. 传统螺钉旋具的现有技术

螺钉旋具是一种手工操作的工具，即通过使用者手部的扭转动作，强迫螺钉旋具带动螺钉转动，完成拧进或松开螺钉的工艺要求。这种螺钉旋具结构简单，成本低廉，应用广泛。但传统螺钉旋具的功能是有限的，主要存在两个问题：①完成拧紧或松开螺钉需多次重复螺钉旋具头插入和离开螺钉端槽的动作，使用者手部扭转动作不能连续，工作费力，不灵活，效率低；②拧紧或松开不同规格的螺钉，螺钉旋具的规格也应不同，需要有成套的螺钉旋具。

2. 螺钉旋具的新型结构

为了克服上述缺点，开发出了一些新型结构的螺钉旋具。

(1) 组合刀头螺钉旋具　这种螺钉旋具的结构特点是，刀头的大小和形状是可以更换的。备有一组可供不同需要选用的刀头，放置在螺钉旋具的刀柄内（图 7-17），更换比较方便，在很大程度上解决了传统螺钉旋具存在的第二个问题，所以得到用户的认可。

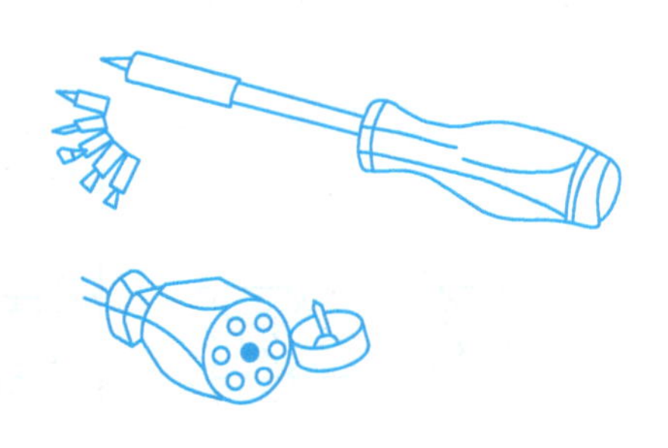

图 7-17　组合刀头螺钉旋具

（2）棘轮式螺钉旋具　这种螺钉旋具的结构特点是，刀头与刀柄可以做相对运动，而且相对运动的方向是可以控制的，因此可以实现螺钉旋具不离开螺钉就可以重复对螺钉旋具的扭转动作，具有工作连续、效率高等特点。棘轮式螺钉旋具在很大程度上解决了传统螺钉旋具存在的第一个问题，所以也得到用户的认可。

（3）压转式螺钉旋具　该螺钉旋具变传统的转动刀柄拧螺钉为推进手柄即可使螺钉拧紧或放松，在弹簧作用下退回手柄，再次推进手柄工作，在刀头不离开螺钉的情况下可重复工作，效率较高。压转式螺钉旋具的具体结构如图7-18所示，螺钉旋具头1由锁紧套2锁紧在螺钉旋具杆3上，有一组螺钉旋具头放置在手柄6中可供更换。推进手柄4（螺母）可使螺钉旋具杆3旋转。由于螺钉旋具杆上开有左旋、右旋螺旋槽各一条，手柄中也相应地装有左旋、右旋螺母各一个，通过拨动操纵钮5向左或向右，可分别使左旋或右旋螺母起作用，从而只需推动手柄4就可完成拧紧或放松螺钉的动作。如果把操纵钮5拨到中间，则螺母被锁住，这时就变成一个普通的螺钉旋具了。

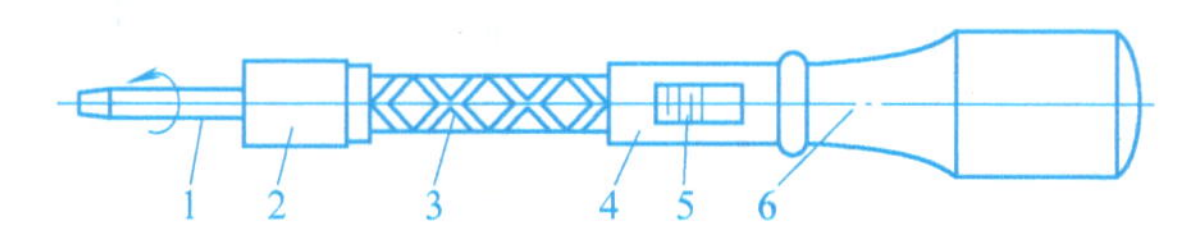

图7-18　压转式螺钉旋具

1—螺钉旋具头　2—锁紧套　3—螺钉旋具杆　4、6—手柄　5—操纵钮

五、机构运动副元素中介体的变换创新

1. 移动副元素的中介体的变换

图7-19a所示为由构件1、2组成的移动副，其运动状态是滑动，引入中介体滚柱对移动副进行滑滚转换。图7-19b所示引入的中介体是两个并联的二元滚动体——二副（一个转动副、一个高副）滚柱，使移动副变成转动副和纯滚动副。图7-19c所示引入的中介体是两个并联的二副（两个高副）滚柱，使移动副转换成纯滚动副。机床上应用的滚柱导轨就是典型的中介体变换的例子。通过进一步改变零件结构本身的形态，可得到不同的滚动导轨结构形式，如图7-20所示。

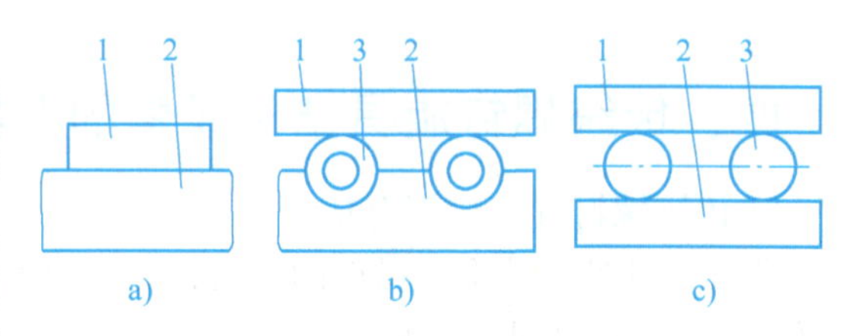

图7-19　移动副的滑滚转换

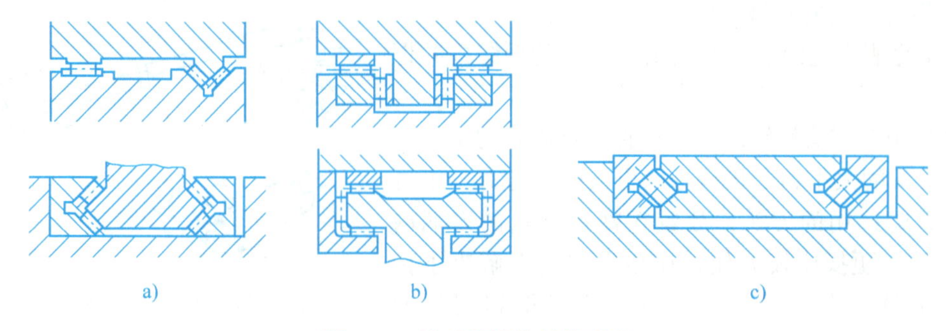

图7-20　滚动导轨的结构形式

a）三角形滚动导轨　b）矩形滚动导轨　c）十字交叉滚动导轨

2. 转动副元素的中介体的变换

图7-21a所示为由构件1、2组成的转动副（滑动轴承），其运动状态是滑动。引入中介体钢球，可对转动副进行滑滚变换，如图7-21b所示，使两元素1、2通过中介体钢球3形成纯滚动。保持架4把钢球3隔开，但它们之间的运动状态是滑动。如果采用附加滚动体（半径小于中介体钢球半径的一组钢球）替代保持架，则中介体钢球和附加滚动体钢球之间变滑动为滚动，如图7-21c所示。由滑动轴承发展成隔离钢球滚动轴承是转动副滑滚转换成功的典型例子。

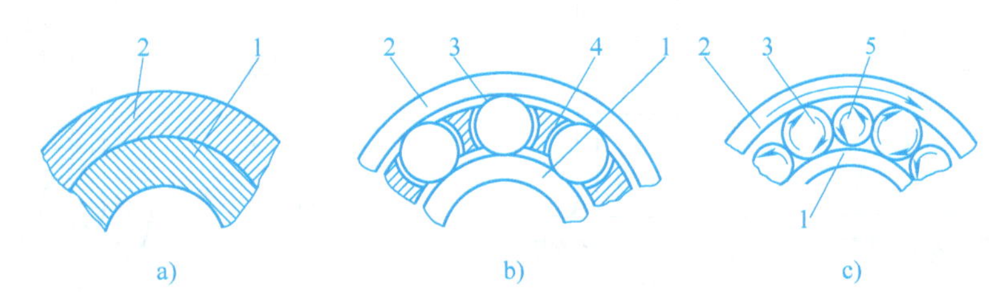

图7-21 转动副的滑滚转换

1、2—滑动轴承 3—介体钢球 4—保持架 5—附加滚动体

3. 螺旋副的中介体滑滚的转换

图7-22a所示为由构件1、2组成的螺旋副，其运动状态是滑动。引入中介体钢球（或滚柱）可对螺旋副进行滑滚转换。如图7-22b所示，在螺旋副两元素之间引入一组循环钢球3，使螺旋副两元素间通过中介体钢球3形成纯滚动，这就是在机械传动中广泛应用的滚珠丝杠副。

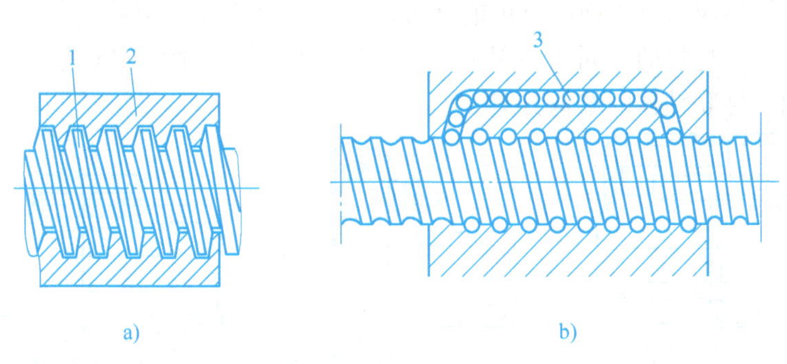

图7-22 螺旋副的滑滚转换

第三节 提高性能的结构设计与创新

零件结构形状设计应利用材料的长处，发挥材料的性能，扬长避短，或者采用不同材料的组合，使各种材料性能得以互补，并通过结构形状的变化来改善产品的性能。

一、发挥材料性能的结构设计与创新

铸铁材料的抗压强度远大于抗拉强度，因此承受弯矩的铸铁结构截面多为非对称形状，以使承载时最大压应力大于最大拉应力，从而充分发挥其优势。图7-23所示为两种铸铁支

架结构的比较，显然图7-23b所示方案的最大压应力大于最大拉应力，符合铸铁材料的强度特性，是较好的结构方案。

陶瓷材料承受局部集中载荷的能力差，在与金属件的联接中，应避免其弱点。图7-24a所示的结构不理想；图7-24b所示的销轴联接中，用环形插销代替直插销，可增大承载面积，是一种合理的结构形式。

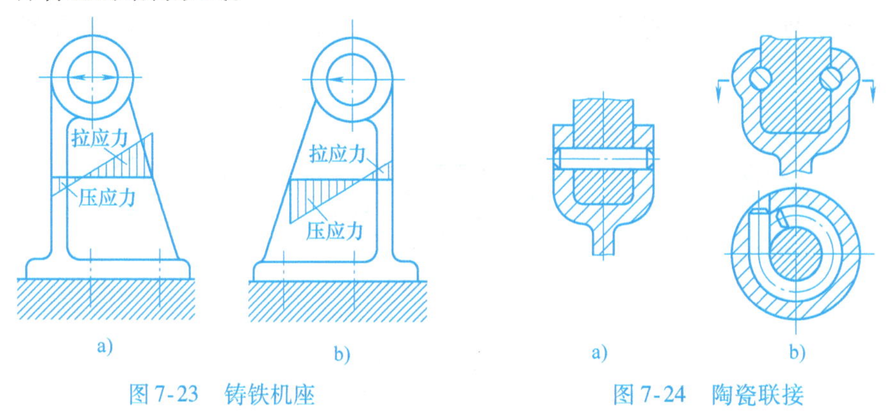

图7-23 铸铁机座

图7-24 陶瓷联接

在弹性联轴器的设计中，可以选择的弹性元件材料有金属、橡胶、尼龙、胶木等。由于所选弹性元件材料的不同会使联轴器的结构变化很大，对联轴器的工作性能也有很大影响。金属材料具有较高的强度和疲劳寿命，常用在要求承载能力较大的场合；橡胶材料的弹性变形范围大，变形曲线呈非线性，可用简单的形状实现大变形量、综合可移性的要求，但是其强度差、疲劳寿命短，常用在承载能力较小的场合。由于弹性元件的寿命短，使用中需多次更换，在结构设计中应为其更换提供可能和方便，并留有必要的操作空间。在结构设计中，应根据所选弹性元件材料的不同而采用不同的结构设计原则。图7-25所示为使用不同弹性元件材料的常用弹性联轴器的结构方案。

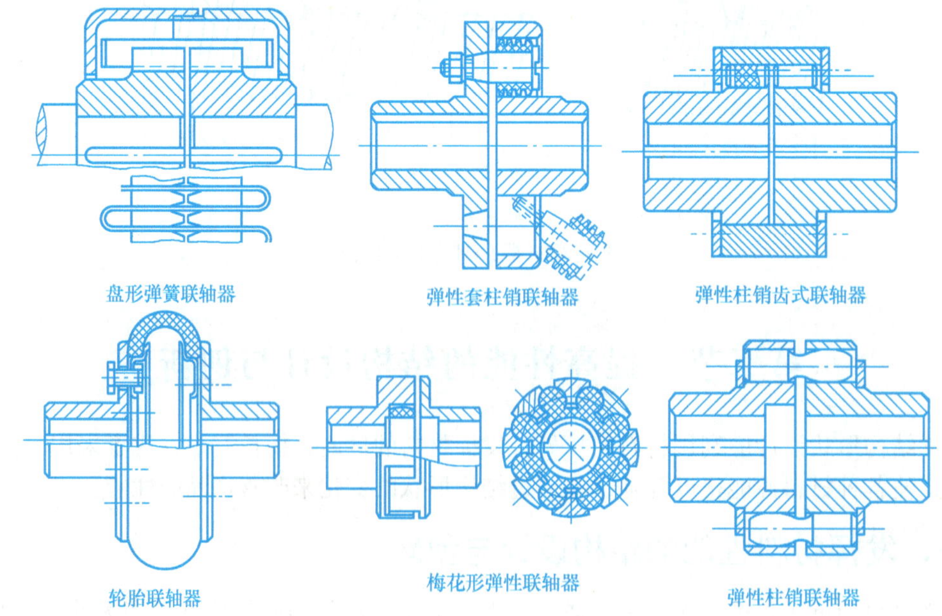

图7-25 弹性联轴器的结构方案

二、实现性能互补的结构设计与创新

将刚性与柔性材料合理搭配，在刚性部件中对某些零件赋予柔性，使其能用接触时的变形来补偿工作表面几何形状的误差。图7-26所示的滚动轴承，将其外圈2装在弹性座圈4上，弹性座圈4与外套3粘在一起。为防止外圈相对于弹性座圈轴向移动，在弹性座圈的两边做有凸起A，弹性座圈上每边还有三个凸起5，它们互相错开60°。弹性座圈上沿宽度方向设有槽a。当轴承承受径向载荷时，槽就被变形的材料填满。这种轴承可以补偿安装变形、轴向位移、角度位移，减少振动与噪声，延长使用寿命。

链传动在工作时会产生冲击、振动。经分析可知，在链条啮入处引起的冲击、振动最大。为改善这种情况，可在链条或链轮的结构上进行变形设计。图7-27所示为在链轮的端面加装橡胶圈，橡胶圈的外圆略大于链轮齿根圆，当链条进入啮合时，首先是链板与橡胶圈接触，当橡胶圈受压变形后，滚子才达到齿沟就位，从而减少了啮合冲击。

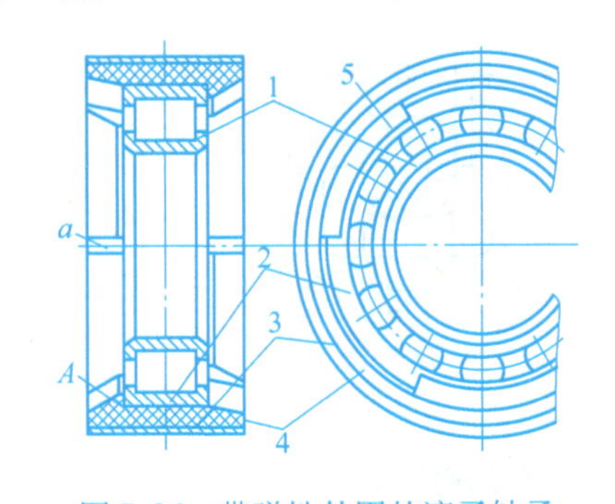

图7-26　带弹性外圈的滚子轴承

1—内圈　2—外圈　3—外套　4—弹性座圈　5—凸起

A—凸起　a—槽

图7-27　减振链轮

三、提高承载能力的结构设计与创新

在结构设计中应将载荷由多个结构分别承担，这样有利于降低危险结构处的应力，从而提高结构的承载能力。图7-28所示为一根轴外伸端的带轮与轴的联接结构。图7-28a所示

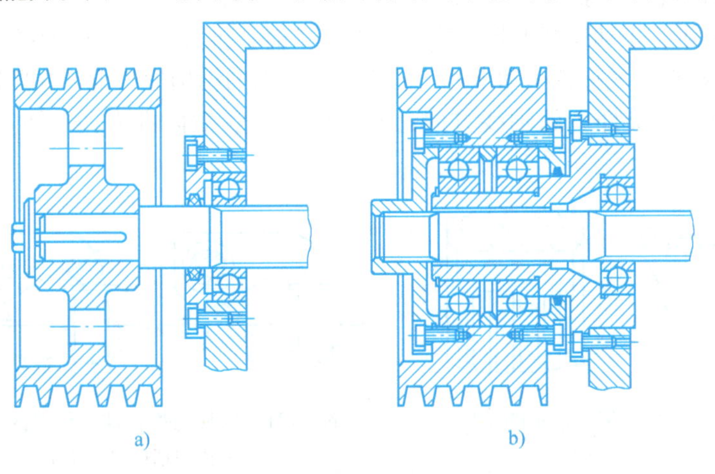

图7-28　带轮与轴的联接

的结构在将带轮的转矩传递给轴的同时也将压轴力传递给轴，会在支点处引起很大的弯矩，并且弯矩所引起的应力为交变应力，弯矩和扭矩同时作用会在轴上引起较大应力。图7-28b所示的结构增加了一个支承套，带轮通过端盖将转矩传递给轴，通过轴承将压力传给支承套，支承套的直径较大，而且所承受的弯曲应力是静应力，通过这种结构使弯矩和扭矩分别由不同零件承担，提高了结构整体的承载能力。

四、提高强度和刚度的结构设计与创新

高副接触零件的接触强度和接触刚度都与接触点的综合曲率半径有关，设法增大接触点的综合曲率半径是提高这类零件工作能力的重要措施。图7-29a所示结构中，两个凸球面接触传力，综合曲率半径较小，接触应力大；图7-29b所示为凸球面与平面接触，图7-29c所示为凸球面与凹球面接触，其综合曲率半径依次增大，接触应力依次减小，有利于改善球面支承的强度和刚度。

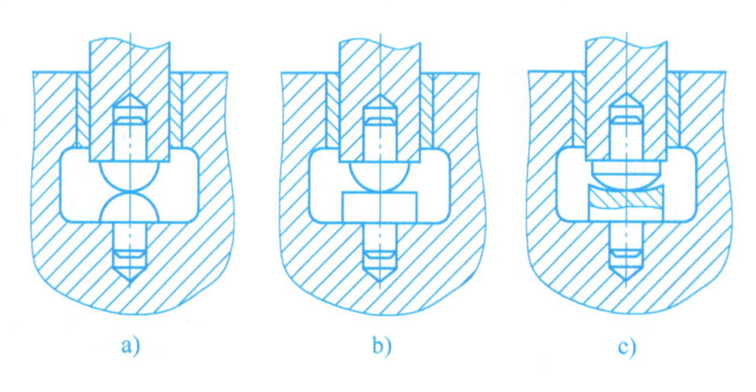

图7-29 改善球面支承强度和刚度的结构设计

五、改善工作性能的结构设计与创新

在结构形状设计时，还要考虑到工作条件与外界因素对零件功能效果的影响。例如，对于高速带传动，为增加带的挠曲性，在带的非工作面上一般均开有横向沟槽；带轮一般制成鼓形，运转时保持带位于带轮的中部，以防脱落；为避免带与带轮之间生成气垫，影响传力的可靠性，在小带轮的边缘上开有环形槽，如图7-30所示。

如图7-31所示，主动摆杆1将力传递给推杆2时，推杆2受到横向推力的作用，不利于推杆的运动，甚至造成推杆运动卡死。若将接触球面的结构形状设计在摆杆1上，则接触面的法线方向平行于推杆2的轴线方向，使推杆避免受横向推力，从而得到较好的传力效果。

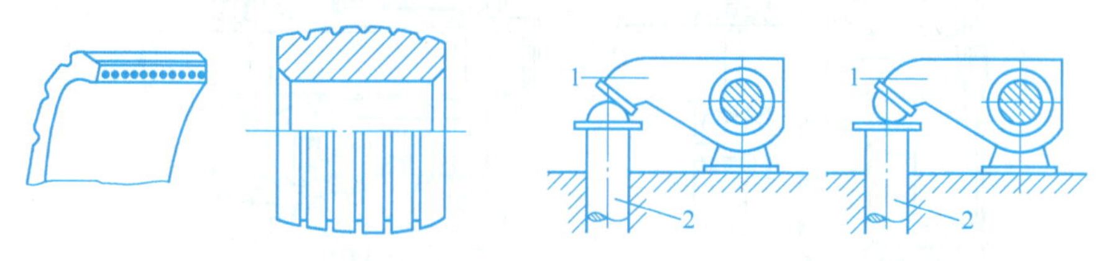

图7-30 高速带与带轮的结构

图7-31 摆杆与推杆球面位置的变换

1—主动摆杆 2—推杆

在轴承座孔不同心，或者在受载后轴线发生挠曲变形的条件下，会出现轴承端部轴瓦与

轴颈的边缘接触，从而产生边缘压力，造成轴或轴承过早失效。为改变这种状况，可将轴瓦外表面设计成球形，或者将轴瓦外支承表面设计成突起窄环，也可设计成柔性膜板式轴承壳体，如图 7-32 所示。它们均可降低轴承边缘压力。

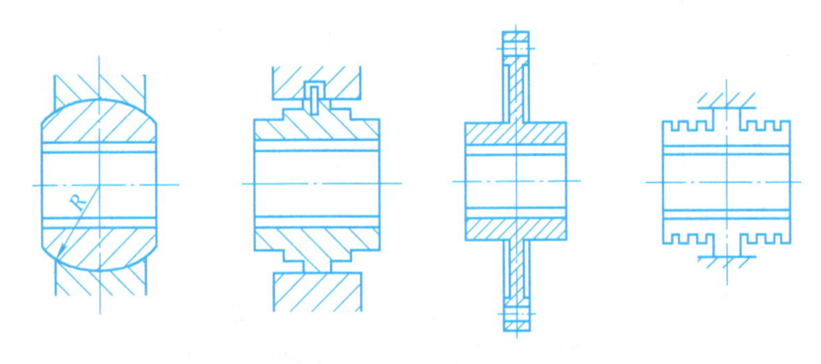

图 7-32　调心滑动轴承

在图 7-33a 所示的 V 形导轨结构中，上方零件为凹形，下方零件为凸形，这类导轨表面不易积尘，但在重力的作用下摩擦表面上的润滑剂会自然流失；如果改变凸、凹零件的位置，使上方零件为凸形，下方零件为凹形，如图 7-33b 所示，则可以有效地改善导轨的润滑状况。

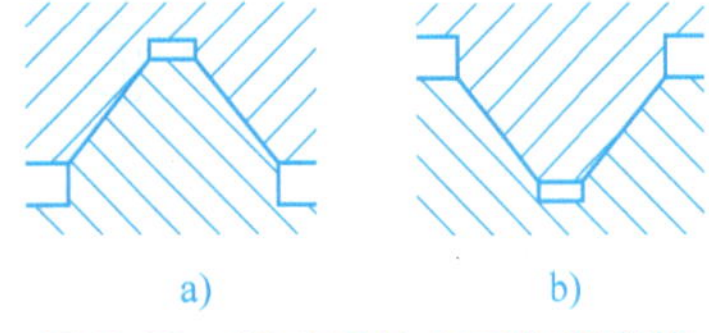

图 7-33　滑动导轨上下位置变换

第四节　便于制造和操作的结构设计与创新

在满足使用功能的前提下，设计者应力求使所设计产品的结构工艺简单、消耗少、成本低、使用方便、操作容易、寿命长。

一、便于加工的结构设计

对于机械加工而成的零件，在结构设计时要考虑到使装夹、加工与测量时间比较短，设备费用低等因素。这主要体现在加工面的形状力求简单，尺寸力求小，位置应方便装夹与刀具的退出，避免在斜面上钻孔，避免在内表面上进行复杂的加工等。

例如图 7-34 所示的键槽结构，将内部加工的键槽改为在外部加工就是合理的结构设计。

对于复杂的零件，加工工序增加，材料浪费，成本将会增高。为了改变这样的结构，可采用组合件来实现同样的功能。图 7-35 所示为带有两个偏心小轴的凸缘，加工难度较大。但若将小轴改为用组合方式装配上去，则既改善了工艺性，又不失去原有功能。图 7-36a 所示的复杂薄板零件，如果采用组合零件形式，即将薄板零件用焊接、螺栓联接等方式组合在一起，如图 7-36b 所示，则可以降低零件的复杂程度，从而降低生产成本。

图 7-37a 所示的箱形结构顶面有两个不平行平面，要通过两次装夹才能完成加工；在功能允许的条件下，将其结构改为图 7-37b 所示的两个平行平面，可以一次装夹完成加工；图 7-37c 所示的结构是将两个平面改为平行且等高，可以将两个平面作为一个几何要素进行加工。由此可见，在结构设计中，应尽量减少加工表面的数量和种类。

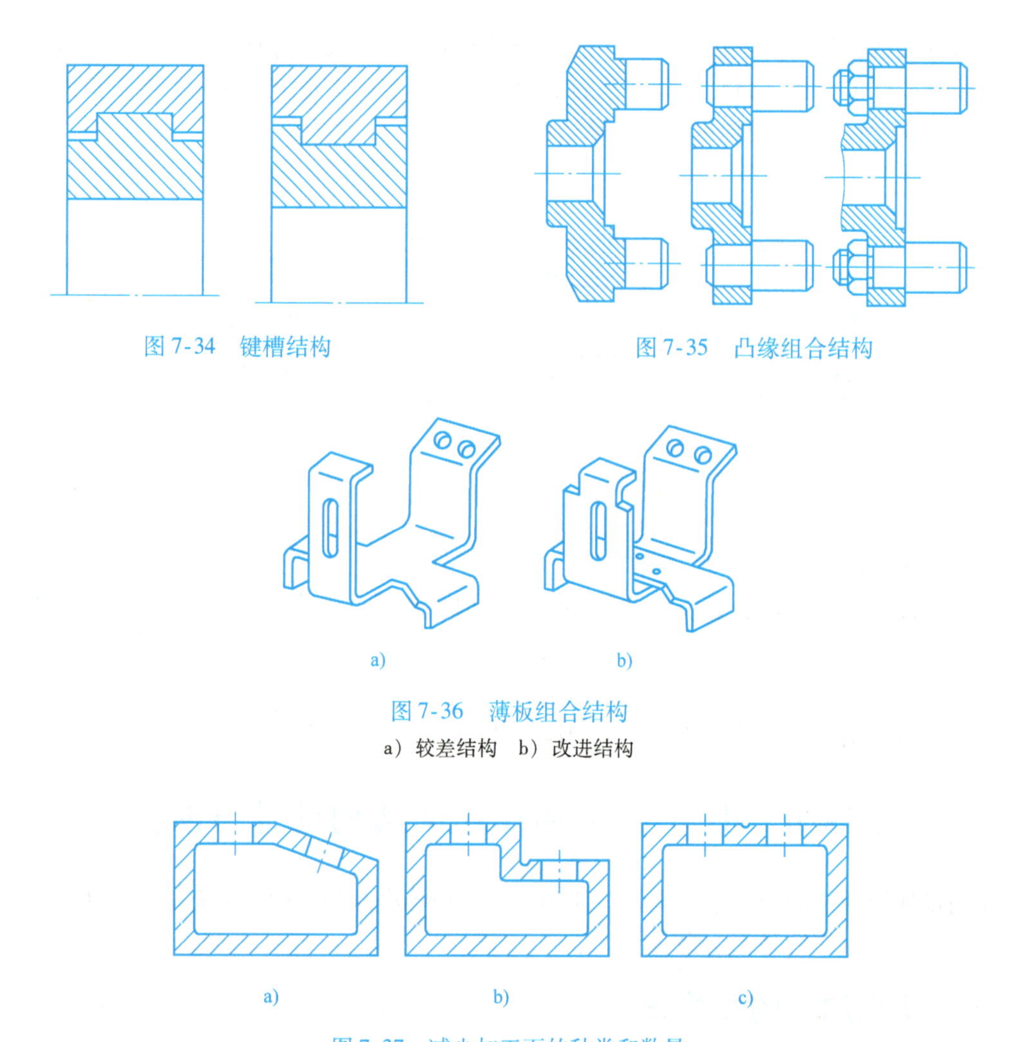

图7-34　键槽结构

图7-35　凸缘组合结构

图7-36　薄板组合结构

a）较差结构　b）改进结构

图7-37　减少加工面的种类和数量

二、便于装配、输送的结构设计

人工装配时，希望装配方便、省力、可靠。同时，随着装配自动化程度的提高，装配自动生产线和装配机器人对结构形状的识别也提出了结构设计的要求。

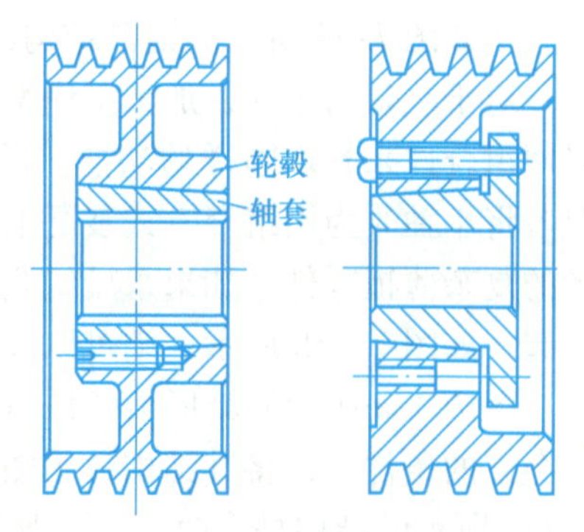

图7-38　易拆装的V带轮

图7-38所示为一种易拆装的V带轮，带轮由带锥孔的轮毂和带外锥的轴套组成。这种带轮对轴的加工要求较低，联接可靠，装拆方便，不需要笨重的拆卸工具，不同的轴径只需要更换不同的轴套，因而也扩大了带轮的通用性。

图7-39a所示的滑动轴承右侧有一个与箱体连通的注油孔，如果装配中将滑动轴承的方向装错，将会使与之配合的轴得不到润滑。由于装配中有方向要求，装配人员必须首先辨别装配方向，然后才

能进行装配，这就增加了装配的工作量和难度。若改为图 7-39b 所示的结构，则零件成为对称结构，虽然不会发生装配错误，但是总有一个孔实际不起作用；若改为图 7-39c 所示的结构，增加环状储油区，则使所有的油孔都能发挥润滑作用，且避免了发生装配错误的可能性；若改为图 7-39d 所示的非对称结构，使得轴承反向无法装配，也可以避免发生装配错误。

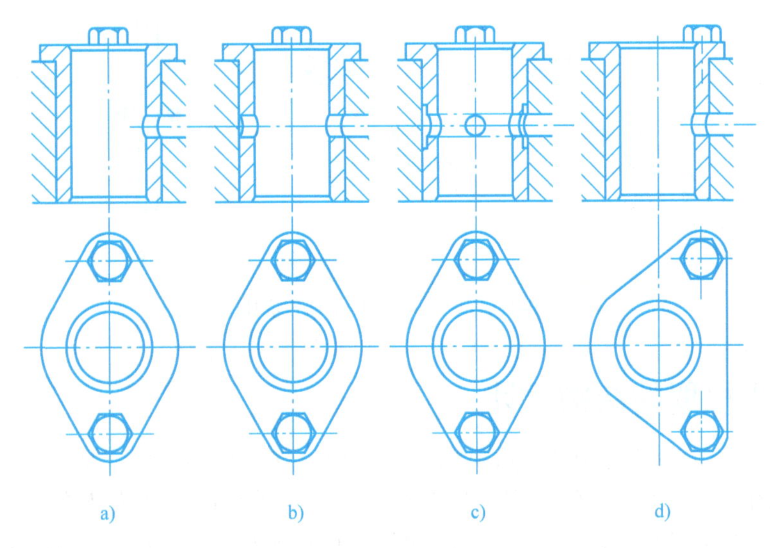

图 7-39　降低装配难度的结构设计

在自动化制造系统中，应尽量提高机器人的方位识别能力，方法之一就是在设计零部件结构时，留有识别特征，使其造型既不影响结构功能，又使结构形状容易识别。例如图 7-40a所示的左、右旋螺栓，从外形上很难识别，在结构设计时可以将左旋螺栓头设计成方形。如果结构是对称结构，因彼此无差别，故不用识别，如图 7-40b 所示，将单数结构改为双数结构，则可达到不用识别的目的。这给自动化装配带来方便，可以省去判别方向的过程。

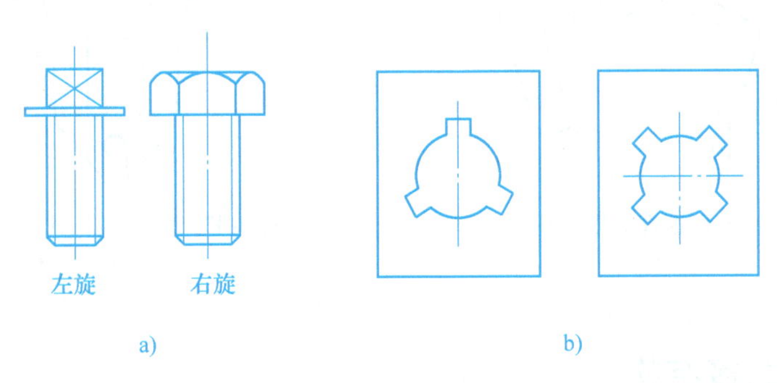

图 7-40　便于方向识别的结构

零件在输送时，形状应简单、稳定，不易相互干扰或倾倒，如图 7-41 所示。其中，图 7-41a、c、e、g 所示的结构不利于输送，而图 7-41b、d、f、h 所示的结构均为比较合理的结构形状。

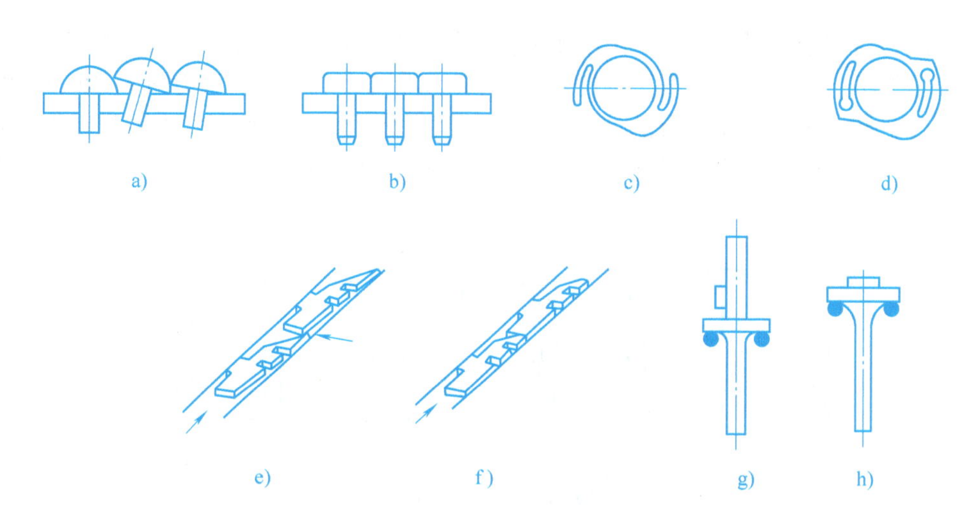

图7-41　易于输送的结构形状比较

三、便于抓取的结构设计

图7-42所示为齿轮式自锁性抓取机构，该机构由气缸带动齿轮，从而带动手爪做开闭动作。当手爪闭合抓住工件，处在图示位置时，工件对手爪的作用力 F 的方向线在手爪回转中心的外侧，故可实现自锁性夹持。图7-43所示为斜楔杠杆式抓取机构，当斜楔3往复运动时，手爪4完成夹持或松开工件的动作。

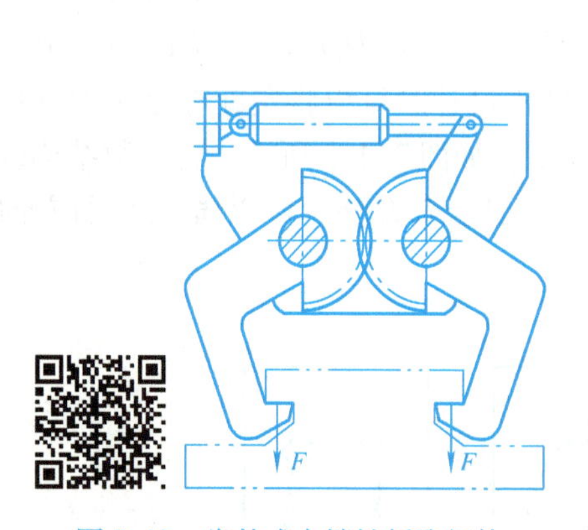

图7-42　齿轮式自锁性抓取机构

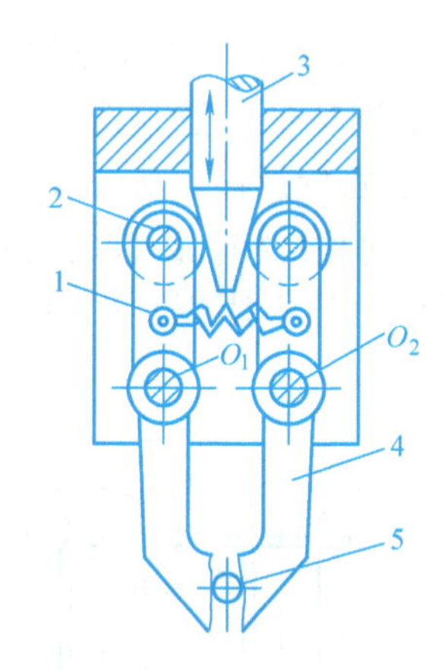

图7-43　斜楔杠杆式抓取机构

1—弹簧　2—滚子　3—斜楔　4—手爪　5—工件

四、快动联接结构

快动联接结构通过零件的弹性变形达到联接的目的，因此要求联接件具有较好的弹性，多采用塑料或薄钢板材料制作，也可通过增大变形零件长度的方法改善零件的弹性。图7-44所示为螺纹联接结构（图7-44a）和经过改进的快动联接结构（图7-44b）对照图。由此可见，充分利用塑料零件弹性变形量大的特点，利用搭钩与凹槽实现联接，可使装配过程简单、准确，操作方便。

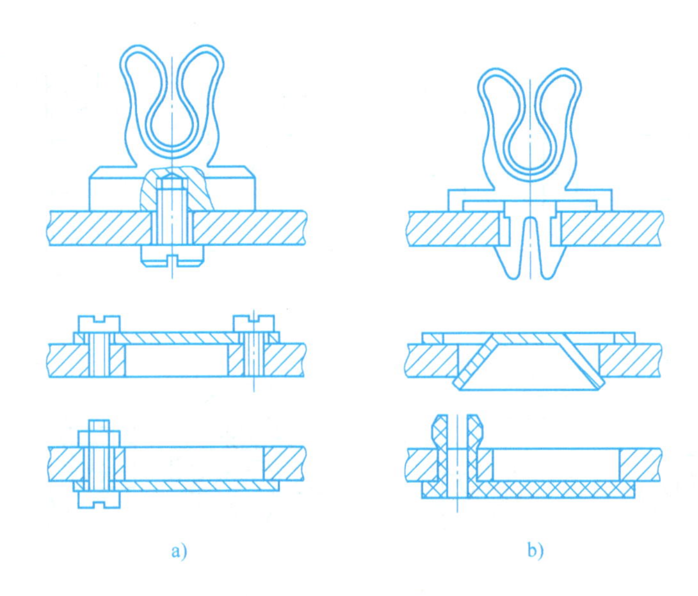

图 7-44　快动联接结构

图 7-45 所示为一组简单、容易装拆的吊钩结构。由于吊钩零件参与变形的材料较长，从而使结构具有较好的弹性，装配和拆卸都很方便。

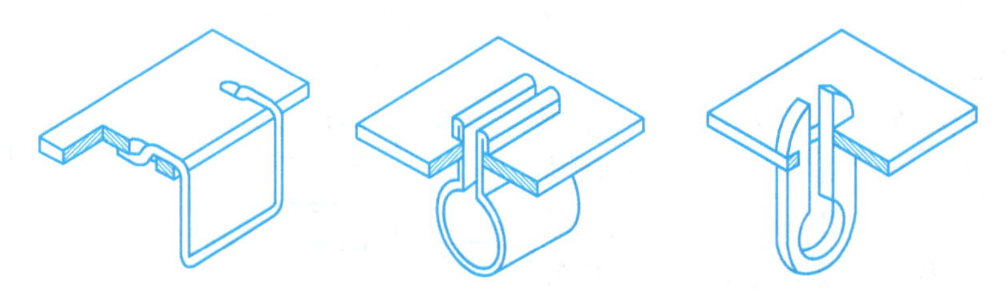

图 7-45　容易装拆的吊钩结构

图 7-46 所示为一组可快速装配的联接结构。其中，图 7-46a 所示结构采用较大导程的螺纹，将螺栓两侧面加工成平面，成为不完全螺纹，将螺母内表面中相对的两侧加工出槽形，安装时可将螺栓直接插入螺母中，只需相对旋转较小的角度即可拧紧；图 7-46b 所示结构将螺母做成剖分结构，安装时将两半螺母在安装位置附近拼合，再旋转较少圈数即可将其拧紧，为防止螺母在预紧力的作用下分离，在被联接件表面加工有定位槽；图 7-46c 所示结构在销底部安装一横销，靠横销与垫片端面上螺旋面的作用实现拧紧，为防止松动，在拧紧位置处设有定位槽；图 7-46d 所示为外表面带有倒锥形的销联接结构，销与销孔之间为过盈配合，销装入销孔后靠倒锥形表面防止联接松动；图 7-46e 所示为另一种快速装配的销联接结构，销装入销孔时迫使衬套变形，外表面卡紧被联接件，内表面抱紧销，使联接不能松动。

五、弹性铰链结构

弹性铰链结构不是用运动副构成零部件之间的相对运动，而是通过某个零件的弹性变形构成两个零部件或一个零部件的不同部分之间的相对运动。由于省去了运动副，使得机械结

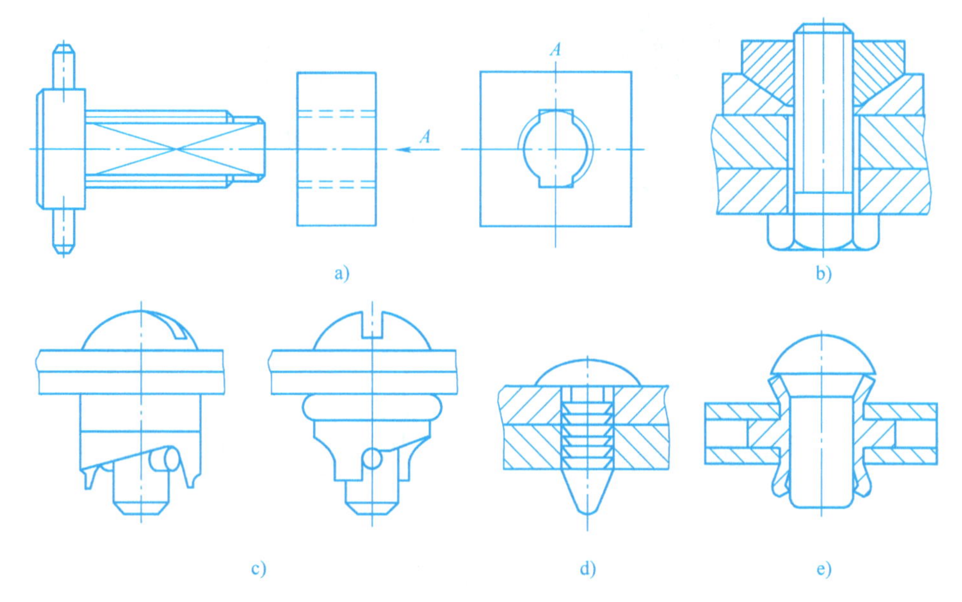

图 7-46 快速装配的联接结构

构更简单、体积减小，使机器的制造、安装、调整及维护都很方便。现在使用这种方法设计的结构已经很多。例如在计算机的软盘驱动器上有多处铰链，原设计中普遍采用传统的铰链设计方法（图 7-47a），用销轴构造铰链，结构复杂，占用空间大。现在的软盘驱动器设计中将这些铰链处均改为弹性铰链结构，原来的销轴和轴承被一片焊接在两个部件之间的弹性金属片取代（图 7-47b），靠金属片的弹性变形实现两个部件之间的相对转动，使结构简化。

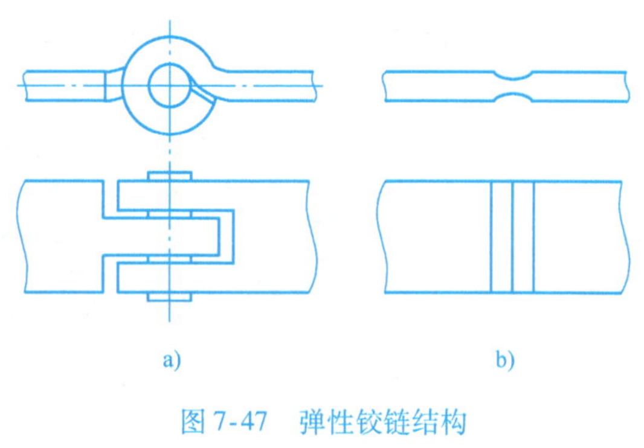

图 7-47 弹性铰链结构

a）刚性铰链 b）柔性铰链

图 7-48 所示的柔顺机构，它巧妙地将结构进行改造，由 A、B、C、D 四处薄而短的弹性元件构成的柔性关节即为弹性铰链结构，相当于分别具有扭转刚度 K_A、K_B、K_C、K_D 的弹簧，构件 1、2、3、4 是刚性构件。当原动件 1 上有驱动转矩 M_d 作用时，该机构由于各关节产生弹性变形运动，使构件 3 输出较小范围的角位移 φ，并承受阻力矩 M_r。可见该机构的 A、B、C、D 四个柔性关节，相当于铰链四杆机构的四个刚性回转副。图 7-49 所示为一手动夹钳，该工具是由一块实体材料制成的，柔顺机构在 A、B、C、D 四处制成柔性关节，当在 G 处施加外力 F 时，在 H 处的两爪能产生相对弹性位移，并产生夹紧力。也可根据工作需要，设计制造出带有部分刚性运动副、部分柔性关节、部分刚性构件、部分柔顺构件的机构。由以上例子可知，柔顺机构是通过结构创新后，由本身的预期弹性变形来实现运动和力的传递。它是一类没有刚性运动副、不需装配的新型机构，具有体积小、质量轻、不需润滑、使用寿命长等优点。

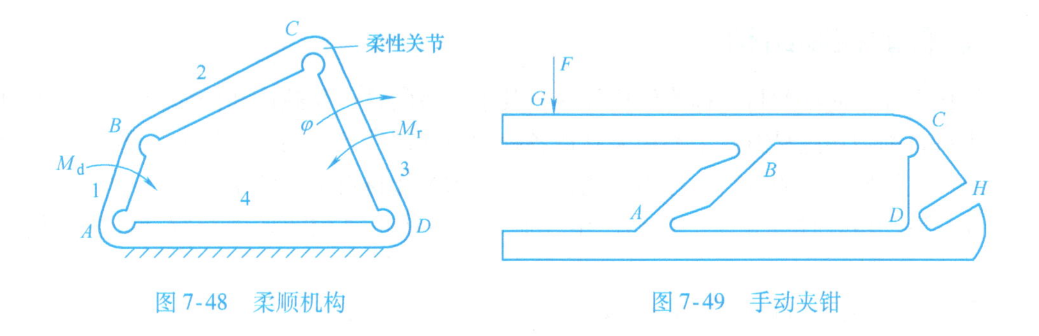

图 7-48　柔顺机构　　图 7-49　手动夹钳

六、可调杆长结构

调节构件的长度，可以改变从动杆的行程、摆角等运动参数。调节杆长的方法很多，图 7-50 所示为两种曲柄长度可调的结构形式。根据图 7-50a 调节曲柄长度 R 时，可松开螺母 4，在杆 1 的长槽内移动销 3，然后固紧；图 7-50b 所示为利用螺杆调节曲柄长度，转动螺杆 4，滑块 2 连同与它相固连的曲柄销 3 即在杆 1 的滑槽内上下移动，从而改变曲柄长度 R。图 7-51 所示为调节连杆长度的结构形式，图 7-51a 所示为利用固定螺钉 3 来调节连杆 2 的长度；图 7-51b 中的连杆 2 做成左右两半节，每节的一端带有螺纹，但旋向相反，并与联接套 3 构成螺旋副，转动联接套即可调节连杆 2 的长度。

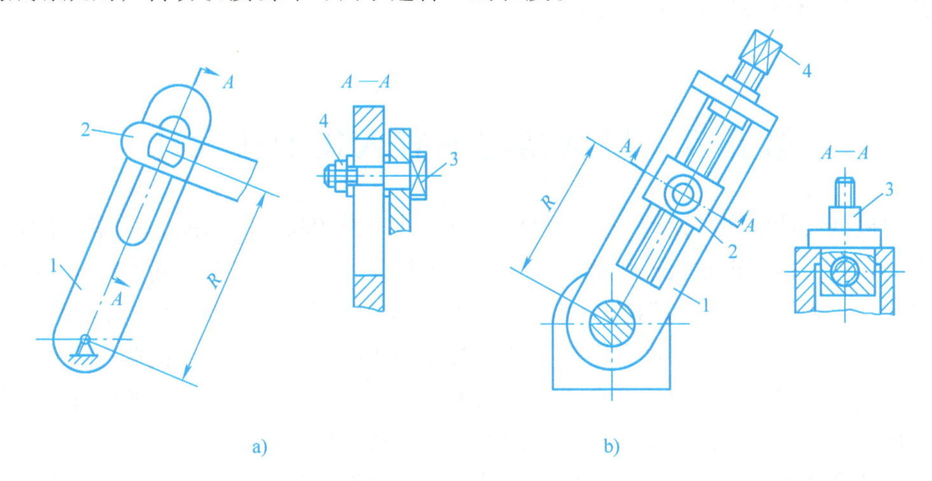

图 7-50　曲柄长度的调节

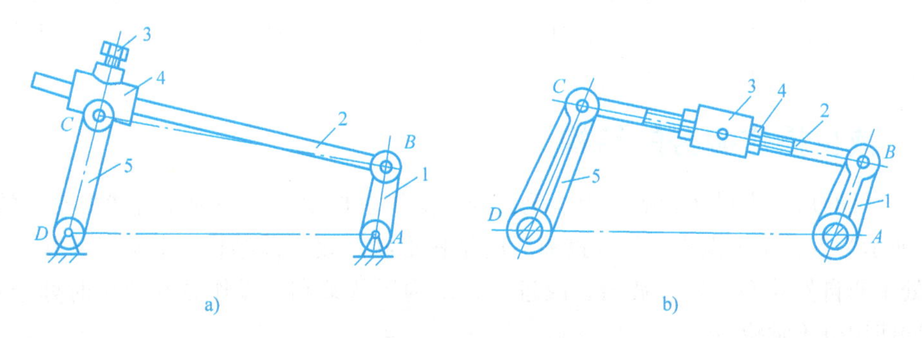

图 7-51　连杆长度的调节

七、智能控制结构

在结构设计中使用的材料称为结构材料，其主要目的是承受载荷和传递运动。与之不同的另一类材料称为功能材料，主要用来制造各种功能元器件。在功能材料中，当外界环境变化时可以产生机械动作的材料，称为智能材料。应用智能材料构造的结构称为智能结构，它们可以在外界环境条件变化时，自动产生控制动作，使得机械装置的控制功能更加简单、可靠。

图7-52所示的天窗自动控制装置是一种智能结构，这种结构应用形状记忆合金控制元件（形状记忆合金弹簧）来控制温室天窗的开闭。当室内温度升高超过形状记忆合金材料的转变温度时，形状记忆合金弹簧伸长，将天窗打开，与室外通风，降低室内温度。当室内温度降低到低于转变温度时，形状记忆合金弹簧缩短，将天窗关闭，室内升温。形状记忆合金弹簧可以感知环境温度的变化，并产生机械动作，通过弹簧长度的变化控制天窗的开闭，使温室温度控制方式既简单又可靠。

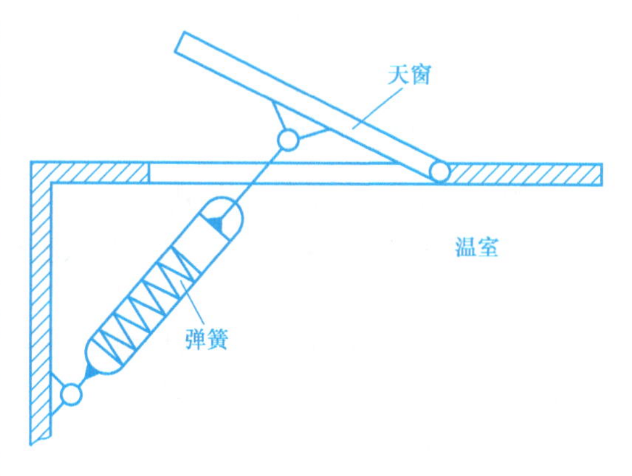

图7-52 天窗自动控制装置

第五节 机械结构的宜人化创新设计

传统的机械设计以产品设计为主要目标，更多地考虑产品本身功能的实现，很少规范化地考虑人的因素，这就很难保证机器操作效率达到最佳。为了解决这一问题，人机工程学逐渐发展形成，它强调将人和机器作为相互联系的两个基本部分构成一个整体，形成人机系统。人机工程学是研究人的特性及工作条件与机器相匹配的科学，指出机器应具有什么样的条件才能使人付出适宜的代价后可获得整个系统的最佳效益，是以人为本的设计方法的一种创新。人机系统是在特定的环境中进行工作的，环境对人机系统的工作效能有很大影响。为了保持系统的高效率、可靠性和持久性，机械结构所创设的环境首先要保证对人体不造成伤害，其次还必须考虑操作者的舒适性。因此，对现有机械设备及工具的宜人化改进设计是机械结构创新设计的一种有效方法。下面基于操作者的生理和心理特点，分析机械结构创新设计中应考虑的基本要求。

一、减少操作疲劳的结构

结构设计时应考虑操作者的施力情况，避免操作者长期处于一种非自然状态下的姿势。图7-53所示为各种手工操作工具改进前后的结构形状。改进前结构形状呆板，操作者使用时长期处于非自然状态，容易疲劳；改进后，结构形状柔和，操作者在使用时处于自然状态，长期使用也不觉疲劳。

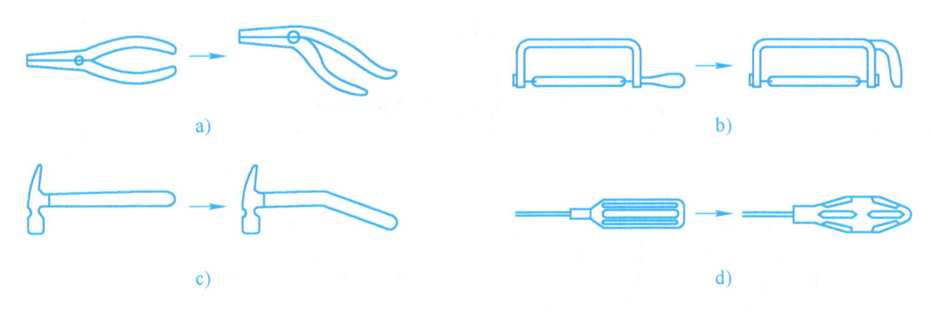

图 7-53　手工操作工具的结构改进

二、提高操作能力的结构

在操作机械设备或装置时需要用力，操作者处于不同姿势、不同方向或采用不同方式用力时发力能力差别很大。一般人的右手握力大于左手，握力与手的姿势与持续时间有关，当持续一段时间后握力显著下降。推拉力也与姿势有关，站姿前后推拉时，拉力要比推力大；站姿左右推拉时，推力大于拉力。脚力的大小也与姿势有关，一般坐姿时脚的推力大，当操作力超过 50 ~ 150N 时宜选脚力控制。图 7-54 所示为人脚在不同方向上的力量分布图。因此用脚操作时最好采用坐姿，座椅要有靠背，脚踏板应设在座椅前正中位置。

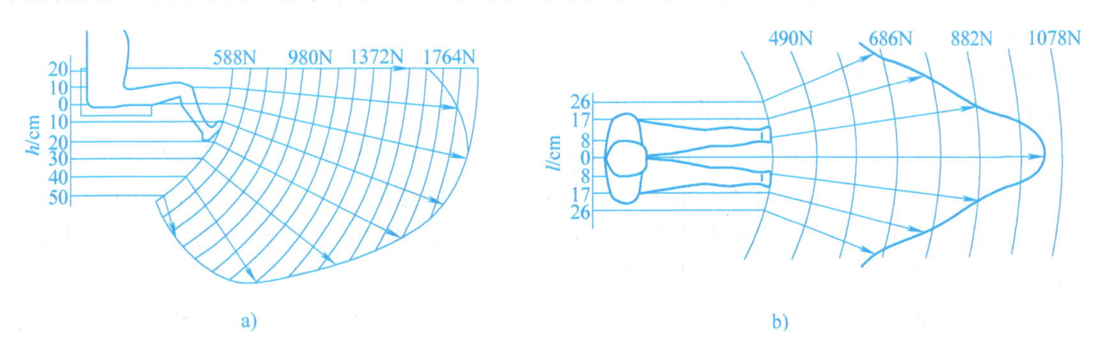

图 7-54　脚的力量分布

三、减少观察错误的结构

操作者了解机器的工作情况，主要是通过机器上设置的各种显示装置来获得的，其中显示仪表应用最多。视觉疲劳而使精神紧张，最容易发生操作失误，因此仪表的造型与排列在结构设计中占有很重要的位置。

仪表的造型设计和排列，应依据显示器的功能特点和人的视觉特性来确定。人的正常视距为 46 ~ 71cm，视角为 39° ~ 41°。因此，在仪表显示结构设计中，仪表应设置在操作者正面视野内，最佳视距为 50 ~ 55cm；重要仪表不得超出 40°视角范围，常用仪表必须在 30°视角内。仪表高度最好与眼睛平齐，上下视线在 10° ~ 45°范围内。指针刻度间距摆角不得小于 10°，指针的宽度为 1.0 ~ 2.5mm，并应贴近刻度盘表面，以减少误差。当有多个仪表并列时，其正常位置变化所对应的指针方向应该相同，相关的仪表应分组集中摆放，有固定使用顺序的仪表应按使用顺序摆放。

试验表明：人在认读不同形式的显示器时正确认读的概率差别较大，试验结果见表 7-1。

表 7-1　不同形式刻度盘的误读率比较

刻度盘形式	开窗式	圆形	半圆形	水平直线	垂直直线
误读率	0.5%	10.9%	16.6%	27.5%	35.5%

四、减少操作错误的结构

操作器的设计基本要求是：使操作者在较少视觉帮助或无视觉帮助下，能够迅速准确地分辨出所需的操作器，并在正确了解机器工作情况的基础上对机器进行适当的调整。要实现这个基本要求，关键在于操作件的造型设计。操作件的造型包括几何尺寸、排列位置和外形设计。在确定几何尺寸时应使不同的操作件之间的尺寸差别足够明显。在排列位置上应符合人的生理特点，如在拖拉机上操作件的排列位置一般将主变速杆、副变速杆、液压系统操纵杆分别排列在座椅的左前方、右前方和右侧的操作柜上，驾驶员操作时往往不用眼看就能找到所需的操作件，既不会出差错又可减轻视觉疲劳。离合器位于左侧，制动踏板和加速踏板按从左到右顺序位于右侧。用手操作的手轮、手柄或旋钮外形应设计得使手握舒服，不滑动。操作手柄的外形一般都根据手幅的长度、手握的粗度、手掌肌肉和手柄接触的位置来设计。图 7-55 所示为一些常见的操纵手柄的外形，图 7-56 所示为旋钮的结构形状与尺寸建议。

图 7-55　常见的操纵手柄外形

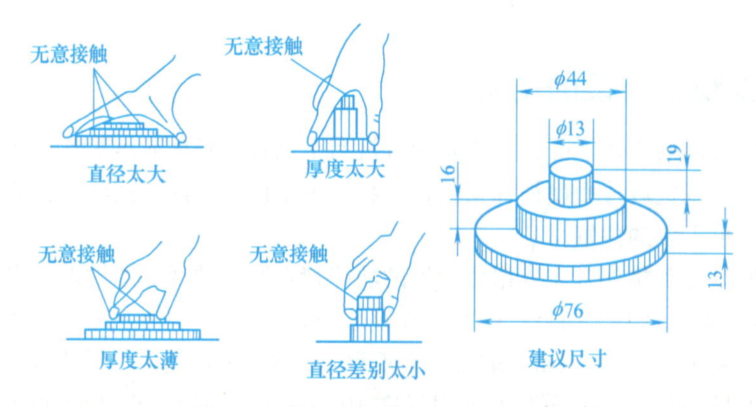

图 7-56　旋钮的结构形状与尺寸建议

第八章
机械产品反求设计与创新

第一节　反求设计技术概述

一、反求设计在科技进步中的重要作用

当今世界科学技术的发展日新月异，产品的科技含量越来越高，世界已经进入了知识经济时代。由于各国科学技术发展得不平衡，经济发展速度的差距很大，一些发达国家在计算机技术、微电子技术、人工智能技术、生命科学技术、材料科学技术、制造工程技术等领域处于领先地位。把发达国家的先进科技成果加以引进、消化吸收、改进提高，再进行创新设计，进而发展自己的新技术，是发展本国经济的捷径。这一过程也称为反求工程。通过反求工程掌握先进技术是十分必要的，在反求的基础上进行工程设计，起点高，更容易获得创新产品。

第二次世界大战后，日本经济的复兴就得益于开展反求工程。第二次世界大战结束后，日本的国民经济处于瘫痪状态，1950 年的国民生产总值仅为英国的 1/29，经济落后美国 30 年。日本把引进国外先进科学技术作为坚定不移的国策，凡是国外先进和适用的技术都积极引入，其经济复苏很快。在引入技术的同时，日本十分注意对反求技术的研究，坚持“一代引进，二代国产化，三代改进出口，四代占领国际市场”，尤其在汽车、电子、光学设备和家电等行业上更为突出。通过成功运用反求技术，日本政府节约了 65% 的研究时间和 90% 的研究经费。20 世纪 70 年代初，日本的工业已经达到欧美发达国家的水平。例如，日本本田公司对世界各国 500 多种型号的摩托车进行反求研究，对不同技术条件下的各种摩托车特点加以分析解剖，综合其优点，研制出耗油少、噪声小、成本低、造型美观的新型本田摩托车，风靡世界；日本三洋公司购买了各种不同品牌的洗衣机，反复研究、试验、比较和分析，充分总结和剖析各类洗衣机的优缺点，并在此基础上对英国胡佛公司最新推出的涡轮喷流式洗衣机进行了全面解剖和改进，于 1953 年春研制出日本第一台喷流式洗衣机。这种洗衣机性能优异，价格只及传统搅拌式洗衣机的一半，一上市便引起轰动，为三洋公司带来了巨大的经济效益。

因为研究和应用反求工程可以有效回避研究开发及探索的风险，实现在高起点上去创新产品，因此重视和研究反求工程的国家很多。我国作为发展中国家，投入大量资金去研发发达国家已推向市场的产品或技术是完全没有必要的。这不仅浪费资金，也会拖延经济发展时间。因此，引入发达国家先进的科学技术及产品，反求创新设计出更新的产品，是我国发展科学技术、振兴国民经济的必由之路。我国广州至深圳的高速列车就是引入日本子弹头机车

的技术后，对其进行分析研究和反求设计，进行了局部的改进与创新而成的。在2007年的运行过程中，列车时速已经达到250km/h，广州至深圳的运行时间仅为45min。

二、反求设计是创新设计的重要方法

反求设计是对先进的产品或技术进行分析研究，掌握其功能原理，零部件的设计参数、结构、尺寸、材料、关键技术等指标，再根据现代设计理论与方法，对原产品进行仿造设计、改进设计或创新设计。因为一个先进成熟的产品凝聚着原创者长期的研究、探索和实践，要理解和彻底掌握原创者的技术和思想，在某种程度上比自己创造难度还要大，因此反求设计绝不是简单的仿造。反求设计强调在剖析先进产品时，要找出原设计中的“绝招”“诀窍”和关键技术，尤其是要找出原设计中的缺陷，然后进行再设计时突破原设计的局限，在较高的起点上，以较短的时间设计出竞争力更强的新产品。反求设计已成为世界各国发展科学技术、开发新产品的重要设计方法之一。

一般情况下，有两种创新方式：第一种是从无到有，完全凭借基本知识、思维、灵感与丰富的经验；第二种是从有到新，借助已有的产品、图样、影像等可感观的实物，创新出更先进、更完美的产品。反求设计就属于第二种创新方式。由于已存在真实的东西，人的设计方式是从形象思维开始的，用抽象思维去思考。这种思维方式符合大部分人所习惯的形象—抽象—形象的思维方式。由于对实物有了进一步的了解，因此可以此为参考，扬长避短，再凭借基本知识、思维、洞察力、灵感与丰富的经验，为创新设计提供良好的环境。

反求设计具有生命力，这是因为任何产品的设计、开发，总要借鉴、继承已有的知识和技术，市场上的产品总要被别人借鉴，青出于蓝而胜于蓝是发展规律。但是，新产品、新技术受有关法律的保护，这是国际性的共同行为规范。反求设计也应遵循这些行为规范，不能侵犯他人的知识产权。所以反求设计绝对不是照抄照搬，创造性是反求设计的精髓所在。

从工程技术角度来看，反求设计对象综合起来可分为两类：一是已知实物的反求，又称硬件反求；二是已知技术资料的反求，又称软件反求。

三、反求设计的基本过程

基于引进技术的反求设计一般要经历以下过程：

（1）应用过程　在生产实践中逐步熟悉引进产品或设备的操作、使用与维修，使其在生产中发挥作用，并创造经济效益。然后，再结合软件资料，进一步了解它的结构、生产工艺、技术性能，特点以及不足之处，做到“知其然”。

（2）消化过程　对引进产品或设备的工作原理、结构、材料、制造工艺、管理方法等进行深入的分析研究，用现代设计理论、设计方法及测试手段对其性能进行计算测定，了解其结构尺寸、材料配方、工艺流程、技术标准、质量控制、安全保护等技术条件，特别是要掌握其关键技术，做到“知其所以然”。

（3）创新过程　在上述基础上，再进行原理方案设计、技术设计等。但关键是要结合本国国情，博采众家之长，开发出具有本国特色的新产品，并力争达到国际先进水平，实现技术从输入到输出的转化，创造出更大的经济效益。

反求设计方法在现阶段的基本设计思想是：分析已有的产品或设计方案，明确产品的各个组成部分并进行适当的分解，明确产品不同部件之间的内在联系，包括功能联系、组装联系等；然后在更高的、更加抽象的设计层次上获取产品模型的表示方法；最后从功能、原理、布局等不同的需求角度对产品模型进行修改和再设计。

四、反求设计的研究内容

反求设计包含对产品的研究与发展、生产制造过程、管理和市场组成的完整系统的分析和研究。主要包括以下几个方面：

（1）探索原产品的设计指导思想　掌握原产品设计的指导思想，是产品改进设计或创新设计的前提。例如微型汽车的消费群体是普通百姓，其设计的指导思想是在满足一般功能的前提下，尽可能降低成本，所以结构上通常是比较简单的。了解原产品的设计指导思想后，可按认知规律，提前设计出新一代的同类产品。

（2）探索原产品原理方案的设计　各种产品都是按一定的使用要求设计的，而满足同样要求的产品可能有多种不同的形式，所以产品的功能目标是产品设计的核心问题。产品的功能概括而论是能量、物料、信号的转换。例如，一般动力机的功能通常是能量转换，工作机通常是物料转换，仪器仪表通常是信号转换。不同的功能目标，可引出不同的原理方案。设计一个夹紧装置时，把功能目标定在机械手段上，则可能设计出斜楔夹紧、螺旋夹紧、偏心夹紧等原理方案；如把功能目标扩大，则可设计出液动、气动、电磁夹紧等原理方案。探索原产品原理方案的设计，可以了解功能目标的确定原则，这对产品的改进设计有很大帮助。

（3）研究产品的结构设计　产品中零部件的具体结构是实现产品功能目标的保证，对产品的性能、成本、寿命和可靠性有很大影响，该部分内容是反求设计的重点。

（4）确定产品的零部件形体尺寸　分解产品实物，由外至内、由部件至零件，通过测绘与计算确定零部件形体尺寸，并用图样及技术文件方式表达出来。这是反求设计中工作量很大的一部分工作。为更好地进行形体尺寸的分析与测绘，应总结箱体类、壳类、轴类、盘套类、叉杆类、齿轮、弹簧等常用零部件参数尺寸测量的特点，掌握直径、壁厚、深度、角度、孔距、螺纹、曲线曲面及其他特殊形体的测量方法，并合理标注尺寸。

（5）确定产品中零件的精度　确定零件的精度，是反求设计中的难点之一。通过测量，只能得到零件的加工尺寸，而不能获得几何精度的分配尺寸。精度是衡量反求对象性能的重要指标，是评价反求产品质量的主要技术参数。合理地进行精度设计，对提高产品的装配精度和力学性能至关重要。

（6）确定产品中零件的材料　通过零件的外观比较、质量测量、硬度测量、化学分析、光谱分析、金相分析等手段，对材料的物理性能、化学成分、热处理方法等进行全面鉴定。在此基础上，参照同类产品的材料牌号，选择满足力学性能和化学性能的国产材料代用。

（7）确定产品的工作性能　通过分析产品的运动特性、动力特性及其工作特性，全面了解产品的性能，提出改进措施，这是创新设计的前提。

（8）确定产品的造型　对产品的造型及色彩进行分析，从美学原则、顾客需求心理、商品价值等角度进行造型设计和色彩设计，以提高产品的外观质量和舒适程度。

（9）确定产品的维护与管理　分析产品的维护与管理方式，了解重要零部件及易损零部件，有助于维修及设计的改进和创新。

第二节 已知实物的反求设计与创新

实物反求设计是以已存在的产品实物为依据，对产品的功能原理、设计参数、尺寸、材料、结构、装配工艺、包装使用等进行分析研究，研制开发出与原型产品相同或相似的新产品。这是一个从认识产品到再现产品或创造性开发产品的过程。实物反求设计需要全面分析大量同类产品，以便取长补短，进行综合。

一、实物反求设计的种类及特点

1. 实物反求设计的种类

根据反求对象的不同，实物反求设计可分为三种：

（1）整机反求　反求对象是整台机器或设备，如发动机、机床、汽车、成套设备中的某一设备等。一些不发达国家在经济起步阶段常采用这种方法，以加快工业发展的速度。

（2）部件反求　反求对象是机械装置中的某一部件，如机床的主轴箱、汽车中的后桥、飞机的起落架等。反求部件一般是机械设备中的关键部件，也是先进产品中的技术控制部件，如空调、冰箱中的压缩机。

（3）零件反求　反求对象是机械中的某些关键零件，如汽车后桥中的锥齿轮、发动机中的凸轮轴等。

采用哪种反求技术完全取决于引入国家的引入目的、需求、科技水平和经济能力。

2. 实物反求设计的特点

1）具有形象直观的实物存在，有利于进行形象思维。

2）可对产品的功能、性能、材料等直接进行测试分析，以获得详细的设计参数。

3）可对产品的尺寸直接进行测绘，以获得重要的尺寸参数。

4）可缩短设计周期，提高产品的生产起点与速度。

5）引进的产品就是新产品的检验标准，为新产品开发确定了明确的赶超目标。

实物反求虽然形象直观，但引进产品时费用较大，因此要充分调研，确保引进项目的先进性与合理性。

二、实物反求设计的一般过程

图8-1所示为实物反求设计的一般流程图。

三、实物反求的准备过程

1. 决策准备

（1）收集及分析资料　广泛收集国内外同类产品的设计、使用、试验、研究和生产技术等方面的资料，通过分析比较，了解同类产品及其主要部件的结构、性能参数、技术水平、生产水平和发展趋势。同时还应对国内企业进行调查，了解生产条件、生产设备、技术水平、工艺水平、管理水平及原有产品等方面的情况，以确定是否具备引进及进行反求设计的条件。

（2）进行可行性分析研究　经过可行性分析研究后，写出可行性研究报告。

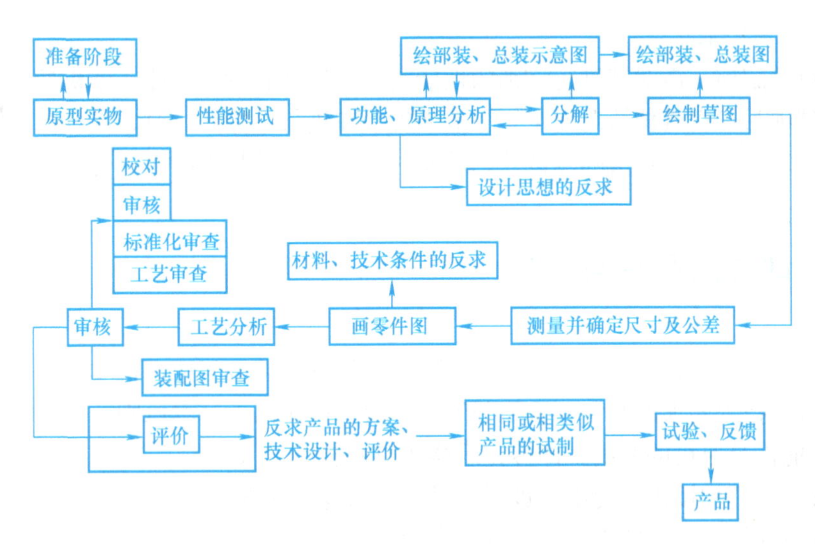

图 8-1　实物反求设计一般流程图

(3) 进行项目评价工作　其主要内容包括：反求设计的项目分析，产品水平，市场预测，技术发展的可能性，经济效益。

2. 思想和组织准备

由于反求设计是复杂、细致、多学科且工作量很大的一项工作，因此需要各方面的人才，并且一定要有周密、全面的安排和部署。

3. 技术准备

技术准备阶段主要是收集有关反求对象的资料并加以消化，通常包括以下两方面的资料：

(1) 收集反求对象的原始资料　主要包括产品说明书、维修维护手册、各类产品样本、维修配件目录、产品年鉴、广告、产品性能标签、产品证明书。

对于从国外进口的样机、样件，若能获得维修手册，将给测绘带来很大帮助。

(2) 收集有关分解、测量、制图等方面的方法、资料和标准　主要包括机器的分解与装配方法、零件尺寸及公差的测量方法、制图及校核方法、标准资料、典型零件的测绘方法、标准件和外购件的说明书及有关资料、与样机相近的同类产品的有关资料。

其中，标准资料在测绘过程中是一种十分重要的参考资料，通过它可对各国产品的品种、规格、质量和技术水平有较深的了解。

四、实物的功能分析和性能分析

1. 实物的功能分析

产品的用途或所具有的特定工作能力称为产品的功能，也可以说功能就是产品所具有的转化能量、物料和信息的特性。实物的功能分析通常是将其总功能分解成若干简单的功能元，即将产品所需完成的工艺动作过程进行分解，用若干个执行机构来完成分解所得的执行动作，再进行组合，即可获得产品运动方案的多种解。在实物的功能分析过程中，可明确各部分的作用和设计原理，对原设计有较深入的理解，为实物反求打下坚实的基础。

2. 实物的性能测试

在对样机分解前，需对其进行详细的性能测试，通常有运转性能、整机性能、寿命及可靠性等，测试项目可视具体情况而定。一般来说，在进行性能测试时，最好把实际测试与理论计算结合起来，即除进行实际测试外，还要对关键零部件从理论上进行分析计算，为自行设计积累资料。

五、零部件的测绘与分析

1. 实物的分解

在实物反求过程中，必须对样机进行分解，以便准确而方便地进行零件尺寸的测量、表面状况的分析及技术要求的制订。实物分解时一般要遵循以下基本原则：

1）遵循能恢复原机的原则，即拆完后能按原样装配起来。

2）分解的零部件按机器的组成进行编号，并由专人保管。

3）拆后不易调整复位的零件、过盈配合的零件和一些不可拆连接，一般不进行分解。

4）分解过程中要做好分解记录。特别要注意记录难拆的零件和有装拆技巧的零件的分解过程，以减少恢复原机的困难。

实物分解的一般步骤如下：

1）拍照并绘制外轮廓图，并在其上标注相应的尺寸。主要有总体尺寸、安装尺寸、运动零件极限尺寸等。

2）将机器分解成各部件。为了记录整个实物及各部件的组成、零件的相应位置和传动关系，在拆卸前，应先画出装配结构示意图，且在拆卸过程中应不断改正和补充，特别要注意零件的作用和装配关系。

3）将各部件分解成零件。分解时要将分解后的零件归类、记数、编号并保管好。

2. 测绘的一般方法

虽然被测零件的结构形状千差万别，在产品中所起的作用也各不相同，但通常将其分为一般零件、传动零件、标准零件和标准部件等。测绘时要基本按比例画出零件草图，然后标注测量尺寸。测量尺寸时要注意以下问题：

1）必须正确使用测量工具、仪器。

2）测量零件上的一般尺寸时，应将所测尺寸数值按标准化数列进行圆整。在测量零件的重要相对位置尺寸时，应使用精密量具，并对所测尺寸进行必要的计算、核对，不应随意圆整。

3）对于零件标准化的结构，应将测得的数值按标准取为标准值。

4）对具有配合关系的零件，其配合表面的基本尺寸应取得一致，并按公差配合标准查出极限偏差值予以标注。

5）测量具有复杂型面的零件时，要边测量边画放大图，以检查测量中出现的问题，及时修正测量结果。

6）对于零件上磨损或损坏部分的结构形状和尺寸，应参考与其相邻的零件形状和相应尺寸或有关技术资料给予确定。

7）有些不能直接测量得到的尺寸，要根据产品性能、技术要求、工作范围等条件，通过分析计算求出来。

3. 实测尺寸数据的处理

实测尺寸不等于原设计尺寸，需要从实测尺寸推论出原设计尺寸。假设所测的零件尺寸均为合格尺寸，则实测值一定是图样上规定的公差范围内的某一数值。即零件的制造误差与测量误差之和必定小于或等于其给定的公差，故实测值应在上极限尺寸和下极限尺寸之间。根据概率统计原理，零件尺寸的制造误差与测量误差的概率分布服从正态分布规律，尺寸误差位于公差中值的概率最大，这是处理实测数据的基础。

六、零件技术条件的反求

零件技术条件的确定，直接影响零件的制造、部件的装配和整机的工作性能。

1. 尺寸公差的确定

在反求设计中，零件的公差是不能测量的，故尺寸公差只能通过反求设计来解决。由于实测值是知道的，基本尺寸可以计算出来，因此二者的差值是可求的，再由此差值查阅公差表，并根据基本尺寸选择精度，按差值小于或等于所对应公差的一半的原则，最后确定出公差的精度等级和对应的公差值。

2. 几何公差的确定

零件的几何形状及位置精度对机械产品的性能有很大影响，一般零件都要求在零件图上标注出几何公差，几何公差的选用和确定可参考标准 GB/T 1184—1996。该标准为几何公差值的选用和确定提供了条件。具体选用时应考虑以下原则：

1）确定同一要素上的几何公差值时，形状公差值应小于位置公差值。例如要求平行的两个表面，其平面度公差值应小于平行度公差值。

2）圆柱零件的形状公差值，一般情况下应小于其尺寸公差值。

3）几何公差值与尺寸公差值相适应。

4）几何公差值与表面粗糙度值相适应。

5）选择几何公差时，应对各种加工方法导致的误差范围有一个大致的了解，以便根据零件加工及装夹情况提出不同的几何公差要求。

6）参照验证过的实例，采用与现场生产的同类型产品图样或测绘样图进行对比的方法来选择几何公差。

3. 表面粗糙度值的确定

通常机械零件的表面粗糙度值可用粗糙度仪较准确地测量出来，再根据零件的功能、实测值、加工方法，参照国家标准，选择合理的表面粗糙度要求。

4. 零件材料的确定

零件材料的选择直接影响零件的强度、刚度、寿命及可靠性等指标，故材料的选择是机械创新设计中的重要问题。

（1）材料的成分分析　材料的成分分析是指确定材料中的化学成分，可通过一些相应手段对材料的整体、局部、表面进行定性或定量分析。金属材料常用的简单反求方法有火花鉴别和音质鉴别。其中，前者是根据材料与砂轮磨削后产生的火花形状鉴别材料的成分，后者是根据敲击材料的声音频率判断材料的成分。比较准确的材料成分反求有原子发射光谱分析法、微探针分析法等，以及对非金属材料反求采用的红外光谱分析法。

（2）材料的组织结构分析　材料的组织结构是指材料的宏观组织结构和微观组织结构。

进行材料的宏观组织结构分析时，可用放大镜观察材料的晶粒大小、淬火硬层的分布、缩孔缺陷等情况。利用显微镜可观察材料的微观组织结构。

（3）材料的工艺分析　材料的工艺分析是指材料的成形方法。最常见的工艺有铸造、锻压、挤压、焊接、机加工以及热处理等。

5. 热处理及表面处理的确定

在确定零件热处理等技术要求时，一般应设法对实物这方面的原始技术条件进行识别测定，在获得实测资料的基础上，参照下述各点，合理选择。

1）零件的热处理要求是与零件的材料密切相关的。

2）对零件是否提出热处理要求，主要考虑零件的作用和对零件的设计要求。

3）对零件是否提出化学热处理和表面热处理的要求，主要根据零件的功用和使用条件对零件的要求而定，如渗碳、镀铬等。

七、关键零件的反求设计

实物易于仿造，但其中必有一些关键零件，是生产商要控制的技术。这些关键零件是反求的重点和难点，在进行实物反求设计时，要根据具体情况找出这些关键零件。例如发动机中的活塞和凸轮轴、汽车主变速器中的锥齿轮等，都是反求设计中的关键零件。对机械中关键零件的反求成功后，技术上就会有所突破和创新。一般情况下，关键零件的反求都需要较深的专门知识和技术。

八、机构系统的反求设计

机构系统的反求设计通常是根据已有的设备，画出机构系统的运动简图，对其进行运动分析、动力分析及性能分析，再根据分析结果改进机构系统的运动简图，它是反求设计中的重要创新手段。

进行机构系统的反求设计时，要注意产品的设计策略反求，主要包括以下几个方面：

1）功能不变，降低成本。

2）成本不变，增加功能。

3）增加一些成本以换取更多的功能。

4）减少一些功能以使成本降低得更多。

5）增加功能，降低成本。

通常前四种策略应用较为普遍，而最后一种策略是最理想的，但困难很大，它必须依赖新技术、新材料、新工艺等方面的突破才能有所作为。例如，大规模集成电路的研制成功，使计算机的功能越来越强大，但其价格却在不断下降。

第三节　已知技术资料的反求设计与创新

在技术引进过程中，常把产品实物、成套设备或成套生产线等的引进称为硬件引进，而把与产品设计、生产及使用有关的技术图样、产品样本、产品规范、设计说明书、使用说明书、维修手册、影视图片、专利文献等技术资料的引进称为软件引进。硬件引进是以应用或扩大生产能力为主要目的，并在此基础上进行仿造、改进或创新。软件引进则是以增强本国的设计、制造、研制能力为主要目的，它能促进技术进步和生产力发展。软件引进模式比硬件引进模式更经济，但需具备现代化的技术条件和高水平的科技人员。

一、技术资料反求设计的特点

技术资料反求设计的目的是探索和破译其技术秘密，再经过消化、吸收、创新，来快速发展本国的生产。其主要特点有以下几个方面：

（1）抽象性　由于引进的技术资料不是产品实物，可见性差，不如实物形象直观。因此，技术资料反求设计的过程主要是处理抽象信息的过程。

（2）科学性　从引进的技术资料中提取信息，经过科学的分析和反求，去伪存真，从低级到高级，逐步破译出反求对象的技术奥秘，从而获取接近客观的真值，具有高度的科学性。

（3）智力性　已知技术资料反求设计的过程，是利用逻辑思维分析技术资料，到设计出新产品的形象思维过程，全靠人的脑力劳动，具有高度的智力性。

（4）综合性　技术资料的反求设计要综合运用多学科知识，要集中多种专业人才协同工作，才能完成任务。

（5）创造性　在引进技术资料基础上进行产品的反求设计，不是原产品设计过程的重复，而是一种创造、创新的过程，是加快发展国民经济的重要手段。

二、技术资料反求设计的方法

1. 产品图样的反求设计

（1）引入产品图样的目的　引入国外先进产品的图样直接仿造生产，是我国20世纪70年代技术引进的主要目的。这是洋为中用、快速发展本国经济的一种途径。我国的汽车工业、钢铁工业、纺织工业等许多行业都是依靠这种技术引进发展起来的。实行改革开放政策以后，增加了企业的自主权，技术引进快速增加，缩短了与发达国家的差距。但世界已进入了以高科技为代表的知识经济时代，仿造虽可加快发展速度，但却不能领先或达到世界先进水平。在仿造的基础上有所改进、有所创新，研究出更为先进的产品，产生更大的经济效益，是目前引入产品图样的又一目的。

（2）设备图样的反求设计过程　一般情况下，设备图样的反求设计比较容易些，其过程简介如下：

1）读懂图样和技术要求。

2）用国产材料代替原材料，选择适当的工艺过程和热处理方式，并据此进行强度计算等技术设计。

3）按我国国家标准重新绘制生产图样和提出具体的技术要求。

4）试制样机并进行性能测试。

5）投入批量生产。

6）产品的信息反馈。

7）进行改进设计，改型或创新设计新产品。

例8-1　振动压路机的反求设计。

在20世纪80年代，我国从西方国家引进了振动压路机技术。仿造后发现该机的非振动部件和驾驶室的振动过大，操作条件差，影响了仿造机的推广使用。图8-2a所示为按引进技术生产的振动压路机，它是利用垂直振动实现压紧路面的，而垂直运动带来的负面影响很难消除。通过对机械振动方式的反求设计，科技人员提出了用水平振动代替垂直振动，创新设计出图8-2b所示的新型振动压路机。这种新型振动压路机不仅防止了垂直振动引起的不良影响，而且滚轮不脱离地面，静载荷得到了充分的利用，能量集中在压实层上，压实效果较好。

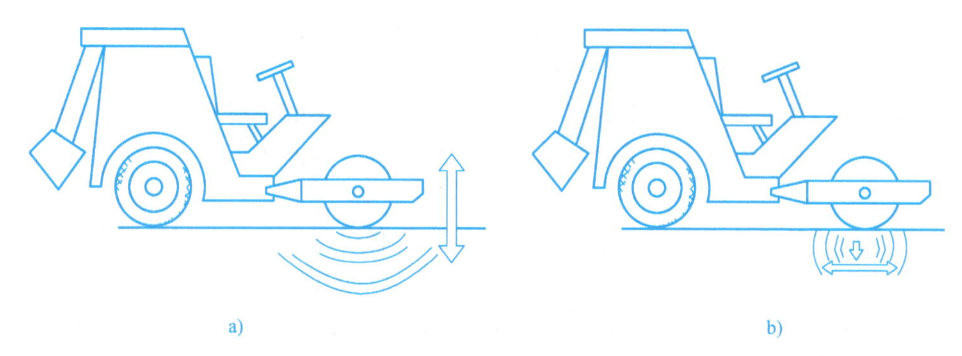

a)　　　　b)

图8-2　两种不同振动方式的压路机

2. 影像资料的反求设计

根据照片、图片、广告介绍、参观印象和影视画面等图片影像资料进行产品的反求设计，称为影像反求。这种反求设计的特点是信息量少，反求难度大，要求设计者具有较丰富的设计与实践经验。影像反求的基本过程是：收集影像资料；根据影像资料进行原理方案分析及结构分析；原理方案的反求设计；进行技术设计；技术性能与经济性的评估。

影像反求目前还未形成成熟的技术，一般要利用透视变换和透视投影形成不同的透视图，从外形、尺寸、比例和专业知识等方面去研究其功能和性能，进而分析其内部可能的结构。进行影像反求时，可从以下几方面来考虑：

1）可从影像资料得到一些新产品设计概念，并进行创新设计。例如，某研究所从国外一些给水设备的照片上，看到喷灌给水的应用前景，并受照片上有关产品的启发，开发出一种经济实用、性能良好的喷灌给水栓系列产品；20世纪50年代的日本利用收集到的几张数控机床的照片，研发出更为先进的数控机床，并返销美国，使美国人大吃一惊。因为廉价的图片容易获得，通过照片等图像资料进行反求设计逐步被采用，并引起世界各国的高度重视。

2）结合影像信息，根据产品的工作要求分析其功能和原理方案。例如国外某杂志上介绍了一种结构小巧的“省力扳手”，可以增力十几倍，妇女和少年都能轻易地操作这种扳手给汽车换胎拧螺母。根据其照片中输出、输入轴同轴及圆盘形外廓，分析它采用了行星轮系，以大传动比减速增矩，按照这个思路设计了省力扳手，效果很好。

3）根据影像信息、外部已知信息，分析产品的结构和材料。利用影像资料，参照功能和工作原理，对反求对象进行推理。例如可通过影像色彩判断材料种类，通过传动系统的外形判断传动类型。

4）根据影像资料中各对象的比例推算尺寸。为了较准确地得到产品的形体尺寸，需要根据影像信息，采用透视图原理求出各尺寸之间的比例，然后用参照物对比法确定其中某些尺寸，通过比例求得物体的全部尺寸。参照物可为已知尺寸的人、物或景。例如一张图片中产品旁边有操作工人，根据人平均身高约为 1.7m，可按比例求得设备的尺寸，日本某专家曾依据大庆油田炼油塔的一张照片估算出炼油塔的容积和生产规模，其参照物就是油塔上的金属爬梯。参照爬梯估算出油塔的高度和直径，就很容易计算出容积。

5）借助计算机图像处理技术处理信息。将图像信息经过处理得到三维 CAD 实体模型及其相关尺寸，从而实现反求设计所需的一些参数。

例 8-2 拉丝模抛光机的反求设计。

20 世纪 80 年代，国内一所大学与工厂合作，根据国外拉丝模抛光机产品说明书上的图片进行反求设计。反求时，先对产品图片进行投影处理，其拉丝模抛光机的外形和分解透视图如图 8-3 所示。产品说明书中给出了相关的运动参数：拉丝模的回转速度为 850r/min，抛光丝的往复移动速度为 100 ~ 1000m/min。据此反求出箱体内的传动系统如图 8-4 所示。拉丝模的回转运动通过异步电动机和一级带传动来实现。传动比按电动机速度与拉丝模回转速度的比值选择。抛光丝的往复移动通过曲柄滑块机构和带传动的串联来实现，选择直流调速电动机调速。这样反求的拉丝模抛光机不仅达到了国外同类产品的水平，其价格也仅为进口产品价格的三分之一。

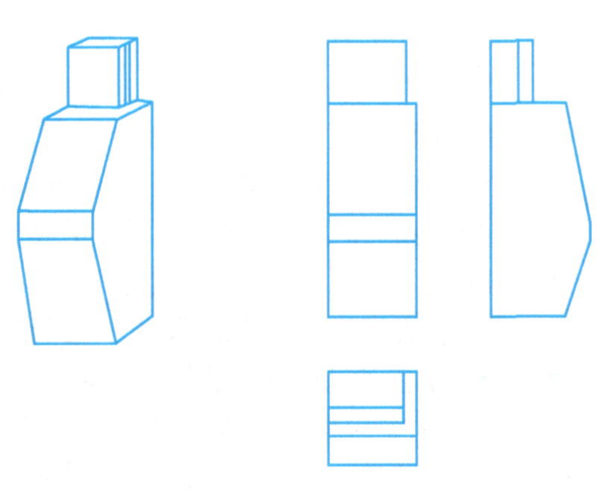

图 8-3 拉丝模抛光机的外形

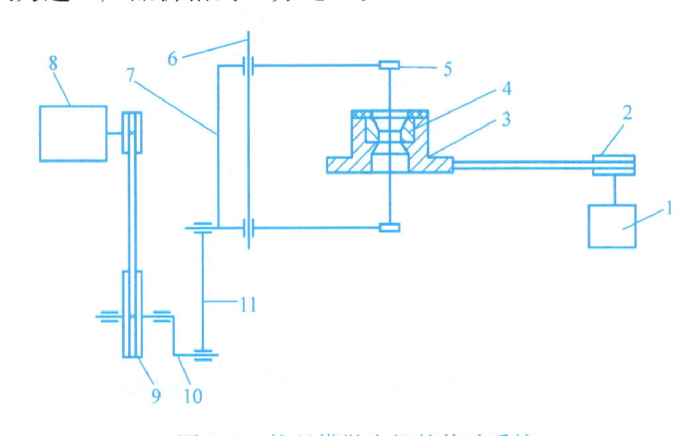

图 8-4 拉丝模抛光机的传动系统

1—异步电动机 2、9—带传动 3—工件定位板 4—工件 5—抛光丝夹头 6—导轨 7—往复架 8—直流调速电动机 10—曲柄 11—连杆

3. 专利文献的反求设计

由于专利产品具有新颖性和实用性，因而专利技术越来越受到人们的重视。因此对专利技术进行深入的分析研究和反求设计，已经成为人们开发新产品的一条重要途径。

专利文献资料包括：国家专利局公布的中国发明专利说明书、实用新型专利说明书等；世界各国公布的专利说明书；技术杂志、报刊对发明家和技术发明的专题介绍等；科技成果交易市场、科技投资服务网和专利技术展销会公布的专利信息等。专利说明书是最主要的专利文献资料。

专利说明书的主要内容包括：说明书摘要（简介技术成果的组成结构、传动原理、技术特性、经济性及应用场合等）；权利要求书（说明专利技术要求保护的具体内容）；说明书（通过实例说明专利技术的具体构成、运动转换、性能分析及技术产品的优缺点等）和附图。专利说明书的这四个方面内容是按专利文献进行反求设计的主要依据。

根据专利文献进行反求设计的主要步骤如下：

1）根据工作的具体需要对专利进行检索，选择相关的专利文献。

2）根据说明书摘要，判断专利技术的新颖性和实用性，决定是否引进该项技术。

3）对照附图阅读说明书，并根据权利要求书判断专利的关键技术。

4）结合国情，分析专利技术产品化的可能性。专利只是一种技术，分为产品的实用新型专利、外观专利和发明专利。专利并不等于产品设计，并非所有的专利都能产品化。

5）研究专利技术持有者的思维方法，以此为基础进行原理方案的反求设计。

6）在原理方案反求设计的基础上，提出改进方案，完成创新设计。

例 8-3 带传动试验加载装置的反求设计。

国内一所大学曾借鉴1980年公布的一项美国专利文献提供的“带传动试验加载装置”专利，对其进行反求设计，成功地研制出一种新型交流电封闭加载带传动试验台。图8-5所示为美国专利技术提供的带传动试验台的基本组成形式。反求的关键技术是如何使主动带轮的转速保持恒定不变。

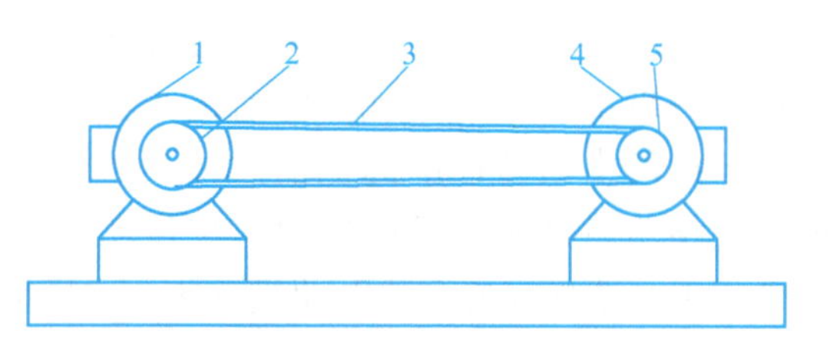

图8-5 带传动试验台的基本组成形式

1—驱动电动机 2—主动带轮 3—传动带 4—从动电动机 5—从动带轮

专利文献中提出在驱动电动机的电路中安装一个调压器。带轮的设计原则是使驱动电动机在低于其同步转速下进行运转，从动电动机在高于其同步转速下运转。经过对其进行分析后可知，异步电动机的最大转矩随电压的平方而变化，因而在同一负载下的转速也会发生变化。反求的结果是在从动电动机电路中也安装一个调压器，使两个调压器分别成为驱动电动机调速和从动电动机加载的控制器，试验效果良好。

第四节 计算机辅助反求设计

随着现代计算机技术及测量技术的快速发展，在反求设计中应用计算机辅助技术，不仅可以提高产品的质量，而且还可以缩短新产品开发周期，降低产品的成本。在实物反求设计中，特别是反求像汽车覆盖件、叶片等自由曲面零件时，利用计算机辅助反求设计，可以完成技术人员难以做到的工作，因此其应用日益广泛。

一、计算机辅助实物反求设计

进行计算机辅助实物反求设计，首先要对实物零件进行参数、外形尺寸测量，然后根据测量数据通过计算机重构出实物的CAD模型。对于影像资料，则可利用摄像机将照片中的图像信息输入计算机中，经过计算机中图像处理软件的数据处理后，产生三维立体图形及有关外形尺寸，从而获得图片中产品的 CAD 模型及外形尺寸。根据测量数据形成的 CAD 模型，在对其进行分析的基础上形成数控加工代码，通过数控机床加工出立体实物；或输入激光分层实体制造设备，利用堆积成形的原理，快速形成三维实体零件。

实物的计算机辅助反求设计过程简介如下：

1. 数据测量

在反求设计过程中，数据的测量与采集非常重要。一般利用三坐标测量仪、坐标高速扫描仪、激光扫描仪或三维数字化仪等仪器，测量有关实物零件表面的形状和尺寸，得到空间拓扑离散点数据，将实物零件的几何模型转化为测点数据组成的数字模型（即为对象数字化），并将测量结果以文件或数据库的方式存储。对象数字化是实物反求设计中必不可少的基本步骤。

2. 数据处理

当得到比较完善的采样数据后，可通过三维图形处理技术将采样数据以三维图形的方式显示出来，得到直观简略的产品结构外形。此外，还需要对测量数据进行一些编辑处理，如删除噪声点，增加必要的补偿点，进行数据点的加密和精化，将数据分割、压缩等。

3. 建立 CAD 模型

通过三维建模、曲面拟合、曲面重构等方法，根据空间拓扑离散点数据反求出产品的三维 CAD 模型（即为对象的模型重构），并在产品对象分析和插值检测后，对模型进行逼近调整和优化。

4. 对象分析

将模型和设计数据用于产品的表面分析、有限元分析和工艺分析，并将分析结果以文件或数据库的方式存储起来，以备其他模块检索调用。

5. 数控加工

根据分析结果对有关数据进行刀具轨迹编程，生成数控加工代码和产生数控加工轨迹，并在数控设备上将反求对象加工出来；或者生成 STL 文件，将信号输入有关设备进行快速成型制造。

6. 对象检验与修正

采用根据获得的 CAD 模型重新测量和加工出样品的方法来检验重构的 CAD 模型是否满足精度或其他试验性能指标的要求，对不满足要求者重复以上过程，直至达到零件的设计要求。

图 8-6 所示为计算机辅助实物反求设计的框图。

例 8-4　健身器托架的反求设计。

健身器托架用于支承人的双腿、腕部，并做往复横向振动，设计时要符合人机工程的要求，所以其形状非常复杂。图 8-7 所示为健身器托架的反求设计。

1）数据测量与数据处理。利用激光扫描仪测量表面形状与尺寸，采集到大量数据，对测点数据进行编辑处理，删除噪声点，增加补偿点，进行数据点的加密。图 8-7a 所示为健身器的扫描数据点云。

2）建立 CAD 模型，进行曲面拟合、曲面重构。由于数据量大，不便于快速处理，因此一般在计算机辅助反求设计中，需要将数据压缩，将这些数据点读入到 CAD 系统中，生成

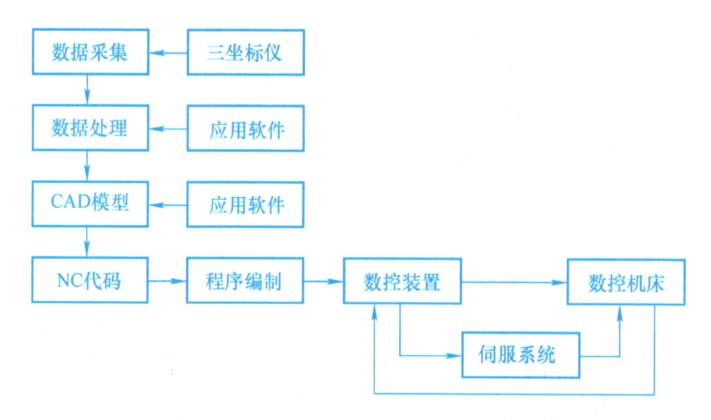

图8-6　计算机辅助实物反求设计的框图

非均匀有理B样条曲面（通常简称为NURBS曲面），图8-7b所示为重构曲面的线框。为增强直观性，可对线框图进行渲染，图8-7c所示为重构曲面的光照图。

3）建立NC加工轨迹。对曲面重构的数据进行刀具轨迹编程，生成数控加工轨迹，进行机械加工。图8-7d所示为重构曲面的数控加工轨迹图，在数控机床上即可按此轨迹进行加工。

随着CAD/CAPP/CAM系统的不断完善，计算机辅助实物反求设计将会发挥更大的优势。

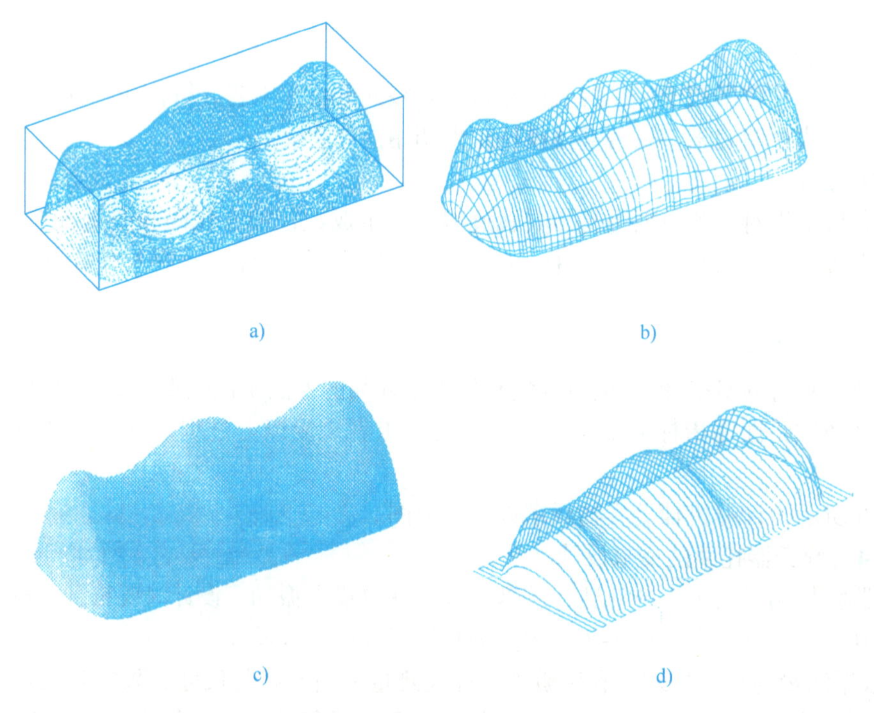

图8-7　健身器托架的反求

a）健身器扫描数据点云　b）重构曲面线框图　c）重构曲面光照图　d）重构曲面NC加工轨迹

二、反求设计与快速成型技术

1. 快速成型的概念

快速成型技术是一种用材料逐层或逐点堆积出制件的新型制造方法。快速成型不采用常规的模具或刀具来加工工件，而是利用光、电、热等手段，通过固化、烧结、粘结、熔结、聚合作用或化学作用等方式，有选择地固化（或粘结）液体（或固体）材料，实现材料的迁移和堆积，形成所需要的原型零件。

快速成型技术综合运用计算机技术、CAD 技术、数控技术、激光技术及材料科学技术，可以自动、直接、快速、精确地将设计思想物化为具有一定功能的原型或直接制造零件，从而可以对产品设计进行快速评价、修改及功能试验，有效地缩短了产品的研发周期，成为一种先进的产品研究与开发技术。

2. 快速成型技术的原理

快速成型技术是一种基于离散/堆积成型思想的新型成型技术，其基本过程如下：首先由三维 CAD 软件设计出所需零件的三维曲面或实体模型；然后根据工艺要求，将其按一定的厚度进行离散（即分层），将原来的三维模型转变为二维平面信息（即层面信息）；并将分层后的信息进行处理（离散过程），生成数控代码；数控系统以平面加工的方式，有序连续地加工出每个薄层，并使它们自动粘结而成型（堆积过程），如图 8-8 所示。通过这种方式，将一个复杂物理实体的三维加工离散成一系列层片的加工，即将整体制造转变为分层制造，大大降低了加工的难度。

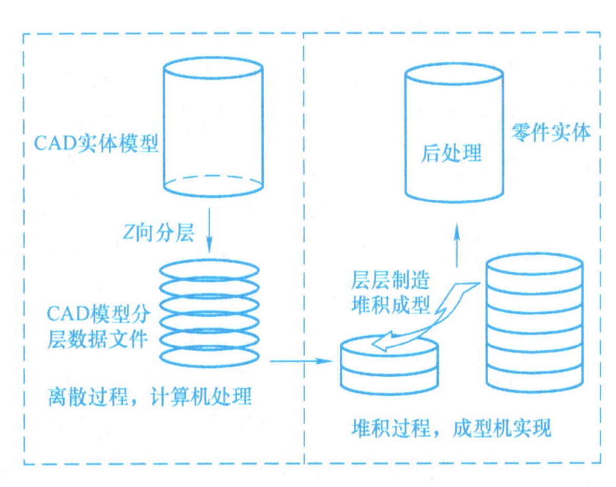

图 8-8　快速成型技术的原理

快速成型技术不受模型几何形状的限制，可以快速地将测量数据复原成实体模型，所以反求工程与快速成型技术的结合，实现了零件的快速三维复制。若经过 CAD 重新建模或快速成型工艺参数的调整，还可以实现零件或模型的变异复原。反求设计与快速成型技术相结合的过程如图 8-9 所示。

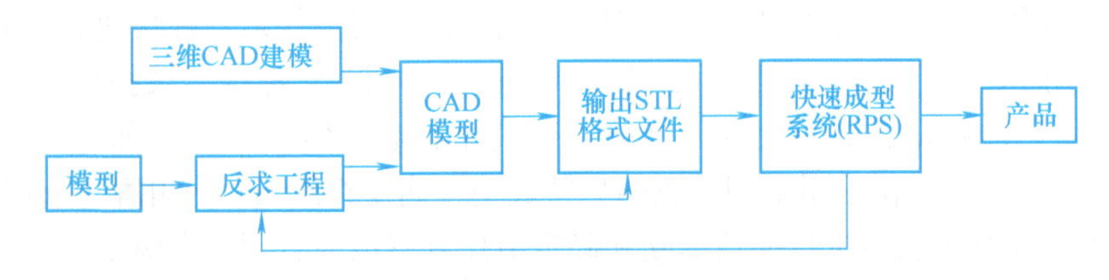

图 8-9　反求设计与快速成型技术

由于快速成型机只能接收计算机构造的工件三维模型（即立体图），然后才能进行切片处理，因此首先应在计算机上用三维 CAD 软件，根据产品的要求设计三维模型；或将已有产品的二维三视图转换成三维模型；或在仿制产品时，用扫描仪对已有的产品进行实体扫描，得到三维模型，如图8-10所示。在此基础上，才能进行产品的快速成型制造。

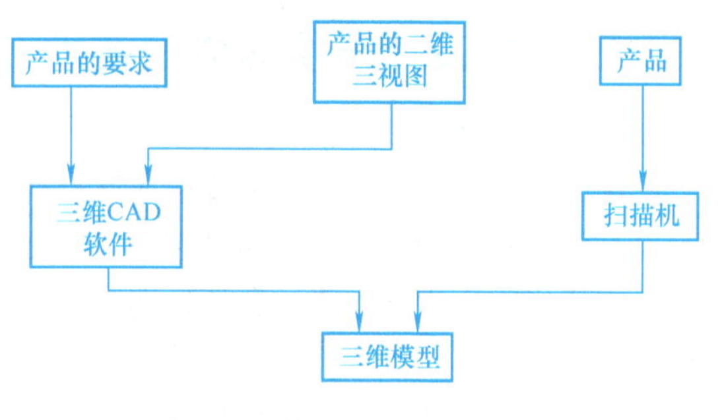

图8-10 构造三维模型的方法

3. 快速成型技术的应用

快速成型技术主要适用于新产品开发、单件及小批量零件制造、复杂形状零件的制造、模具制造，也适用于难加工材料的制造、外形设计检查、装配检验和反求工程等。自该技术问世以来，已经在发达国家的制造业中，特别是机械、家电、汽车、建筑、航空、医疗等行业得到了广泛的应用。

（1）用于产品设计评估与校审　快速成型技术可使CAD的设计构想快速、精确地生成可触摸的物理实体，这比将三维几何造型展示于二维的屏幕或图纸上具有更高的直观性和启示性。因此。设计人员可以借助于快速成型技术，更快、更容易地发现设计中的不足。在汽车外形设计等美学设计特别重要的领域，广泛采用真实比例的木制或泥塑模型来评估设计的美学效果，此时采用快速成型技术制作出模型是一种非常有效的方法。

快速成型技术生成的模型还是设计部门与非技术部门之间进行交流的很好中介物；也可用作厂商与客户交流的手段，因为客户总是更愿意对实物原型提出修改意见。

（2）用于产品工程功能试验　在家电、通信等行业，在产品外壳对强度要求不高的情况下，采用快速成型技术制作的原型产品完全可以用于功能测试。在快速成型系统中使用新型光敏树脂材料制成的零件原型具有足够的强度，可用于传热、流体力学试验；用某些特殊光敏树脂材料制成的模型还具有光弹性，可用于产品受载应力应变的试验分析。

（3）用于快速模具制造　使用快速成型技术生成实体模型来制作模芯或模套，结合精铸、粉末烧结或电极研磨等技术，可以快速制造出企业生产所需要的功能模具或工艺装备。其制造周期较之传统的数控切削方法可缩短30%～40%以上，而成本却下降35%～70%。模具的几何复杂程度越高，这种效益越显著。因此，快速成型技术已经成为一些制造厂家争夺订单的有效手段。

（4）用于快速直接制造　快速成型技术利用材料累加法直接制造可用零件，如制造塑料、陶瓷、金属及各种复合材料零件。在航空航天等领域，由于其形状复杂、批量小和使用特种难加工金属的特点，采用快速成型技术直接制造出所需零件是一种快速有效的方法。

（5）应用于医学、建筑等行业　根据CT（电子计算机X射线断层扫描技术）或MRI（核磁共振成像）的数据，应用快速成型技术可快速制造人体的骨骼（如颅骨）和软组织（如肾）等模型，不同部位采用不同颜色的材料成型，病变组织可以使用醒目颜色。这些人体的器官模型对于帮助医生进行病情诊断和确定治疗方案极为有利。在康复工程上，可用于制造假肢。在建筑工程上，可快速准确地将建筑设计模型制造出来，也逐步用于三维地图的设计制作。

（6）应用于艺术、考古等行业　快速成型技术可用于修复破损的艺术品或缺乏供应的损坏零件等，如艺术学、考古文物的模型修复和复制。此时不需要对整个零件原型进行复制，而是借助反求技术抽取零件原型的设计思想，指导新的设计并通过快速成型技术制造出来。

第五节　电动机减速器的反求设计

一、原产品的分析

反求对象为德国某公司 AF 系列电动机减速器，有装配简图一张及图上所示部分参数。

1. 设计特点分析

1）电动机通过三级斜齿轮减速，输出较低转速和较大转矩，电动机减速器装置在生产中有较广泛的应用。

2）结构紧凑。

① 采用锥形转子电动机，停转时能自动制动，不必用制动器。

② 齿轮全部采用硬齿面 20CrNiMo 钢渗碳淬火，传递载荷大。

③ 齿轮与轴之间采用过盈配合，减少轴向固定元件。

3）按系列产品设计，有 5 种机座号，中心距见表 8-1，中心距公比 $\Phi_a=1.25$（R10 系列）；每种中心距均有 23 种传动比，$i=9\sim180$，传动比公比 $\Phi_i=1.12$（R20 系列）。能适应较宽的工作范围。

表 8-1　AF 系列电动机减速器中心距　（单位：mm）

中心距 \ 机座号	AF05	AF06	AF08	AF10	AF12
a	105	125	160	200	250
a_1	33	41	51	64	81.6
a_2	41	51	64	81.6	120
a_3	65	74	92	120	151

2. 存在问题

1）参数不甚合理，很多主要参数包括中心距都未采用优先数，三级齿轮强度不匹配。

2）系列产品中模块化设计特点不够突出。

3）若想使硬齿面齿轮广泛用于我国，还需探索更适合中小企业水平的加工工艺。

二、反求设计

1. 优化参数

减速器为三级齿轮减速器，传动示意图如图 8-11 所示，进行参数优化。

1）针对使用需要和我国标准，确定齿轮减速器的工作范围和参数。总中心距有 6 种，$a=100\sim315$mm，$\Phi_a=1.25$。

总中心距与分中心距都定为优先数，且每种机座号后面两级齿轮与高一级机座号前两级齿轮中心距一致，便于齿轮模块通用，中心距分配见表 8-2。

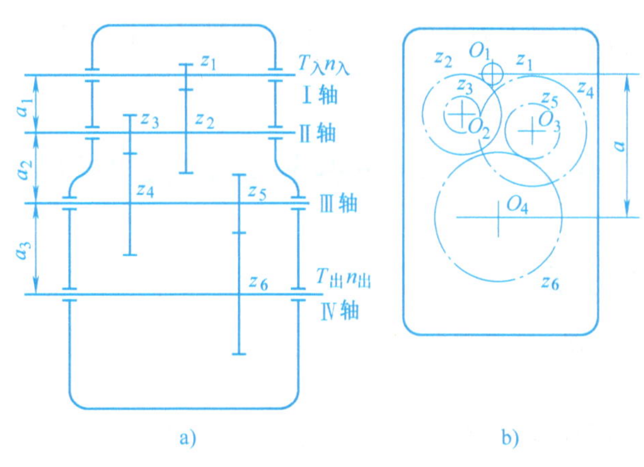

图 8-11 减速器传动示意图

表 8-2 新减速器系列中心距 （单位：mm）

机座号 中心距	01	02	03	04	05	06
a	105	125	160	200	250	315
a_1	40	50	63	80	100	125
a_2	50	63	80	100	125	160
a_3	63	80	100	125	160	200

各中心距齿轮传动比有 22 种，$i=9\sim160$，$\Phi_i=1.12$，共组成 132 种不同规格的减速器。

2）以三级齿轮传动接触强度等强度为目标，进行参数优化设计，承载能力比原设计提高 20%。

2. 模块化系列设计

（1）减速器的模块设计 如图 8-12 所示，对减速器进行功能分析，建立齿轮、轴、轴承及密封件等功能模块，尽量考虑全系列中模块的通用性。例如齿轮设计经优化分析，统一取螺旋角 $\beta=15°$，齿宽系数 $\psi_a=0.4$，模数、齿数、变位系数等也尽量取成一致。设计中齿轮、轴、箱体等主要零部件的通用化率平均值为 83.56%。

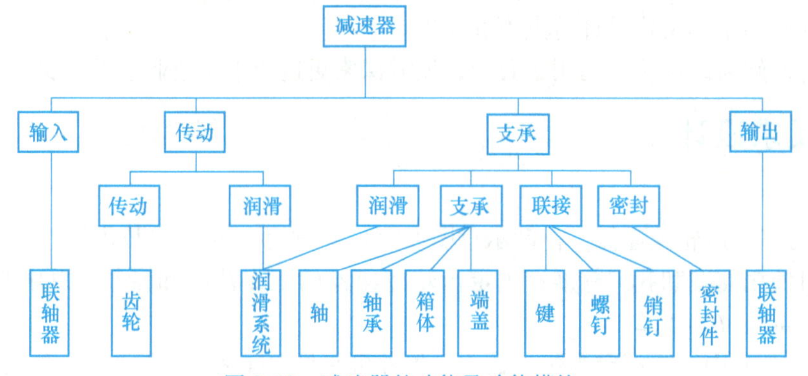

图 8-12 减速器的功能及功能模块

(2) 模块化的传动装置系列 为满足用户需要，提供使用范围更广的传动装置系列，除保证132种传动比的减速装置外，进一步设计不同动力源、力流转向、输出方式和安装方式的传动装置。

传动装置功能模块的形态学矩阵见表8-3。

表8-3 传动装置的形态学矩阵

	功能模块				
分功能	动力源	锥形转子电动机	三相异步电动机	直流电动机	(无电动机)
	力流转向	锥齿轮箱	(无转向机构)		
	联接轴	梅花联轴器	弹性柱销联轴器		
	降速增矩	齿轮减速器(132种)			
	输出	内花键	外花键	圆柱轴平键	双出轴
	安装方式	轴装式	固定式		

据此可组合出不同传动参数的减速器和电动机减速器（一般功能或有制动功能）上万种，供用户选用，传动装置的几种基本结构如图8-13所示。

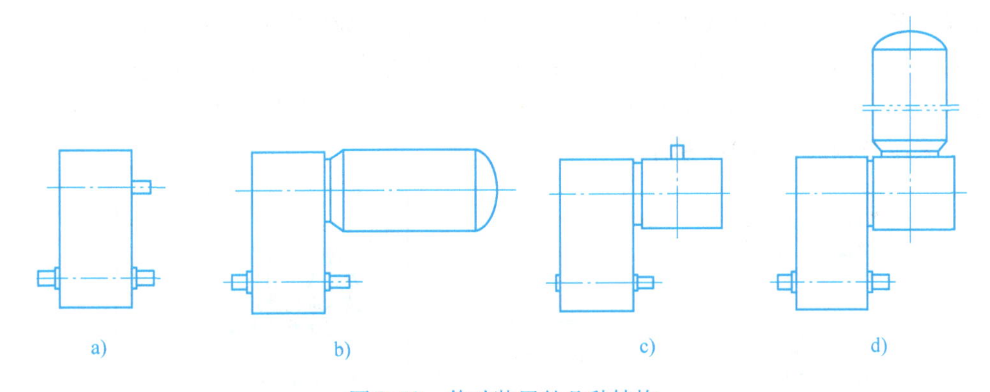

图8-13 传动装置的几种结构

a) 减速器 b) 电动机减速器 c) 带转向系统的减速器 d) 带转向系统的电动机减速器

3. 硬齿面齿轮工艺的探索

试验证明，利用CS系列研合剂对硬齿面齿轮进行负载对研磨合，齿面接触斑点由30%提高至近100%，各项精度提高一级，齿轮噪声下降6~10dB。

通过试验找到了不采用磨削工艺也能保证硬齿面齿轮加工精度的一种途径。

4. 建立传动系统模块的计算机辅助管理系统

在几分钟内即可按用户要求，用模块组成所需的传动装置，并给出明细表，大大方便了管理和使用。

第九章

TRIZ 创新理论及应用

第一节　TRIZ 发明问题解决理论概述

TRIZ 是俄文字母对应的拉丁字母缩写，意为解决发明问题的理论，起源于苏联，英译为 Theory of Inventive Problem Solving，英文缩写为 TIPS。1946 年，以苏联海军专利部阿奇舒勒（G. S. Altshuller）为首的专家开始对数以百万计的专利文献进行研究，经过 50 多年的收集整理、归纳提炼，发现技术系统的开发创新是有规律可循的，并在此基础上建立了一整套系统化的、实用的解决发明问题的方法。TRIZ 理论认为，发明问题的核心是解决冲突，在设计过程中，不断地发现冲突，并利用发明原理解决冲突，才能获得理想的产品。TRIZ 是基于知识的、面向人的解决发明问题的系统化方法学，其核心是技术系统进化原理，该理论的主要来源及构成如图 9-1 所示。

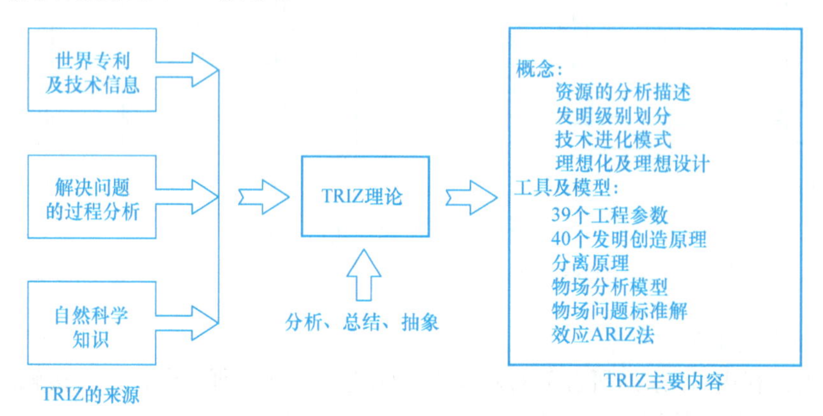

图 9-1　TRIZ 理论的主要来源及构成

利用 TRIZ 理论，设计者能够系统地分析问题，快速找到问题的本质或者冲突，打破思维定式，拓宽思路，正确地发现产品设计中需要解决的问题，以新的视角分析问题。根据技术进化规律预测未来发展趋势，找到具有创新性的解决方案，从而缩短发明的周期、提高发明的成功率，也使发明问题具有可预见性。因此 TRIZ 理论可以加快人们发明创造的进程，而且能得到高质量的创新产品，是实现创新设计的最有效方法。由于 TRIZ 将产品创新的核心——产生新的工作原理的过程具体化了，并提出了一系列规则、算法与发明原理供研究人员使用，因而使它成为一种较为完善的创新设计理论和方法体系。

一、TRIZ 理论的主要内容

TRIZ 理论包含许多科学而又丰富的创新思维和发明问题解决方法，主要由以下 9 个部分组成：

1. 技术系统的八大进化法则

TRIZ 的技术系统进化法则分别是：完备性法则、能量传递法则、动态性进化法则、提高理想度法则、子系统不均衡进化法则、向超系统进化法则、向微观级进化法则和协调性进化法则。这些法则不但可用于产生市场需求、定性技术预测、产生新技术、实施专利布局和选择企业战略制定的时机，还可以用来解决难题、预测技术系统的发展、产生并完善创造性问题的解决工具。

2. 最终理想解（IFR）

在解决问题之初，TRIZ 理论首先抛开各种客观条件的限制，通过理想化来定义问题的最终理想解（Ideal Final Result，IFR），以明确理想解所在的方向和位置，从而保证问题的解决过程始终沿着此目标前进并获得最终理想解。IFR 的引入避免了传统创新方法中缺乏目标的弊端，提高了创新设计的效率。最终理想解是跨领域解决创新问题和进行原始创新的有效工具。

3. 40 个发明原理

阿奇舒勒等人对大量的专利进行了研究、分析和总结，提炼出了 TRIZ 中最重要的、具有普遍用途的 40 个发明原理。这些发明原理主要用于解决系统中存在的技术冲突，它为一般发明问题的解决提供了强有力的工具，也有助于开发人们的创新思维。

4. 39 个工程参数和冲突矩阵

在对众多发明问题进行分析的基础上，阿奇舒勒总结出了 39 个工程参数，并根据这 39 个工程参数构造了冲突矩阵。在解决具体问题时，设计者只要明确定义问题的工程参数，就可以从冲突矩阵中找到对应的、可用于解决问题的发明原理，从而为发明问题的程式化解决提供了基础。

5. 物理冲突和四大分离原理

当对技术系统的某一工程参数具有相反的需求时，就出现了物理冲突。阿奇舒勒提出了采用分离原理解决物理冲突的设计思想，包括空间分离、时间分离、基于条件的分离及整体与部分的分离共四大分离原理，共有 11 种分离方法。

6. 物场模型分析

阿奇舒勒认为，每一个技术系统都可以由许多功能不同的子系统组成，所有的功能都可分解为两种物质和一种场，即一种功能由两种物质及一种场的三元件组成，从而可以表达为某种物场模型。产品是功能的一种实现，因此可用物场模型分析产品的功能。这种分析方法是 TRIZ 理论中一种有效的分析工具，用于建立与已存在系统或新技术系统中存在的问题相联系的功能模型。

7. 发明问题的标准解法

标准解法由阿奇舒勒于 1985 年创立，用于快速解决标准问题。它分成 5 级，共 76 个标准解，同级解法中的先后顺序基本反映了技术系统进化的过程和进化方向。标准解法是阿奇舒勒在后期进行 TRIZ 理论研究时最重要的课题，同时也是 TRIZ 高级理论的精华。

8. 发明问题解决算法（ARIZ）

发明问题解决算法（Algorithm for Inventive Problem Solving，ARIZ），是基于技术系统进化法则的一套完整的问题解决程序，是针对非标准问题而提出的一套解决算法。该算法主要针对问题情境复杂、冲突及其相关部件不明确的技术系统，通过对初始问题进行一系列分析及再定义等非计算性的逻辑过程，实现对问题的逐步深入分析和转化，最终达到解决问题的目的。应用ARIZ成功的关键在于，在没有理解问题的本质前，要不断地对问题进行细化，直到确定物理冲突。该过程及物理冲突的求解已有软件支持。

9. 科学效应知识库

TRIZ中的科学效应知识库提供了大量的科学效应，这些效应的应用，对于解决发明问题具有超乎想象的、强有力的帮助。阿奇舒勒对此进行了系统的总结，实现了功能与效应的科学对接。TRIZ中的效应知识库包括物理的、化学的、几何的等多种效应，为创新者有效地解决问题提供了便利。

二、TRIZ理论的重要发现

在技术发展的历史长河中，人类已完成了许多产品的设计，设计人员或发明家已经积累了很多发明创造的经验。通过研究成千上万的专利，阿奇舒勒有如下发现：

1）在以往不同领域的发明中所用到的原理（方法）并不多，不同时代的发明、不同领域的发明，其应用的原理（方法）被反复利用。

2）每个发明原理（方法）并不限定应用于某一特殊领域，而是融合了物理的、化学的和各工程领域的原理，这些原理适用于不同领域的发明和创新。

3）类似的冲突或问题与该问题的解决原理在不同的工业及科学领域交替出现。

4）技术系统进化的规律及模式在不同的工程及科学领域交替出现。

5）创新设计所依据的科学原理往往属于其他领域。

例如，20世纪80年代中期，某钻石生产公司遇到的问题是需要把有裂纹的大钻石，在裂纹处使其破碎和分开，以生产出满足用户大小要求的产品。在很长一段时间内，公司的技术人员花费了大量的精力和经费也没能很好地解决这个问题。最后经过分析发现，可以用加压、减压爆裂的方法——压力变化原理，实现在大钻石的裂纹处破碎和分开。尽管问题解决了，但是他们没有发现，实际上类似的问题在几十年前的其他领域早已解决了，而且已经申请了发明专利。

三、TRIZ解决发明问题的一般方法

试错法是人类应用最早的一种发明方法，即通过不断选择各种方案来解决问题，这是一种随机寻找解决方案的方法。在此过程中，人们积累了大量的发明创造经验及有关物质特性的知识。利用这些经验与知识可提高探求的方向性，使解决发明问题的过程有序化。然而，发明问题本身也在发生变化，随着时间的推移越来越复杂，直至今天，要想找到一个需要的解决方案，也得做大量的无效尝试。因此，需要用新的方法来组织和控制创造过程，以便从根本上减少无效尝试的次数，这就要求必须有一套具有科学依据并行之有效的解决发明问题的理论。

TRIZ解决发明创造问题的一般方法是：首先设计者应将需要解决的特殊问题加以定义

和明确；其次利用物场分析等方法，将需要解决的特殊问题转化为类似的标准问题；然后利用 TRIZ 中解决发明问题的原理和工具，求出该标准问题的标准解决方法；最后，根据类似的标准解决方法的提示并应用各种已有的技术知识和经验，构思解决特殊问题的创新设计方法。当然，某些特殊问题也可以利用“头脑风暴法”直接解决，但难度很大。TRIZ 解决发明创造问题的一般方法可用图 9-2 表示，图中的 39 个工程参数和 40 个解决发明创造的原理将在后面介绍。

例 9-1 需要设计一台旋转式切削机器。该机器要求具备低转速（100r/min）、高动力的电动机，以取代一般高转速（3600r/min）的交流电动机。具体分析解决该问题的框图如图 9-3 所示。

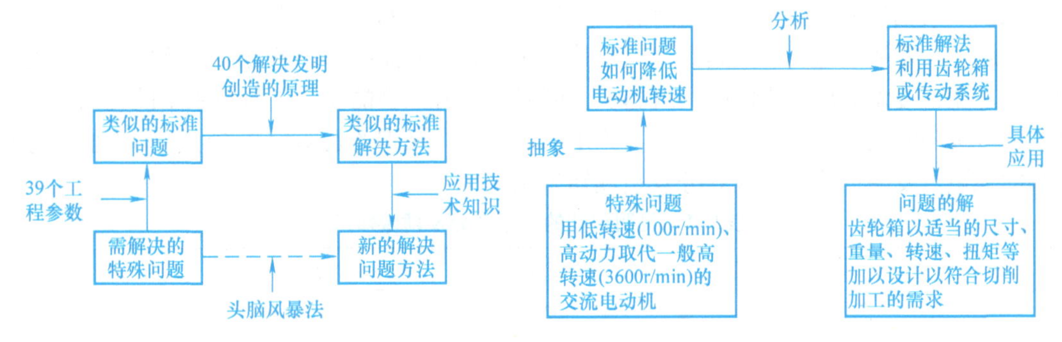

图 9-2 TRIZ 解决发明创造问题的一般方法

图 9-3 设计低转速高动力机器的框图

四、发明创造的等级划分

阿奇舒勒和他的同事们，通过对大量的专利进行分析后发现，各国不同的发明专利内部蕴含的科学知识、技术水平都有很大的区别和差异。以往，在没有分清这些发明专利的具体内容时，很难区分出不同发明专利的知识含量、技术水平、应用范围、重要性、对人类贡献的大小等问题。因此，把各种不同的发明专利依据其对科学的贡献程度、技术的应用范围以及为社会带来的经济效益等情况，划分一定的等级加以区别，以便更好地推广和应用。在 TRIZ 理论中，阿奇舒勒将发明专利或发明创造分为以下 5 个等级：

第 1 级，最小发明问题：通常的设计问题，或对已有系统的简单改进。这一类问题的解决主要凭借设计人员自身掌握的知识和经验，不需要创新，只是知识和经验的应用，如用厚隔热层减少建筑物墙体的热量损失、用承载量更大的重型货车替代轻型货车、以实现运输成本的降低。

该类发明创造或发明专利占所有发明创造或发明专利总数的 32%。

第 2 级，小型发明问题：通过解决一个技术冲突，对已有系统进行少量改进。这一类问题的解决主要采用行业内已有的理论、知识和经验即可实现。解决这类问题的传统方法是折中法，如在焊接装置上增加一个灭火器、可调整的转向盘、可折叠野外宿营帐篷等。

该类发明创造或发明专利占所有发明创造或发明专利总数的 45%。

第 3 级，中型发明问题：对已有系统的根本性改进。这一类问题的解决主要采用本行业以内的方法和知识，如汽车上用自动传动系统代替机械传动系统、电钻上安装离合器、计算机上用的鼠标等。

该类发明创造或发明专利占所有发明创造或发明专利总数的18%。

第4级，大型发明问题：采用全新的原理完成对已有系统基本功能的创新。这一类问题的解决主要从科学的角度而不是从工程的角度出发，充分挖掘和利用科学知识、科学原理实现新的发明创造，如第一台内燃机的出现、集成电路的发明、充气轮胎的发明、记忆合金制成的锁、虚拟现实的出现等。

该类发明创造或发明专利占所有发明创造或发明专利总数的4%。

第5级，重大发明问题：罕见的科学原理导致一种新系统的发明、发现。这一类问题的解决主要是依据自然规律的新发现或科学的新发现，如计算机、形状记忆合金、蒸汽机、激光、晶体管等的首次发现。

该类发明创造或发明专利不足所有发明创造或发明专利总数的1%。

实际上，发明创造的级别越高，获得该发明专利时所需的知识就越多，这些知识所处的领域就越宽，搜索有用知识的时间就越长。同时，随着社会的发展、科技水平的提高，发明创造的等级随时间的变化而不断降低，原来初期的最高级别的发明创造逐渐成为人们熟悉和了解的知识。发明创造的等级划分及领域知识见表9-1。

表9-1 发明创造的等级划分及领域知识

发明创造级别	创新的程度	比例	知识来源	参考解的数量
1	明确的解	32%	个人的知识	10
2	少量的改进	45%	公司内的知识	100
3	根本性的改进	18%	行业内的知识	1000
4	全新的概念	4%	行业以外的知识	10000
5	重大的发现	<1%	所有已知的知识	100000

由表9-1可以看出：95%的发明专利是利用了行业内的知识，只有少于5%发明专利是利用了行业外的及整个社会的知识。因此如果企业遇到技术冲突或问题，可以先在行业内寻找答案；若不可能，再向行业外拓展，寻找解决方法。若想实现创新，尤其是重大的发明创造，就要充分挖掘和利用行业外的知识，正所谓“创新设计所依据的科学原理往往属于其他领域”。

五、TRIZ理论的应用

经过多年的发展和实践的检验，TRIZ理论已经形成了一套解决新产品开发问题的成熟理论和方法体系，不仅在苏联得到了广泛的应用，而且在美国的很多企业，如波音、通用、克莱斯勒和摩托罗拉等公司的新产品开发中得到了全面的应用，取得了巨大的经济效益和社会效益。TRIZ理论广泛应用于工程技术领域，并且应用范围越来越广，目前已逐步向其他领域渗透和扩展，由原来擅长的工程技术领域分别向自然科学、社会科学、管理科学、教育科学、生物科学等领域发展，用于指导各领域冲突问题的解决。Rockwell Automotive公司针对某型号汽车的制动系统应用TRIZ理论进行了创新设计，系统零件由原来的12个缩减为4个，成本减少50%，但制动系统的功能却没有变化。2003年，当“非典型肺炎”肆虐中国及全球许多国家时，新加坡的研究人员利用TRIZ的发明原理，提出了预防、检测和治疗该种疾病的一系列创新方法和措施，其中不少措施被新加坡政府所采用，收到了非常好的防治效果。德国进入世界500强的企业如西门子、奔驰、大众和博世都设有专门的TRIZ机构，对员工进行培训并推广应用，取得了良好的效果。在俄罗斯，TRIZ理论的培训已扩展到小学生、中学生和大学生，其结果是学生们正在改变他们思考问题的方法，能用相对容易的方法处理比较困难的问题，其创新能力迅速提高。因此，TRIZ理论在培养青少年创造性人才的发展过程中，具有巨大的社会意义。

第二节 利用技术进化理论实现创新

一、概述

人类对产品的质量、数量以及实现形式的不断变化的需求，迫使企业不得不根据市场需求变化及实现的可能，增加产品的辅助功能、改变其实现形式，快速而有效地开发新产品，这是企业在竞争中取胜的重要武器，因此产品处于进化之中。企业在新产品开发决策过程中，要预测当前产品的技术水平及新一代产品可能的进化方向，TRIZ的技术系统进化理论为此提供了强有力的工具。

阿奇舒勒等人在分析大量专利的过程中发现，技术系统是在不断发展变化的，产品及其技术的发展总是遵循着一定的客观规律，而且同一条规律往往在不同的产品或技术领域被反复应用，即任何领域的产品改进、技术变革过程，都是有规律可循的。因此，如果人们能够掌握这些规律，就能主动地进行产品设计并预测产品的未来发展趋势。通过分析和研究，他们发现技术系统的进化规律可以用一条S形曲线来表示。技术系统的进化过程是依靠设计者的创新来推进的，对于当前的技术系统来说，如果没有设计者引入新的技术，它将停留在当前的水平上，而新技术的引入将推动技术系统的进化。通过分析S曲线有助于了解技术系统的成熟度，辅助企业做出合理的研发决策。

图9-4a所示为一条典型的S曲线，为了便于说明问题，常将其简化为图9-4b所示的分段S曲线。S曲线描述了一个技术系统的完整生命周期，图中的横坐标代表时间，纵坐标代表技术系统的某个重要的性能参数。例如飞机这个技术系统，其飞行速度、可靠性就是重要的性能参数，性能参数随时间的变化呈现S形曲线。由图可见，技术系统的进化一般需经历四个阶段，分别是婴儿期、成长期、成熟期和退出期，每个阶段都会呈现出不同的特点。

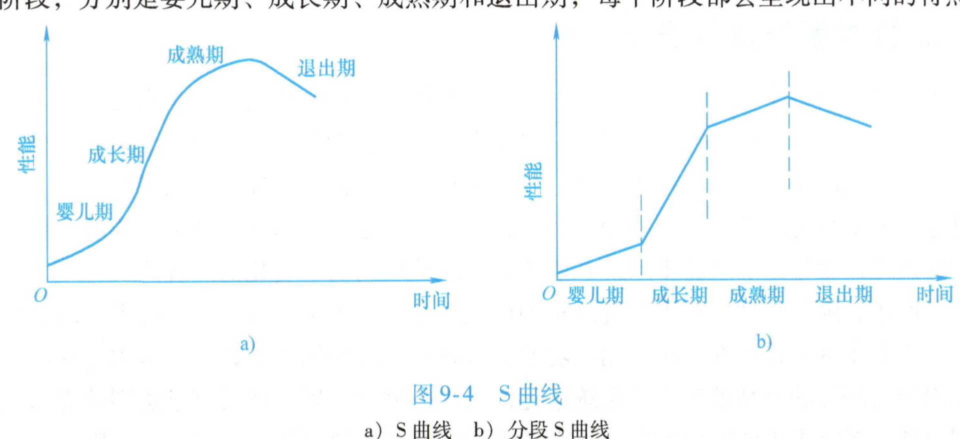

图9-4 S曲线

a）S曲线 b）分段S曲线

1. 技术系统的婴儿期

当有一个新的需求且满足这个需求是有意义时，一个新的技术系统就会诞生。新的技术系统往往会随着一个高水平的发明而出现，而该发明正是为了满足人们对于某种功能的需求。

处于婴儿期的系统尽管能够提供新的功能，但该阶段的系统明显地处于初级，存在着效率低、可靠性差或一些尚未解决的问题。由于人们对它的未来难以把握，而且风险较大，因此处于此阶段的系统缺乏足够的人力和财力的投入。此时，市场处于培育期，对该产品的需求并没有明显地表现出来。

2. 技术系统的成长期

进入成长期的技术系统，系统中原来存在的各种问题逐步得到解决，产品效率和可靠性得到较大程度的提升，其价值开始得到社会的认可，发展潜力也开始显现，从而吸引了大量的人力和财力的投入，推进技术系统获得高速发展。在这一时期，企业应对产品进行不断的创新，迅速解决存在的技术问题，使其尽快成熟，以便为企业带来巨额利润。

3. 技术系统的成熟期

在获得大量人力和财力投入的情况下，系统从成长期会快速进入成熟期，这时技术系统已经趋于完善，所进行的大部分工作只是系统的局部改进和完善，系统的发展速度开始变缓，即使再投入大量的人力和财力，也很难使系统的性能产生明显的提高。

4. 技术系统的退出期

成熟期后系统面临的是退出期。此时技术系统已达到极限，很难取得进一步的突破，该系统因不再有需求的支撑而面临市场的淘汰。此时，先期投入的成本已经收回，企业会在产品彻底退出市场之前，获取尽可能多的利润。

对于企业决策，具有指导意义的是分段S曲线上的拐点。第一个拐点之后，企业应从原理实现的研究转入商品化开发，否则该企业会被恰当转入商品化开发的企业甩在后面。当出现第二个拐点后，产品的技术已经进入成熟期，企业因生产该类产品获取了丰厚的利润，同时要继续研究比该产品核心技术更高一级的核心技术，以便在适当的时机转入下一轮的竞争。当出现第三个拐点后，表明产品的核心技术已经发展到极限，推进技术使其更加成熟的投入不会取得明显的收益。此时企业应转入研究，选择替代技术或新的核心技术。

二、技术系统及其进化法则

技术系统是由多个子系统组成的，并通过子系统间的相互作用实现一定的功能。子系统本身也是系统，是由元件和操作构成的。技术系统常简称为系统，系统的更高级系统称为超系统。例如，电冰箱作为一个技术系统，其压缩机、散热板、温控管、照明灯、门、壳体等都是电冰箱的子系统；而电冰箱所处的环境，如房间就是电冰箱这个技术系统的超系统。技术系统的进化，就是指实现技术系统功能的技术从低级向高级变化的过程。

如前所述，阿奇舒勒的技术系统进化理论主要有八大进化法则，其中技术系统进化法则的内容，主要体现了系统在实现其相应功能的过程中改进和发展的趋势。运用这些法则，可以判断出当前研发的产品处于技术系统进化模式中的哪个位置，然后基于法则的提示，更好地预测出技术系统未来的发展方向。下面详细介绍技术系统进化的八大进化法则。

1. 完备性法则

技术系统完备性法则指出，技术系统要实现某项功能的必要条件是：在整个技术系统中，一定要包含四个相互关联的基本子系统，即动力装置、传输装置、执行装置和控制装置。

例如，汽车这个完整的技术系统就包括动力总成、传动总成、底盘总成和操作总成等装置。

利用技术系统完备性法则去分析系统，有助于在设计技术系统时，确定实现所需技术功能的方法，达到节约资源的目的。因为，该法则可以帮助人们发现并消除整个系统中效率低下的某个子系统。

2. 能量传递法则

技术系统能量传递法则指出，技术系统实现其基本功能的必要条件之一是：能量能够从能量源流向技术系统的所有元件。如果技术系统的某个元件接收不到能量，它就不能产生效用，那么整个技术系统就不能执行其有用功能，或者所实现的有用功能不足。

汽车中的收音机在金属屏蔽的环境中，无法接收到高质量的广播信号。尽管收音机的各个子系统工作都正常，但电台传导的能量源（作为系统的组成部分）传导不畅，使得整个汽车的收音机系统不能正常工作。在汽车外边加一根天线，问题就得到解决，如图 9-5 所示。

图 9-5 收音机的能量传递

技术系统的进化应该沿着使能量流动路径缩短的方向发展，以减少能量损失。例如，用手摇绞肉机代替菜刀剁肉馅，用刀片的旋转运动代替菜刀的垂直运动，使能量传递路径缩短，能量损失减少，同时效率提高。能量传递法则有助于减少技术系统的能量损失，保证其在特定阶段提供最大效率。

3. 动态性进化法则

动态性进化法则提出，技术系统应该向着提高柔性、可移动性和可控性的方向进化。

（1）提高柔性子法则　该法则指出，技术系统将会从刚性体逐步进化到单铰链、多铰链、柔性体、液体/气体，最终进化到场的状态，如图 9-6 所示。

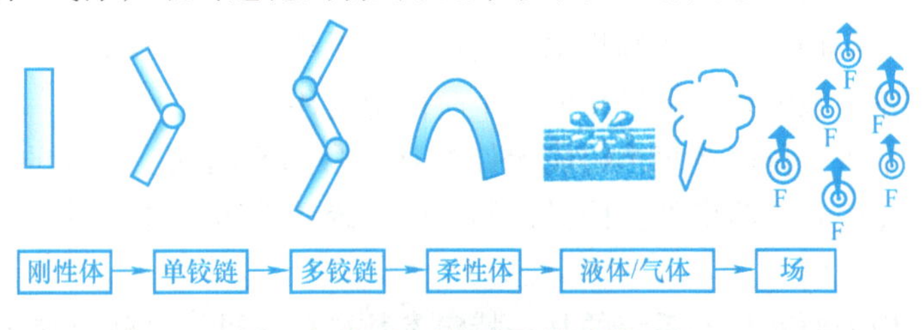

图 9-6 提高系统柔性的进化过程

例如散热工具的进化，由扇子逐步进化到折扇、电风扇，最终进化到空调，如图9-7所示。

图9-7 散热工具的进化

（2）提高可移动性子法则 该法则指出，技术系统的进化，应该沿着技术系统整体可移动性增强的方向发展。

在日常生活中，有很多这样的实例。例如清扫工具的发展，从扫帚到吸尘器，再到遥控清扫机。又如座椅的发展，从四腿椅、摇椅、转椅，至滚轮椅。

（3）提高可控性子法则 该法则指出，技术系统的进化应该沿着增加系统内各部件可控性的方向发展。

可控性进化的过程如图9-8所示。

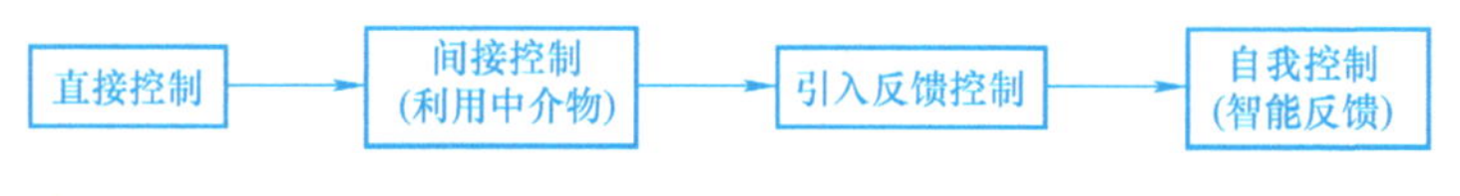

图9-8 可控性进化的过程

例如路灯的进化，由直接控制（每个路灯都有开关，有专人负责定时开闭）、间接控制（用总电闸控制整条线路的路灯）、引入反馈控制（通过感应光亮度的装置控制路灯的开闭）到自我控制（通过感应光亮度的装置，根据环境明暗自动开闭并调节亮度）。

4. 提高理想度法则

技术系统提高理想度法则指出，技术系统应朝着提高系统理想度的方向进化。理想化是推动技术系统进化的主要动力，如手机的进化、计算机的进化。最理想的技术系统应该是并不存在物理实体，也不消耗任何资源，但是却能够实现所必要的功能，即物理实体趋于零，功能无穷大。例如，最理想的汽车制动系统应该不占用任何空间、不需要能量、没有磨损、不传递有害功能，但是却能够在任何需要的时间和场合实现其制动功能。

提高理想度法则是所有其他进化法则的基础，可以看作是技术系统进化的基本法则；而技术系统进化的其他法则，则揭示了提高技术系统理想度的具体方法。

5. 子系统不均衡进化法则

技术系统子系统不均衡进化法则指出，任何技术系统各子系统的进化，都不是均衡一致的。这个法则，在技术系统发展和进化的各个阶段都适用。

技术系统的每个子系统以及每个组成元件都有自身的S曲线。不同的子系统/元件一般都是沿着自身的进化模式来演变的。同样，不同的系统元件达到自身固有的自然极限所需的次数也是不同的。

很多时候，人们需要对技术系统的某一特定参数进行改进，这就要求实现这一参数的那个子系统更加完善。在这种情况下，这个子系统的进化就会比其他子系统要迅速。实际上，某个子系统的进化对其他子系统具有直接或间接的影响。发展到一定程度后，首先达到自然极限的子系统就“抑制”了整个技术系统的发展，它将成为系统中最薄弱的环节（最不理想的子系统）。在这个薄弱环节得到改进之前，整个系统的改进也将会受到限制。

子系统不均衡进化法则提示我们，技术系统整体进化的速度，取决于该系统中最不理想子系统的进化速度。利用这一法则，可以帮助设计人员及时发现技术系统中不理想的子系统，并对它们进行改进或以较先进的子系统代替。从而能够以最小成本实现对这一特定参数的改进，使整个技术系统的性能得到大幅提升。

例如，自行车的进化。早在19世纪中期，自行车还没有链条传动系统，脚蹬直接安装在前轮上，此时自行车的速度与前轮直径成正比。为了提高速度，人们采用增加前轮直径的方法，但是一味地增加前轮直径，会使前后轮尺寸相差太大，从而导致自行车在前进中的稳定性很差，很容易摔倒。后来，人们开始研究自行车的传动系统，在自行车上安装了链条和链轮，用后轮的转动来推动车子的前进，且前后轮大小相同，以保持自行车的平衡和稳定。自行车的进化如图9-9所示。

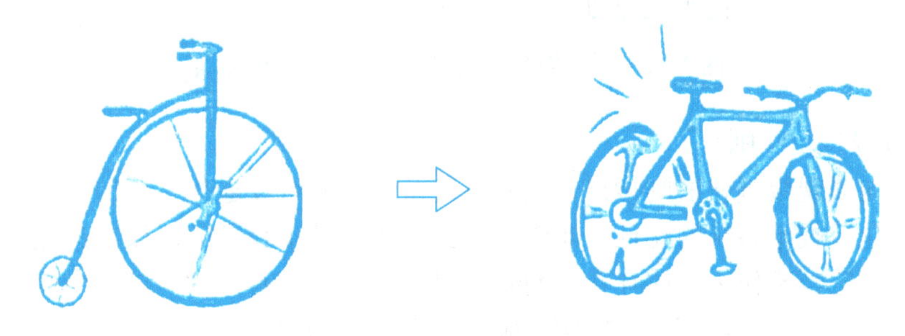

图9-9 自行车的进化

6. 向超系统进化法则

技术系统在进化过程中，可以和超系统的资源结合在一起，或者将原有技术系统中的某个子系统分离到某个超系统中。这样，就能使该子系统摆脱自身在进化过程中遇到的限制要求，使其更好地实现原来的功能。所以，向超系统进化有两种方式：一是技术系统的进化沿着单系统—双系统—多系统的方向发展；二是技术系统进化到极限时，实现某项功能的子系统会从系统中剥离出来，转移至超系统而成为其中的一部分，在该子系统的功能得到增强改进的同时，也简化了原有的技术系统。

例如，瑞士军刀（图9-10）就是一个由单系统进化而成的多系统，它是由许多可以折叠的工具组合在一个刀身上而形成的。在瑞士军刀中的基本工具有圆珠笔、牙签、剪刀、平口刀、开罐器、螺钉旋具、镊子等，使用时，只要将它们从刀身的折叠处拉出来即可。

图9-10 瑞士军刀

又如，飞机空中加油系统。为了进行长距离飞行，一些飞机需要在飞行中完成加油。原来飞机需要携带一个副油箱，在飞行的过程中补充燃油，这个副油箱是飞机的一个子系统。现在由空中加油机在空中执行加油任务，空中加油机在本质上是一个飞行的燃油箱。也就是说，副油箱被分离到一个超系统内。这样飞机系统得到简化，不需要再装数百吨的燃油，从而大大减少了随机携带的油量，如图9-11所示。

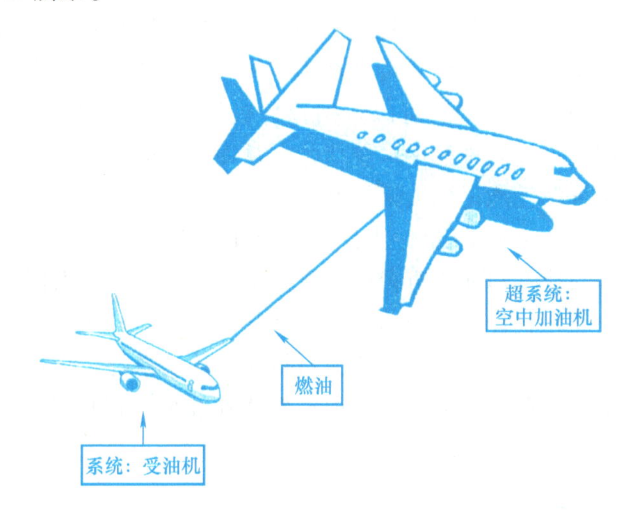

图9-11 燃油箱分离到超系统内进行空中加油

7. 向微观级进化法则

技术系统向微观级进化法则指出，技术系统及其子系统在进化发展的过程中，向着尺寸减小的方向进化。技术系统的元件，倾向于达到原子和基本粒子的尺度。进化的终点意味着技术系统的元件已经不作为实体存在，而是通过场来实现其必要的功能。向微观级进化路线如图9-12所示。图中“虚空”是指物体内部的任何空间形式。

图9-12 系统向微观级进化路线

例如，电子元件的进化如图9-13所示，从真空管开始，向晶体管进化，最后进化成集成电路。

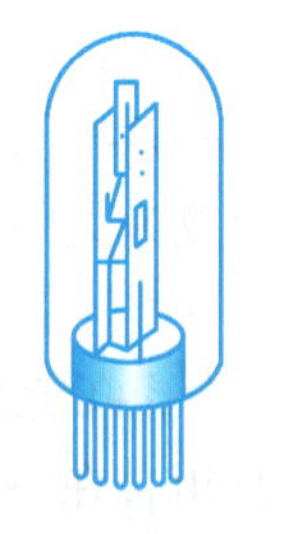

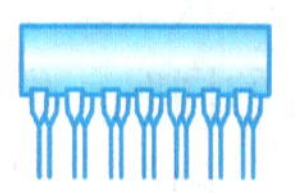

图9-13 电子元件的进化

8. 协调性进化法则

技术系统协调性进化法则指出，技术系统应向着其子系统各参数协调、系统参数与超系统各参数相协调的方向进化。进化到高级阶段技术系统的特征是，子系统为充分发挥其功能，各参数之间有目的地相互协调或反协调，能够实现动态调整和配合。

子系统之间的协调性包括形状上的协调、材料性质的协调、工作节奏和频率上的协调，以及各性能参数之间的协调等。

例如，网球拍的质量与力量的协调。较轻的球拍在使用时更加灵活，较重的球拍能产生更大的挥拍力量，因此需要考虑两个性能参数之间的协调。通常设计师将球拍整体质量下降，这样就提高了挥拍的灵活性，同时增加球拍头部的质量，以保证产生更大的挥拍力量，如图 9-14 所示。

图 9-14　网球拍性能参数的协调

上述技术系统进化法则基本上涵盖了各种产品核心技术的进化规律，描述了技术系统进化的趋势。这些进化法则可以指导人们在设计过程中沿着正确的方向去寻找问题的解决方案。

三、技术进化理论的应用

TRIZ 中技术进化理论的主要成果为：S 曲线、技术系统进化法则。这些关于产品进化的知识具有定性技术预测、产生新技术、市场需求创新、实施专利布局及选择企业战略制订时机等方面的应用，对于解决发明问题具有重要的指导意义，可以有效提高解决问题的效率。

1. 定性技术预测

S 曲线、技术系统进化法则可对目前产品提出如下的预测：①对处于婴儿期和成长期的产品，在结构、参数上进行优化，促使其尽快成熟，为企业带来利润，同时，应尽快申请专利进行产权保护，以使企业在今后的市场竞争中处于有利的地位；②对处于技术成熟期或退出期的产品，应避免进行改进设计的大量投入或避免进入该产品领域，同时应关注开发新的核心技术以替代已有的技术，推出新一代的产品，保持企业的持续发展；③明确指出符合进化趋势的技术发展方向，避免错误的投入；④指出系统中最需要改进的子系统，以提高整个产品的水平；⑤跨越现系统，从超系统的角度定位产品可能的进化模式。上述五个方面的预测将为企业设计、管理、研发等部门及领导决策提供重要的理论依据，有利于指导企业合理安排研发投入。

2. 产生新技术

产品的基本功能在产品进化的过程中基本不变，但其实现形式及辅助功能一直在发生变化，特别是一些给消费者带来实用性的功能变化得非常快。因此，基于技术系统进化理论对现有产品分析的结果可用于功能实现的分析，以便找出更合理的功能实现结构。其分析步骤为：①对每一个子系统的功能实现进行评价，如果有更合理的实现形式，则取代当前不合理的子系统；②对新引入子系统的效率进行评价；③对物质、信息、能量流进行评价，如果需要，选择更合理的流动顺序；④对成本或运行费用高的子系统及人工完成的功能进行评价及功能分离，确定是否用成本低的其他系统代替；⑤评价用高一级的相似系统、反系统等代替；④中所评价的已有子系统的可能性；⑥分离出能由一个子系统完成的一系列功能；⑦对完成多于一个功能的子系统进行评价；⑧将④中分离出的功能集成到一个子系统中。上述分析过程将帮助设计人员完成对技术系统或子系统的进化设计。

3. 市场需求创新

质量功能配置（Quality Function Deployment，QFD）是进行市场研究的有力手段之一。目前，用户对产品的需求主要是通过市场调查获得的，其问卷的设计和调查对象的确定在范围上非常有限，导致市场调查所获取的结果存在一定的局限性。同时，负责市场调查的人员一般不知道被调查技术的未来发展细节，缺乏对产品未来趋势的有效把握。因此，QFD 的输入，即市场调查的结果，往往是主观的和不完善的，甚至出现错误的导向。

TRIZ 中的技术系统进化法则是由专利信息及技术发展的历史得出的，具有客观性及不同领域通用的特点。因此，技术系统进化理论可以帮助市场调查人员和设计人员从可能的进化趋势中确定产品最有希望的进化路线，引导用户提出基于未来的需求，之后经过设计人员的加工将其转变为 QFD 的输入，从而实现市场需求的创新。

4. 实施专利布局

技术系统的进化法则，可以有效确定未来的技术系统走势，对于当前还没有市场需求的技术，可以事先进行有效的专利布局，以保证企业未来的长久发展和专利发放所带来的可观收益。

在当前的经济发展中，有很多企业正依靠有效的专利布局来获得高附加值的收益。在通信行业，高通公司的高速成长正是基于预先大量的专利布局，使其在 CDMA 技术上的专利几乎形成世界范围内的垄断。一些企业每年都会向国外的公司支付大量的专利使用费，这不但大大缩小了产品的利润空间，而且还会因为专利诉讼丧失重要的市场机会，我国的 DVD 生产厂家就是一个典型示例。

更重要的是专利正成为许多企业打击竞争对手的重要手段。我国的企业在走向国际化的道路上，几乎全都遇到了国外同行在专利上的阻挡。中国专利保护协会的调查发现，跨国公司在进入中国市场时往往是专利先行，即先通过取得专利实施垄断技术，然后垄断标准，从而占领市场。同时，拥有专利权也可以与其他公司进行专利许可使用的共享，从而节省资源和研发成本，起到双赢的效果。因此，专利布局正在成为创新型企业的一项重要工作。

5. 选择企业战略制订的时机

技术系统进化的 S 曲线，对一个企业选择发展战略制定的时机具有积极的指导意义。一个企业也是一个技术系统，一个成功的企业战略能够将企业带入一个快速发展的时期，完成一次 S 曲线的完整发展过程。但是当这个战略进入成熟期以后，将面临后续的退出期，所以企业面临的是下一个战略的制定。

通常很多企业无法跨越 20 年的持续发展，原因之一就是忽视了企业也是按 S 曲线的四个阶段完整进化的，企业没有及时有效地进行下一个发展战略的制订，没有完成 S 曲线的顺利交替，以致被淘汰出局。所以企业在一次成功的战略制订后，在获得成功的同时，不要忘记 S 曲线的规律，需要在成熟期就开始着手进行下一个战略的制订，从而顺利完成下一个 S 曲线的启动，实现企业的可持续发展。

第三节 设计中的冲突及其解决原理

一、冲突的概念及其分类

1. 冲突的概念

任何产品都包含一个或多个功能，因此产品是实现功能的载体。为了实现这些功能，产品由相互关联的多个零部件组成。为了提高产品的市场竞争力，需要不断根据市场的潜在需求对产品进行改进设计。当改变某个零部件的设计，即提高产品某方面的性能时，可能会影响到与其相关联的零部件，结果可能使产品另外一些方面的性能受到影响。如果这些影响是负面的，则设计出现了冲突。例如，为了实现轴上零件的固定，当采用螺母固定时，需要在轴上加工螺纹，虽然达到了固定的目的，但却削弱了轴的强度。

冲突普遍存在于各种产品的设计中，而创新正是在解决冲突中产生的。当产品一个技术特征参数的改进对另一个技术特征参数产生负面影响时，就产生了冲突。按传统设计中的折中法，冲突并没有得到彻底解决，只是在冲突双方取得了折中方案，或称降低冲突的程度。TRIZ 理论认为，产品创新的核心是解决设计中的冲突，产生新的有竞争力的解，未克服冲突的设计不是创新设计。产品进化过程就是不断地解决产品所存在冲突的过程，一个冲突解决后，产品进化过程处于停顿状态；之后的另一个冲突解决后，产品移到一个新的状态。设计人员在设计过程中不断地发现并解决冲突，是推动产品向理想化方向进化的动力。

2. 冲突的分类

发明问题的核心就是解决冲突，而解决冲突所应遵循的规则是：改进系统中的一个零部件性能的同时，不能对系统中其他零部件的性能造成负面影响。冲突可分为物理冲突和技术冲突，对于物理冲突可以采用分离原理寻找解决方案；对于技术冲突，则利用冲突矩阵寻找相应的发明原理，找出解决冲突的方法。冲突解决流程如图 9-15 所示。

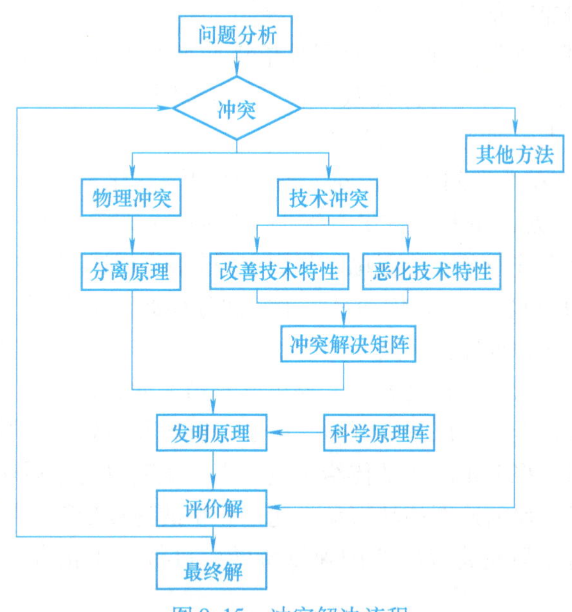

图 9-15 冲突解决流程

二、物理冲突及其解决原理

1. 物理冲突的概念及类型

物理冲突是指为了实现某种功能，一个子系统或元件应具有一种特性，但同时出现了与该特性相反的特性。当对一个子系统具有相反的要求时就出现了物理冲突。例如，为了使飞机容易起飞，应使飞机的机翼有较大的面积，但为了使其高速飞行，机翼又应有较小的面积，这种要求机翼同时具有大的面积与小的面积的情况，对于机翼的设计就是物理冲突，解决该冲突是机翼设计的关键。又如，现在手机要求整体体积越小越好，便于携带，外形也更美观，同时又要求显示屏和键盘设计得越大越好，便于观看和操作，所以对手机的体积设计要求具有大、小两个方面的趋势，这就是手机设计中的物理冲突。

物理冲突出现的情况有以下两种：

1）一个子系统中有害功能降低的同时导致该子系统中有用功能的降低。

2）一个子系统中有用功能加强的同时导致该子系统中有害功能的加强。

2. 物理冲突的解决原理

物理冲突的解决方法一直是TRIZ理论研究的重要内容，阿舒奇勒在20世纪70年代提出了11种解决方法，Savransky在20世纪90年代提出了14种解决方法。现代TRIZ理论在总结物理冲突各种解决方法的基础上，提出了采用分离原理解决物理冲突，其核心思想是实现矛盾双方的分离，其解决问题的模式如图9-16所示。分离原理可以分为四种基本类型，即空间分离原理、时间分离原理、条件分离原理以及整体与部分的分离原理，下面对这些分离原理分别加以介绍。

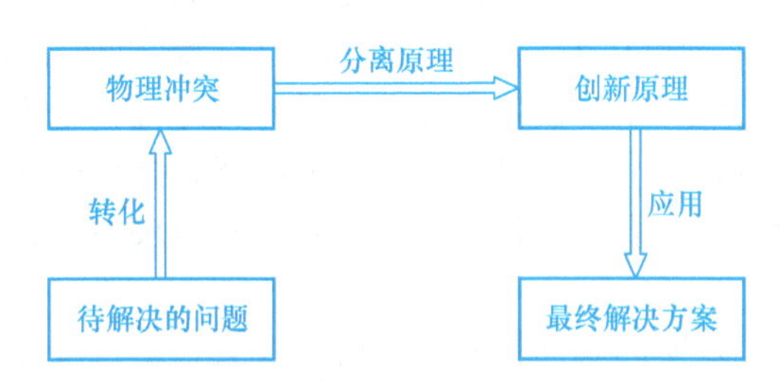

图9-16 物理冲突的分离原理解决模式

（1）空间分离原理 所谓空间分离原理是指将冲突双方在不同的空间上分离，以降低解决问题的难度。当关键子系统的冲突双方在某一空间中只出现一方时，空间分离是可能的。应用该原理时，首先应回答如下的问题：

1）是否冲突一方在整个空间中“正向”或“负向”变化？

2）在空间中的某一处，冲突的一方是否可以不按一个方向变化？

如果冲突的一方可不按一个方向变化，利用空间分离原理解决冲突是可能的。

例9-2 自行车采用链轮与链条传动是一个空间分离原理的典型应用。在链轮与链条发明之前，自行车存在两个物理冲突：其一，为了高速行走需要一个直径大的车轮，而为了乘坐舒适，需要一个小的车轮，车轮既要大又要小形成物理冲突；其二，骑车人既要快速踩踏脚蹬，以提高速度，又要慢踩，以感觉舒适。链条、链轮及飞轮的发明解决了这两组物理冲突。首先，链条在空间上将链轮的运动传给飞轮，飞轮驱动自行车后轮旋转；其次链轮直径大于飞轮直径，链轮以较慢的速度旋转带动飞轮以较快的速度旋转。因此，骑车人可以较慢的速度踩踏脚蹬，自行车后轮将以较快的速度旋转，自行车车轮直径也可以较小，使乘坐舒适。

又如为了使煎锅很好地加热食品，要求煎锅是热的良导体，而为了从火上取下煎锅时避免烫手，又要求煎锅是热的不良导体。为了解决这一冲突，设计了带手柄的煎锅，把对导热的不同要求分隔在锅的不同空间。

（2）时间分离原理 所谓时间分离原理是指将冲突双方在不同的时间段上分离，以降低解决问题的难度。当关键子系统的冲突双方在某一时间段上只出现一方时，时间分离是可能的。应用该原理时，首先应回答如下问题：

1）是否冲突一方在整个时间段中“正向”或“负向”变化？

2）在时间段中冲突的一方是否可不按一个方向变化？

如果冲突的一方可不按一个方向变化，利用时间分离原理是可能的。

例 9-3 如图 9-17 所示，折叠式自行车在行走时体积较大，在存放时因已折叠体积较小。行走与存放发生在不同的时间段，因此采用了时间分离原理。

图 9-17 折叠式自行车

例 9-4 一台加工中心使用快速夹紧机构，在机床上加工一批零件时，出现了如下的一对物理冲突：机构既要在长距离内做适应性调整，以适应不同尺寸零件的要求；又要在短距离内调整，以适应相同尺寸批量零件的高效加工要求。考虑加工的实际情况，在较大的行程内适应性调整与在之后的短行程快速夹紧及松开发生在不同的时间段，可直接应用时间分离原理来解决冲突。现从时间上对该机构的特性进行分离：第一时间段，机构在较长的距离内做适应性调整，使活塞杆端部距被夹紧工件仅留很小的距离；第二时间段，液压缸活塞在所留距离内做快速夹紧及快速松开。因液压系统仅驱动液压缸在第二时间段内动作，故第一时间段的运动只能由其他能量驱动，为了降低成本可采用手动方式。该机构的设计简图如图 9-18 所示，长行程适应性调整由手柄完成，短行程快速夹紧与松开由液压系统完成。

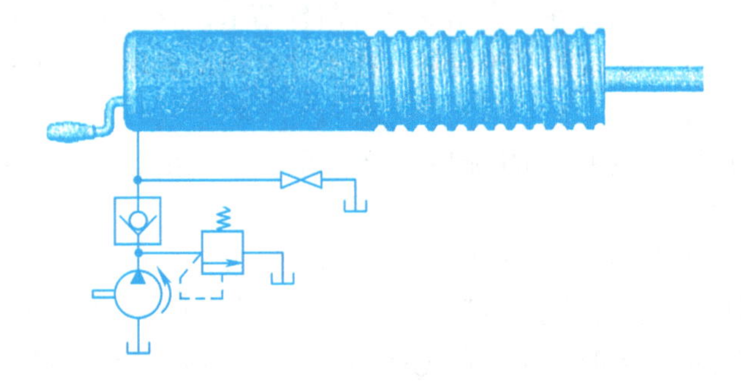

图 9-18 快速夹紧机构原理

（3）条件分离原理 所谓条件分离原理是指将冲突双方在不同的条件下分离，以降低解决问题的难度。当关键子系统的冲突双方在某一条件下只出现一方时，条件分离是可能的。应用该原理时，首先应回答如下问题：

1）是否冲突一方在所有的条件下都要求“正向”或“负向”变化？

2）在某些条件下，冲突的一方是否可不按一个方向变化？

如果冲突的一方可不按一个方向变化，利用条件分离原理是可能的。

例9-5　在寒冷的冬天，输水管路中的水容易结冰。由于水在结冰时体积增大，有可能出现管路被冻裂的情况。如何解决这一问题？

该问题可以定义成一个物理冲突：为了保证管道对水具有所需的约束力，管道应该具有较大的刚度；而为了适应水在结冰后产生的体积膨胀，管道又应该具有较小的刚度。综合考虑上述因素，采用弹塑性好的材料制造管路，就可以解决该问题。本例利用的条件是：用弹塑性好的材料做成的水管可以在保证强度的前提下，根据不同的条件直径自动变化，即利用了材料的自适应特性。

（4）整体与部分的分离原理　所谓整体与部分的分离原理是指将冲突双方在不同的层次上分离，以降低解决问题的难度。当冲突双方在关键子系统的层次上只出现一方，而该方在子系统、系统或超系统层次上不出现时，整体与部分的分离是可能的。

例9-6　“柔性”虎钳的应用。虎钳的功能是提供一种均匀分布的夹紧力（一种牢固的、平直的夹紧力），因而用普通的虎钳很难夹紧具有复杂形状的零件。为了达到此目的，虎钳的子系统需要具备某种手段来满足零件不规则的形状（一种柔性的夹紧面）。其解决方案为：在虎钳口的平面与零件不规则曲面之间放置多个竖立的硬管，每个硬管都可以水平地自由移动，以便在压力增加的时候符合工件的外形，使夹紧力均匀地作用于零件上，如图9-19所示。

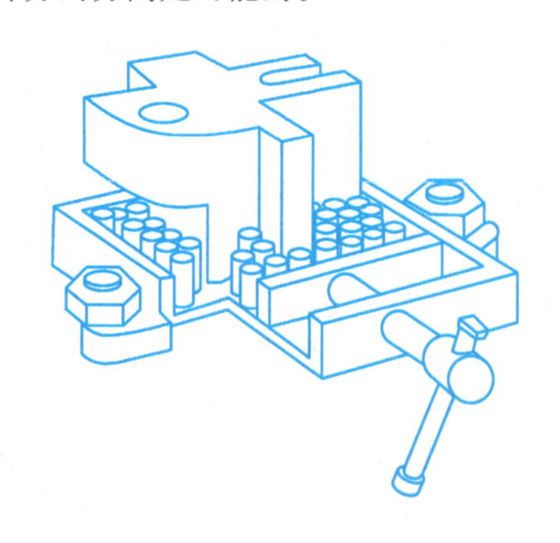

图9-19　刚性的虎钳以柔性的方式夹紧形状复杂的零件

三、技术冲突及其解决原理

1. 技术冲突的概念

技术冲突是指一个作用同时导致有用及有害两种结果，也可指有用作用的引入或有害效应的消除导致一个或几个子系统或系统变坏。技术冲突通常表现为一个系统中两个子系统之间的冲突，有如下几种情况：

1）一个子系统中引入一种有用功能后，导致另一个子系统产生一种有害功能，或加强了已存在的一种有害功能。

2）消除一种有害功能导致另一个子系统有用功能变坏。

3）有用功能的加强或有害功能的减少使另一个子系统或系统变得更加复杂。

当改善系统某部分或参数时，不可避免地出现系统其他部分或参数恶化的情况。例如，为了提高机床工作台的承载能力，需要加大加厚工作台尺寸，这样将导致工作台质量的增加，加大了工作台运动惯性，恶化了工作台加减速性能。因此，这里便存在机床工作台承载能力与加减速性能之间的技术矛盾。又如，要想提高轴的强度，需要增加其截面积，但同时也导致轴的质量增加。

例9-7　波音公司改进737飞机的设计时，需要将使用中的发动机改为功率更大的发动机。发动机功率越大，工作时需要的空气就越多，发动机机罩的直径就必须增大。而发动机机罩直径的增大，机罩离地面的距离就会减小，但该距离的减小是设计所不允许的。

上述的改进设计中已出现了一个技术冲突，既希望发动机吸入更多的空气，但是又不希望发动机机罩与地面的距离减小。不同领域中，人们所面临的创新问题不同，其中所包含的冲突也千差万别。要想解决这些冲突，首先要对它们进行统一的描述。

2. 技术冲突的一般化处理

通过对不同领域中各种冲突的分析与研究，TRIZ 理论提出用 39 个通用工程参数描述冲突。实际应用中，首先要把组成冲突的双方内部性能用这 39 个工程参数中的某两个来表示，目的是把实际工程设计中的冲突转化为一般的或标准的技术冲突。

（1）通用工程参数　39 个通用工程参数中常用到运动物体与静止物体 2 个术语：运动物体是指受到自身或外力的作用后，可以改变所处空间位置的物体。静止物体是指受到自身或外力的作用后，并不改变其所处空间位置的物体。表 9-2 是 39 个通用工程参数的名称汇总。

表 9-2　39 个通用工程参数的名称汇总

序号	名称	序号	名称
1	运动物体的质量	21	功率
2	静止物体的质量	22	能量损失
3	运动物体的长度	23	物质损失
4	静止物体的长度	24	信息损失
5	运动物体的面积	25	时间损失
6	静止物体的面积	26	物质或事物的数量
7	运动物体的体积	27	可靠性
8	静止物体的体积	28	测试精度
9	速度	29	制造精度
10	力	30	物体外部有害因素作用的敏感性
11	应力或压力	31	物体产生的有害因素
12	形状	32	可制造性
13	结构的稳定性	33	可操作性
14	强度	34	可维修性
15	运动物体作用时间	35	适应性及多用性
16	静止物体作用时间	36	装置的复杂性
17	温度	37	监控与测试的困难程度
18	光照度	38	自动化程度
19	运动物体的能量	39	生产率
20	静止物体的能量		

为了应用方便和便于理解，上述 39 个通用工程参数可分为如下 3 类：

1）通用物理及几何参数。包括 1～12，17～18，21。

2）通用技术负向参数。包括15～16，19～20，22～26，30～31。

3）通用技术正向参数。包括13～14，27～29，32～39。

负向参数是指这些参数变大时，使系统或子系统的性能变差。如果子系统为了完成特定的功能所消耗的能量（序号19～20）越大，则说明这个子系统设计得越不合理。

正向参数是指这些参数变大时，使系统或子系统的性能变好。如子系统的可制造性（序号32）指标越高，则子系统制造的成本就越低。

（2）技术冲突与物理冲突　技术冲突和物理冲突反映的都是技术系统的参数属性。技术冲突总是涉及两个基本参数A与B，当A得到改善时，B变得更差。物理冲突仅涉及系统中的一个子系统或部件，而对该子系统或部件提出了相反的要求。技术冲突的存在往往隐含着物理冲突的存在，有时物理冲突的解比技术冲突的解更容易获得。

例9-8　用化学的方法为金属表面镀层的过程如下：金属制品放置于充满金属盐溶液的池子中，溶液中含有镍、钴等金属元素。在化学反应过程中，溶液中的金属元素凝结到金属制品表面形成镀层。温度越高，镀层形成的速度越快，但温度高，使有用的元素沉淀到池子底部与池壁的速度也越快；而温度低又大大降低生产率。

该问题的技术冲突可描述为：两个通用工程参数即生产率（A）与材料浪费（B）之间的冲突。加热溶液使生产率（A）提高，同时材料浪费（B）增加。

为了将该问题转化为物理冲突，选温度作为另一参数（C）。物理冲突可描述为：溶液温度（C）增加，生产率（A）提高，材料浪费（B）增加；反之，生产率（A）降低，材料浪费（B）减少；溶液温度既应该高，以提高生产率，又应该低，以减少材料消耗。

3. 技术冲突的解决原理

在对全世界专利进行分析研究的基础上，TRIZ理论提出了40个发明原理。实践证明，这些原理对于指导设计人员的发明创造具有非常重要的作用，是解决技术冲突的行之有效的方法。在实际应用中，技术冲突的解题过程是：先将一个用通俗语言描述的待解决的具体问题，转化为利用39个通用工程参数描述的技术冲突，即标准的问题模型；然后针对这种类型的问题模型，进一步利用解题工具即冲突矩阵，找到针对问题的创新原理；依据这些创新原理，经过演绎与具体化，最终找到解决具体问题的一些可行方案。解决技术冲突的一般解题模式如图9-20所示。

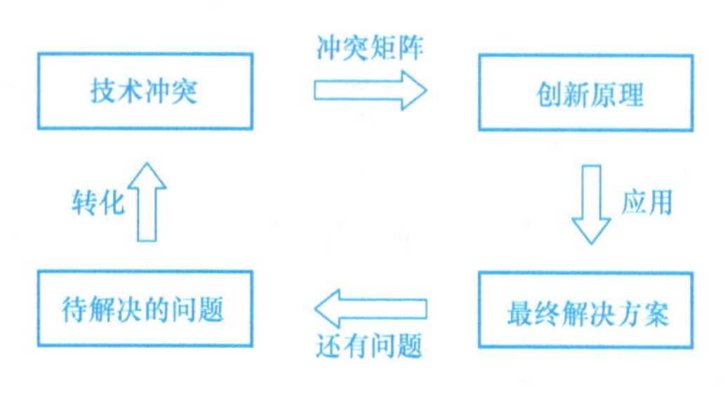

图9-20　技术冲突的一般解题模式

下面结合工程实例对各个发明原理进行详细的介绍。

（1）分割原理

1）把一个物体分成相互独立的部分。

2）把物体分成容易组装和拆卸的部分。

3）增加物体相互独立部分的程度。

例9-9　可拆卸铲斗唇缘设计（图9-21）。

挖掘机铲斗的唇缘是由钢板制成的，只要它的一部分磨损或损坏，就必须更换整个唇缘。这是一项既费力又费时的工作，而且挖掘机也不得不停止工作。使用分割原理来解决这

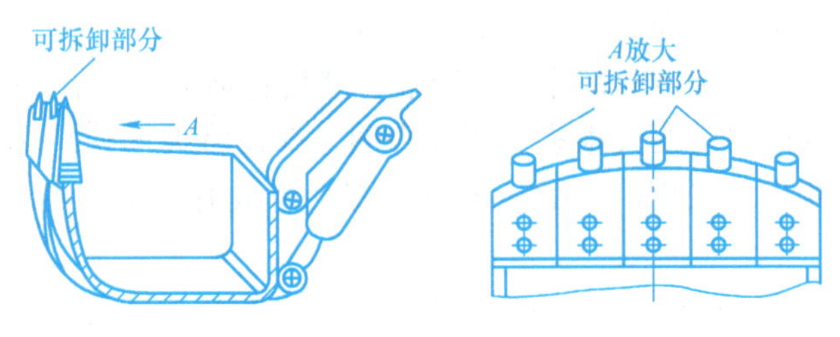

图 9-21 可拆卸铲斗

一问题，将唇缘分割成单独可分离的几部分。这样，可以快速方便地将毁坏或磨损的唇缘部分更换。

（2）分离原理

1）将一个物体中的“干扰”部分分离出去。

2）将物体中的关键部分挑选或分离出来。

例如在飞机场环境中，为了驱赶各种鸟类，采用播放刺激鸟类的声音是一种方便的方法，这种特殊的声音使鸟与机场分离；同时，将产生噪声的空气压缩机放于室外。

（3）局部质量原理

1）将物体或环境的均匀结构变成不均匀结构。

2）使组成物体的不同部分完成不同的功能。

3）使组成物体的每一部分都最大限度地发挥作用。

典型应用有：带有橡皮的铅笔，带有起钉器的榔头。带有多种常用工具的瑞士军刀；集电话、上网和电视功能于一体的电缆电视。

局部质量原理在机械产品进化的过程中表现得非常明显，如机器由零部件组成，每个零部件在机器中都应占据一个最能发挥作用的位置，如果某个零件未能最大限度地发挥作用，则应对其改进设计。

（4）不对称原理

1）将物体的形状由对称变为不对称。

2）如果物体是不对称的，增加其不对称的程度。

例 9-10 机械传动中使用的轮毂多为两侧对称的结构。图 9-22 所示带轮和链轮的轮毂结构设计中，为了解决轮毂与轴、轮毂与轮缘的定位问题，采用了非对称的轮毂结构。

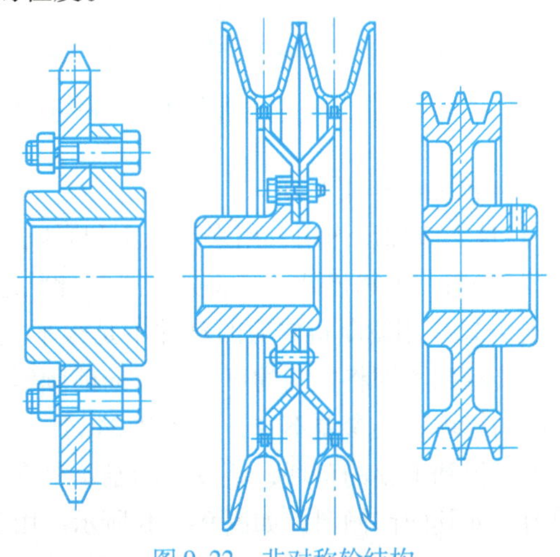

图 9-22 非对称轮结构

（5）合并原理

1）在空间上将相似的物体连接在一起，使其完成并行的操作。

2）在时间上合并相似或相连的操作。

例 9-11 在运输过程中，先用纸将玻璃板隔开，然后用纸片将其保护好放到一个木箱子里。尽管有这些预防措施，但是也经常发生玻璃的破损事件。为了减少玻璃的破损，可以将玻璃当作一个固体块运输，而不是让它们处于分离状态。每片玻璃都涂上一层油，然后将玻璃片粘在一起形成一个玻璃块，比起每片玻璃，玻璃块的强度要大很多。测试表明，即便将玻璃块从2m高的地方丢下去，造成的损失也很小；相反，采用一般的运输方法将会造成有一半多的玻璃受到不同程度的破损。

（6）多用性原理　使一个物体能够完成多项功能，可以减少原设计中实现这些功能物体的数量。例如装有牙膏的牙刷柄，能用作婴儿车的儿童安全座椅，小型货车的座位通过调节可以实现坐、躺、支承货物等多种功能，都是这一原理的应用示例。

（7）嵌套原理

1）将一个物体放在第二个物体中，将第二个物体放在第三个物体中，可以这样再进行下去。

2）使一个物体穿过另一个物体的空腔。

典型应用有：收音机伸缩式天线；伸缩式钓鱼竿；伸缩教鞭；笔筒里放有铅芯的自动铅笔。

（8）质量补偿原理

1）用另一个能产生提升力的物体补偿第一个物体的质量。

2）通过与环境相互作用产生空气动力或液体动力的方法补偿第一个物体的质量。

典型应用有：在圆木中注入发泡剂，使其更好地漂浮；用气球携带广告条幅。

例9-12　具有球形重物的速度调节器常被用来调节回转速度（图9-23）。

通过减小零件的尺寸大小（或零件质量）来改进传统设计。例如，速度调节器上的球形重物可以改作成机翼形，这样就会增加调节器的提升力。

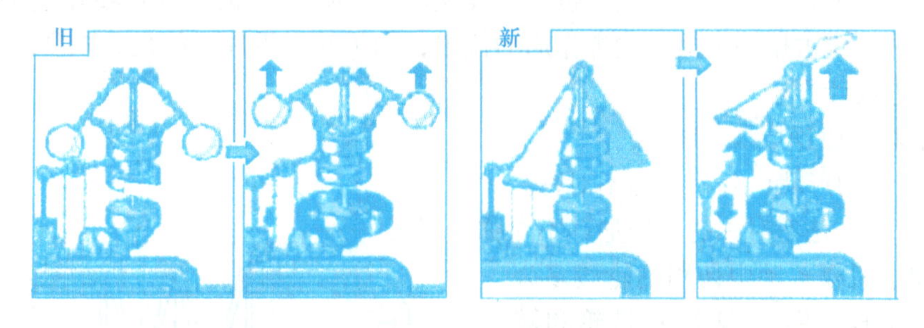

图9-23　具有机翼状重物改为具有机翼形重物的速度调节器

（9）预加反作用原理

1）预先施加反作用，用来消除不利影响。

2）如果一个物体处于或将处于受拉伸状态，预先增加压力。

例9-13　用割草机修剪的草坪不是很平整，因为草有一定的硬度，而且割草机工作时其刀片接触到了即将要割的草，使草向前倾斜，这样就会使草在不同的高度上被修剪，当然修剪出的草坪就会参差不齐，如图9-24a所示。

为了得到平整的草坪，新设计的割草机有一个专用部件，可以在即将修剪的草上预加反作用力，使其向前倾斜，如图9-24b所示。由于草具有一定的硬度，所以被释放后能产生足够的内部惯性力，使其反弹回来。这样割草机的刀片接触到的草就是直立的草，所有的草都

图 9-24 改进前、后的割草机

是在同一垂直高度上被修剪的，修剪出的草坪就很平整。

（10）预操作原理

1）在操作开始前，使物体局部或全部产生所需的变化。

2）预先对物体进行特殊安排，使其在时间上有准备，或已处于易操作的位置。

例 9-14 一家公司要对大量的塑料件着色，且要求不能手工用刷子对塑料件着色，有什么办法可以解决这个问题呢?

建议应用预操作原理及合并原理来改善着色过程。如图 9-25 所示，在分开的铸型的孔洞中预先加染料套预着色，如普通的印刷油墨就可以这样应用。合型后注入塑料，零件上的颜料具有较好的黏附性，因为颜料扩散到了表面内部。

（11）预补偿原理 采用预先准备好的应急措施补偿物体相对较低的可靠性，如飞机上的降落伞，航天飞机的备用输氧装置。

例 9-15 汽车安全气囊（图 9-26）。

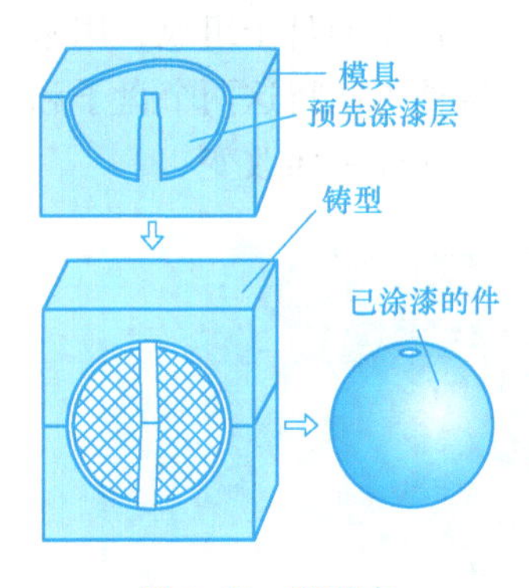

图 9-25 预着色

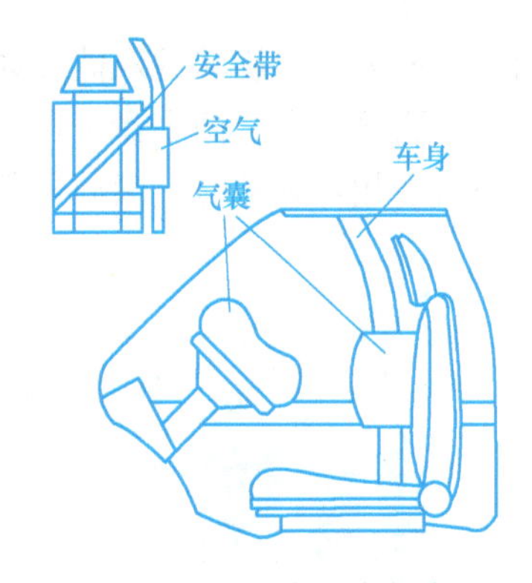

图 9-26 汽车安全气囊

如果碰撞发生在车前部，安全带可以保护驾驶员。然而，安全带对侧面碰撞不起作用，故使用侧面安全气囊。紧缩的气囊放在座位的后面，侧面碰撞时气囊因充气而膨胀，这样可以避免乘客受伤。

（12）等势性原理 改变工作条件，使物体在传送过程中处于等势面中，不需要被升高或降低，以减少不必要的能量消耗。例如与压力机工作台高度相同的工件输送带，利用它可将冲好的零件输送到另一工位，不需要升降高度。

例 9-16 图 9-27 所示为鹤式起重机的机构简图。其中的四杆机构 *ABCD* 为双摇杆机构，

当主动杆 AB 摆动时，从动杆 CD 随之摆动，位于连杆 BC 延长线上的重物悬吊点 E，沿近似水平直线移动，不改变重物的势能。

如果要到汽车下面修理汽车，汽车必须停放在敞开的地坑上，或固定到液压平台上。而且进行修理时，机修工必须在头顶上操作，这既不方便也不安全。使用等势原理，将汽车固定在一个环形的旋转装置上，这样汽车就能够随意旋转甚至可以倒置，从而很好地改善了修理条件。

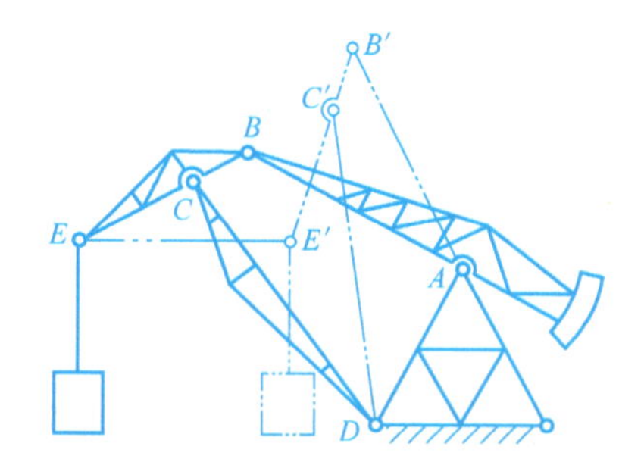

图 9-27　鹤式起重机的机构简图

(13) 反向原理

1) 将一个问题中所规定的操作改为相反的操作。

2) 使物体中的运动部分静止，静止部分运动。

3) 使一个物体的位置倒置。

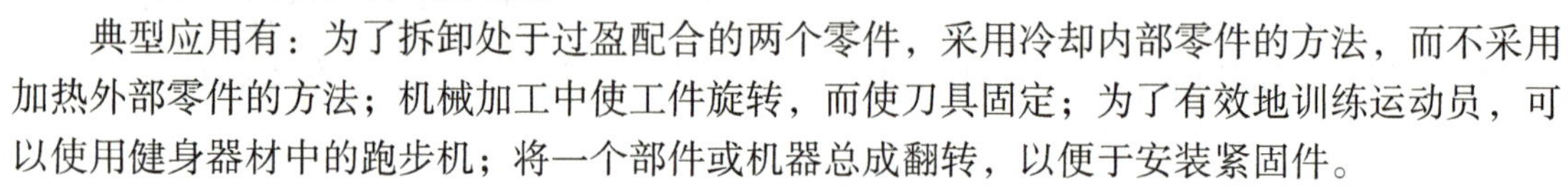

典型应用有：为了拆卸处于过盈配合的两个零件，采用冷却内部零件的方法，而不采用加热外部零件的方法；机械加工中使工件旋转，而使刀具固定；为了有效地训练运动员，可以使用健身器材中的跑步机；将一个部件或机器总成翻转，以便于安装紧固件。

(14) 曲面化原理

1) 将直线或平面部分用曲线或曲面代替，立方体用球体代替。

2) 采用辊、球和螺旋。

3) 用旋转运动代替直线运动，采用离心力。

例 9-17　当土豆收割机的滚筒运动时，它的形状会和变化的地面形状始终相应地保持一致（图 9-28）。

滚筒可以成为一个旋转的双曲面体，这个双曲面由两个直立的盘子组成，用木棍通过圆周上的点互相联接起来。两个盘子可以相对旋转，通过机械轴可以将这两个盘子和收割机联接起来。当盘子相对旋转时，滚筒外部的轮廓就会随着地形的改变而改变。

图 9-28　与地形保持一致的滚筒

(15) 动态化原理

1) 使一个物体或其环境在操作的每一阶段自动调整，以达到优化的性能。

2) 把一个物体划分成具有相互关系的元件，元件之间可以改变相对位置。

3) 如果一个物体是静止的，使之变为运动的或可变的。

例 9-18　螺旋角可变的螺杆输送机（图 9-29）。

传送矿物或化学药品之类的松散材料时，传统的装置是螺杆输送机。为了更好地控制材料的输送速度和相对于不同密度的材料进行调节，希望输送机螺杆的螺旋角是可调的。使用变参数原理和动态原理设计输送机。螺杆的表面用橡胶之类的弹性材料制成，两个螺旋弹簧沿着旋转轴的伸长/压缩可控制螺杆的螺旋角，从而控制松散材料的传送速度。

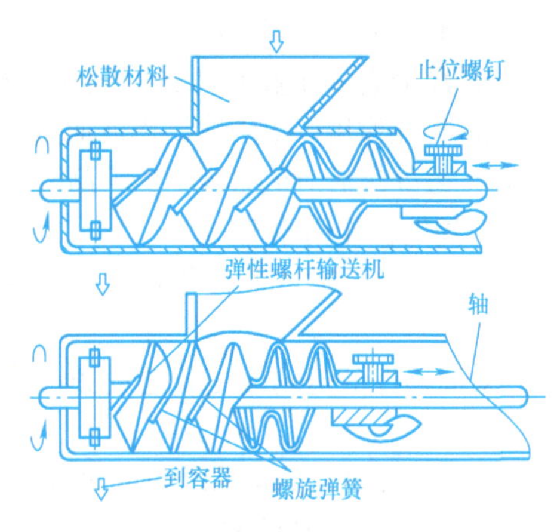

图 9-29 螺杆输送机

(16) 未达到或超过的作用原理 要想100%达到所希望的效果是困难的，而稍微未达到或稍微超过预期的效果将大大简化问题。例如缸筒外壁需要刷涂料时，可将缸筒浸泡在盛涂料的容器中完成，但取出缸筒后，其外壁粘得涂料太多，通过快速旋转可以甩掉多余的涂料。

(17) 维数变化原理

1) 将一维空间中运动或静止的物体变成二维空间中运动或静止的物体，将二维空间中的物体变成三维空间中的物体。

2) 将物体用多层排列代替单层排列。

3) 使物体倾斜或改变方向，如自卸车。

4) 利用给定表面的反面，如叠层集成电路。

例 9-19 矿车（图 9-30）进入垂直面。

当空矿车和负载矿车在矿井中需要对调时，通过增加隧道宽度来解决是不理想的。因为隧道宽度的增加会使隧道顶部安全性降低。应用维数变化原理、动态原理和分离原理来解决这一问题。可以通过垂直面来重新排列矿车，如图 9-30 所示，将空矿车提升到负载矿车的上面，负载矿车向前移动，在合适位置将空矿车放下。这样矿车队列变得更为动态化，此过程中所有矿车就像一叠纸牌一样容易操作。通过这种方法，可以大大改善矿井工人的安全。

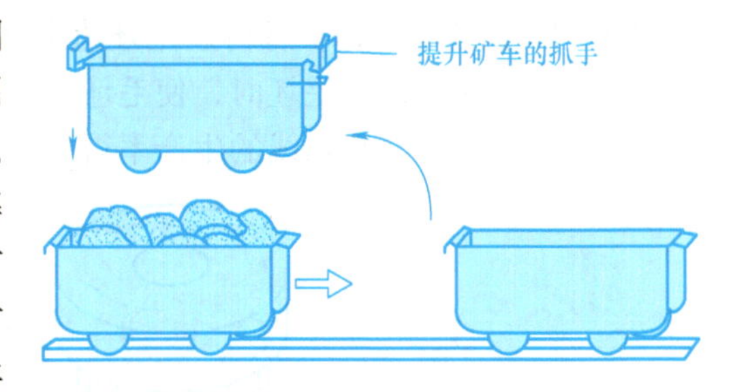

图 9-30 进入垂直面的矿车

(18) 振动原理

1) 使物体处于振动状态，如电动雕刻刀具的振动刀片、电动剃须刀。

2) 如果振动存在，增加其频率，甚至可以增加到超声。

3) 使用共振频率，如利用超声共振消除胆结石或肾结石。

4) 使用电振动代替机械振动，如用石英晶体振动驱动的高精度手表。

5) 使用超声波与电磁场耦合，如在高频感应熔炼炉中混合合金。

例 9-20 流水线上的机械计数系统长时间使用就会磨损，同时由于灰尘的积累，光学装置的可靠性将会降低。有什么办法可以解决这个问题呢？

用气流和产品间相互作用产生的声波来计数。如图9-31所示，使产品沿着一个路径传送，到达终点后和气流接近。产品和气流相互作用产生声波，声波通过传声器转变成电信号，经过信号处理后对流水线上的产品（纸张）计数。

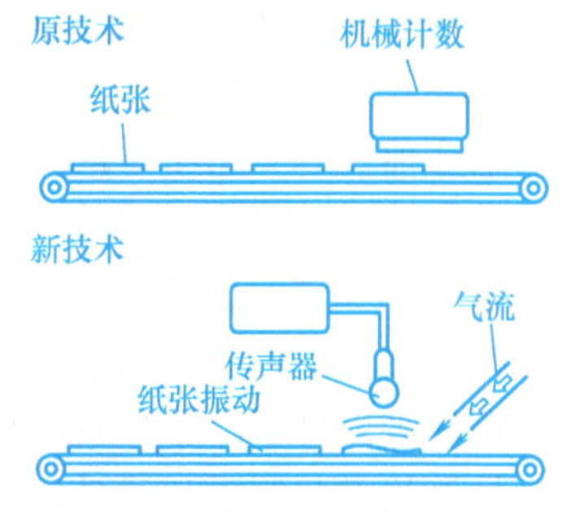

图9-31　产品计数装置

（19）周期性作用原理

1）用周期性运动或脉动代替连续运动，如用鼓槌反复地敲击物体。

2）对周期性的运动改变其运动频率，如通过调频传递信息。

3）在两个无脉动的运动之间增加脉动。

例9-21　控制振动的方法（图9-32）。

如何控制车床进行金属切削时的振动呢？采用机械振动原理和周期性作用原理。按预先确定的频率，短时间周期性地停止切削操作；或者切削数圈后撤回刀具，切削圈数与车床的振动阻尼（刚度、转速和固有阻尼）及工件的材料有关。这种方法也可以防止切屑堆积在刀具边缘。

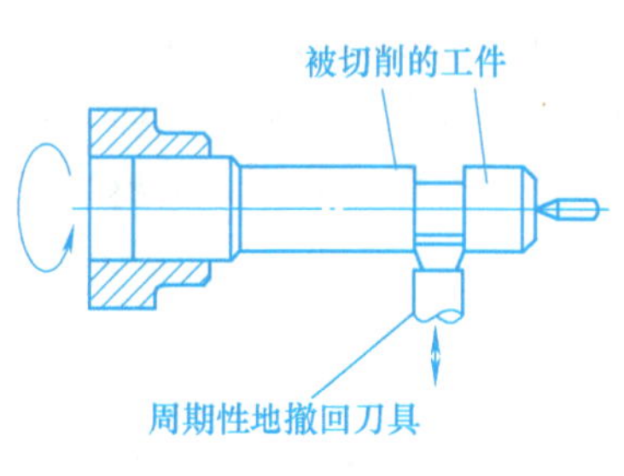

图9-32　控制切削振动

（20）有效作用的连续性原理

1）不停顿地工作，物体的所有部件都应满负荷地工作。

2）消除运动过程中的中间间歇，如针式打印机的双向打印。

3）用旋转运动代替往复运动。

例9-22　由于机器需要等待新毛坯进入工作面，所以流水线的生产率受到限制。解决这个问题的办法是：加工毛坯时，使毛坯与工装一起运动，该方法用于回转机械中。由于减少了空转时间，使旋转流水线的生产率得到提高。图9-33所示为一连续工作的情况。

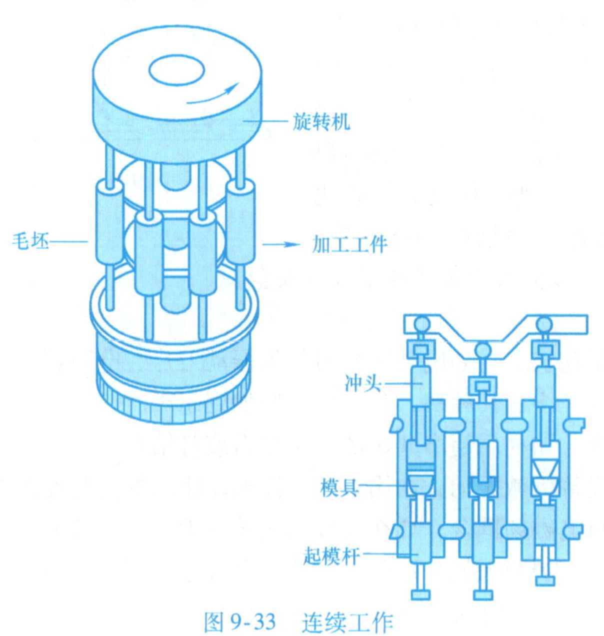

图9-33　连续工作

（21）紧急行动原理　以最快的速度完成有害的操作，如修理牙齿的钻头高速旋转，以防止牙组织升温。

例 9-23　高速切断管路（图 9-34）。

利用传统方法截断大直径薄壁管路时，管路变形与过度挤压是个大缺陷。运用加速原理，刀具以极快的速度切削，使管路没有时间变形。

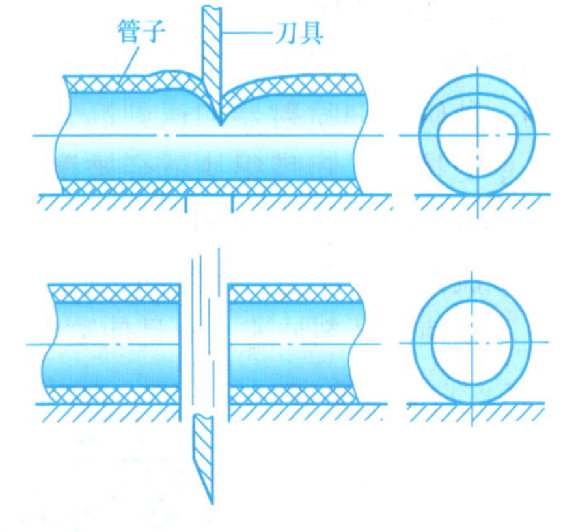

图 9-34　切断管路的方法

（22）变有害为有益原理

1）利用有害因素，特别是对环境有害的因素，获得有益的结果。

2）通过与另一种有害因素结合来消除一种有害因素。

3）加大一种有害因素的程度使其不再有害，如森林灭火时用逆火灭火。

例 9-24　热力发电站排出的气体必须经过净化，主要是去除其中的酸性成分，尤其是硫酸酐，同时还要处理含有碱性炉渣和灰尘的污水。有什么办法可以解决这一问题呢？

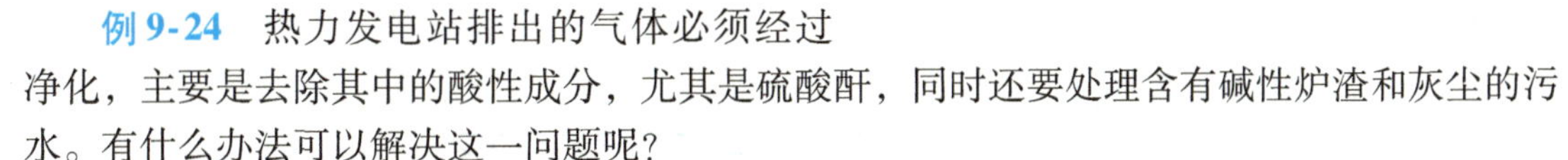

运用变有害为有益原理去除废物，可以用碱性污水吸收酸性气体，这样就可以有效地抑制两种污染物中的有害成分。如图 9-35 所示，使需要处理的酸性气体进入净化塔中的吸收柱，与流入吸收柱内的碱性污水发生中和反应，从而消除其有害成分。经过处理的洁净空气，就可以从净化塔上端的排气管排入大气，从而减少了对大气的污染。

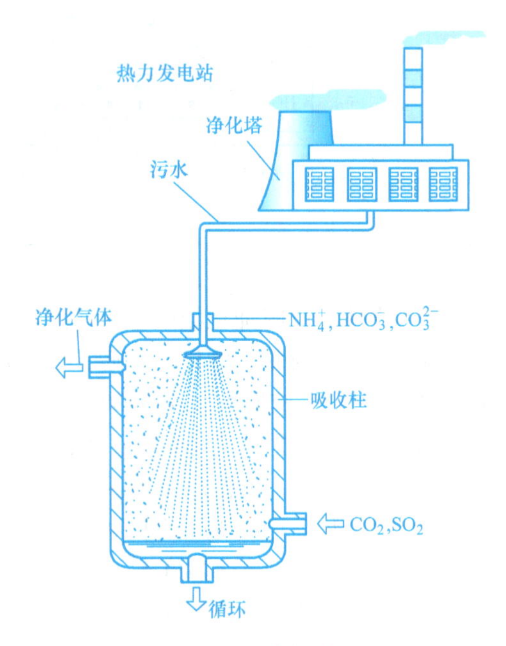

图 9-35　废物利用

（23）反馈原理

1）引入反馈以改善过程或动作，如加工中心的自动检测装置、自动导航系统等。

2）如果反馈已经存在，改变反馈控制信号的大小或灵敏度。

例 9-25　轧钢机钢板厚度控制（图 9-36）。

控制被轧钢板的厚度，重要的是控制钢板温度，最终的厚度是温度和接近辊子的板的厚度共同作用的结果。运用反馈原理控制输出厚度，可以将接近辊子的钢板的厚度与加热器（电子枪）电子束的进给速度结合起来，电子束通过钢板被传感器监控，钢板越厚，传感器接收到的辐射密度越低，于是发信号降低电子束的进给速度，以增加钢板的温度。这种反馈控制改善了输出厚度的精度。

（24）中介物原理

1）使用中介物传送某一物体或某一种中间过程，如机械传动中的惰轮。

2）将一容易移动的物体与另一物体暂时结合，如机械手抓取重物并将其移动到另一处，用钳子、镊子帮助或代替人手抓取物体。

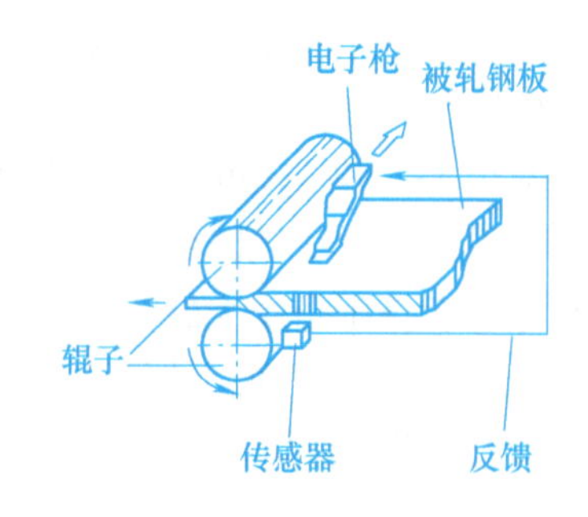

图 9-36 轧钢机钢板厚度控制

例 9-26 抗磨喷嘴的设计（图 9-37）。

当一种研磨剂喷射器加速到高速时，由于研磨剂与喷嘴孔壁的接触，喷嘴很快就会被磨损。运用中介物原理来减小喷嘴的磨损。引进空气介质流来加速研磨剂，这些空气流作为中介物，通过同轴孔（在喷嘴延长块中）流动，不仅使研磨剂加速，而且使喷嘴壁的磨损减少。

（25）自服务原理

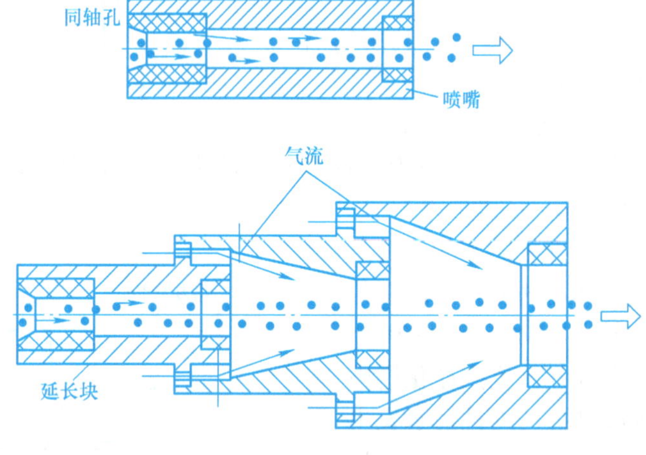

图 9-37 抗磨喷嘴

1）使一物体通过附加功能产生自己服务于自己的功能。

2）利用废弃的材料、能量与物质，如钢厂余热发电装置。

例 9-27 自服务挖掘机（图 9-38）。

给挖掘机的铲斗提供气体润滑，以减少土壤和铲斗的摩擦，也可以防止卸土时土壤附着在铲斗上。然而在发动机上安装压缩机会增加能量的消耗。运用自服务原理，通过在悬臂上安装一个双作用的气缸，用作业时挖掘机悬臂的运动来给铲斗提供空气。

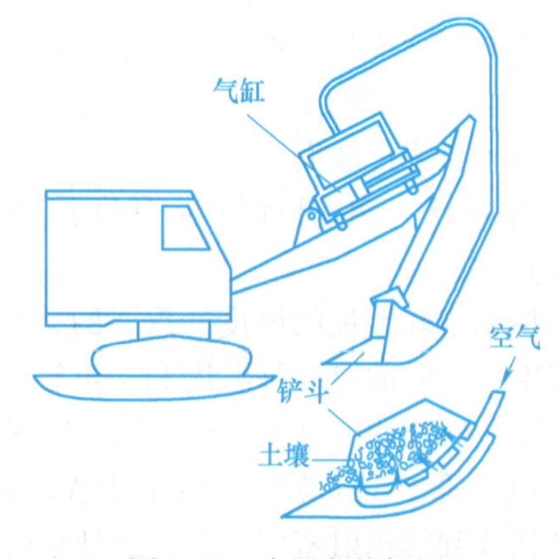

图 9-38 自服务挖掘机

例 9-28 一种能自动补胎的轮胎。

如图 9-39 所示，该专利为一种机动车辆的轮胎。轮胎上设有保护层，保护层内灌注有胶液，使轮胎被扎后能自动补胎，不用换轮，可节省时间，减少交通事故，使行车安全。

(26) 复制原理

1) 用简单、低廉的复制品代替复杂的、昂贵的、易碎的或不易操作的物体。

2) 用光学复制件或图像代替物体本身，可以放大或缩小图像。

3) 如果已经使用了可见光复制，那么可用红外线或紫外线代替。

典型的运用有：通过虚拟现实技术对未来的复杂系统进行研究；通过对模型的试验来代替对真实系统的试验；通过看一名教授的讲座录像代替亲自参加他的讲座；利用红外线成像探测热源。

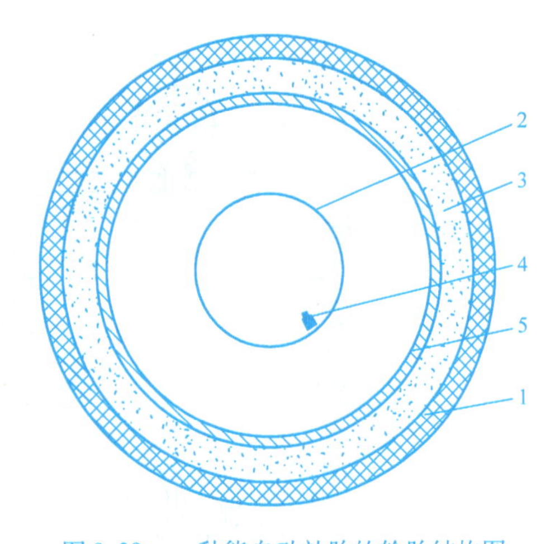

图 9-39　一种能自动补胎的轮胎结构图

1—外胎　2—车圈　3—胶液　4—气嘴　5—保护层

(27) 低成本、不耐用的物体代替贵重、耐用的物体原理　用一些低成本物体代替昂贵物体，用一些不耐用物体代替耐用物体，如一次性纸杯、一次性餐具、一次性尿布、一次性拖鞋等。

(28) 机械系统替代原理

1) 用视觉、听觉、嗅觉系统代替部分机械系统。

2) 用电场、磁场及电磁场完成物体间的相互作用。

3) 将固定场变为移动场，将静态场变为动态场，将随机场变为确定场。

4) 将铁磁粒子用于场的作用之中。

例 9-29　磁场移去弹壳（图 9-40）。

从成形机的轴上移去弹壳使用的是机械装置控制的推动器，这种装置可靠性低，而且弹壳经常被刺穿。运用机械替代原理改善推动器的效率，用永久磁铁作为推动器放在磁场中提供动力。反作用力由一个外部磁场（电磁铁）控制。

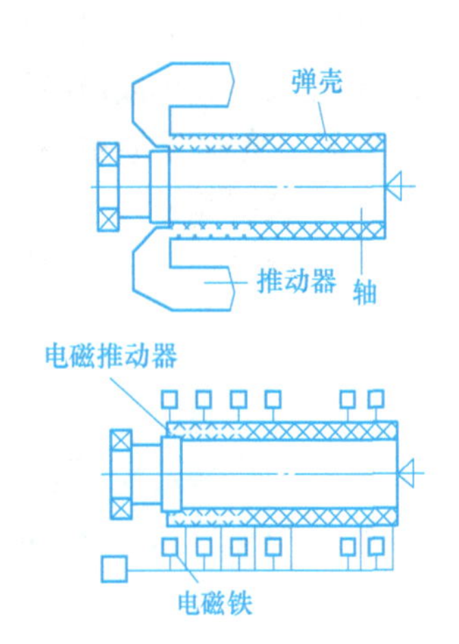

图 9-40　弹壳移去装置

(29) 气动与液压结构原理　物体的固体零部件可以用气动或液压零部件代替，用于膨胀或减振。

例如发生交通事故时，由于惯性作用，驾驶员会受到强烈的撞击，尽管安全带可以起到一定的防护作用，但仍是远远不够的。解决的方法之一是使用安全气囊，当汽车受到撞击时它会迅速膨胀以保护驾驶员的安全。另外，气垫运动鞋可以减少运动对足底的冲击。

例 9-30　充气夹具的设计（图 9-41）。

怎样才能可靠地夹紧易碎件呢？运用气动与液压原理及柔性壳体和薄膜原理来发明一种夹具。在夹具主体的螺旋形或 Z 字形凹槽中，缠绕一种能膨胀的外壳管子。提升负载时，夹具放在凹槽中，向壳体内提供压缩空气。管子内部的压力使夹具与负载紧密接触，于是沿着螺旋管表面的摩擦力增加，从而使负载被提升起来。

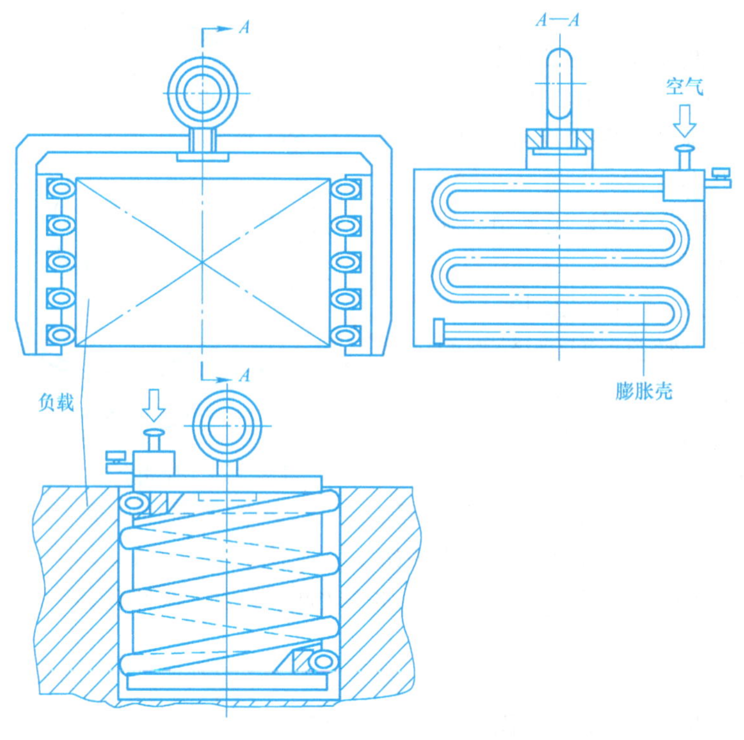

图9-41　充气夹具

（30）柔性壳体或薄膜原理

1）用柔性壳体或薄膜代替传统结构。

2）使用柔性壳体或薄膜将物体与环境隔离。

例9-31　货舱内货物的移动是航行中的一种潜在危险。防止货物移动的一种方法是将其放在一个比较开阔的空间里，用带有弹性衬垫的材料密封好货物，然后抽出里面的空气，产生低压，这样衬垫的内表面就可以贴近货物了，从而防止货物移动，如图9-42所示。

图9-42　应用柔性壳体或薄膜原理防止货物移动

（31）多孔材料原理

1）使物体多孔或通过插入、涂层等增加多孔元素，如在一结构上钻孔，以减轻质量。

2）如果物体已经是多孔的，用这些孔引入有用的物质或功能，如利用一种多孔材料吸收接头上的焊料。

为了实现更好的冷却效果，机器上的一些零部件内充满了一种已经浸透冷却液的多孔材料。在机器工作过程中，冷却液蒸发，实现均匀冷却。

(32) 改变颜色原理

1) 改变物体或环境的颜色，如在洗照片的暗房中要采用安全的光线。

2) 改变一个物体的透明度，或改变某一过程的可视性。

3) 采用有颜色的添加物，使不易观察到的物体或过程被观察到。

4) 如果已经增加了颜色添加剂，则采用发光的轨迹。

例 9-32 轻便辐射熨斗的设计（图 9-43）。

如何改善普通家用熨斗的设计？运用改变颜色（透明）原理、改变维数原理来改善设计。用难熔的、透明的玻璃制成基座，被熨的织品直接通过热辐射加热，而不是通过金属基座加热。新设计的熨斗质量轻、加热快，能渗透到织品的整个表面。这样的熨斗既轻便，又节约时间。

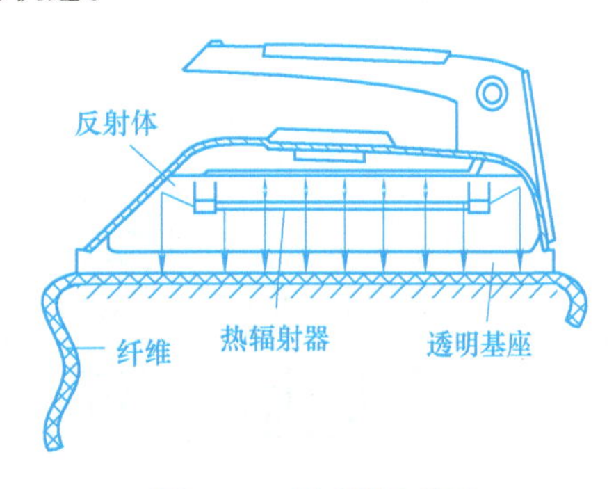

图 9-43 新型熨斗设计

(33) 同质性原理 采用相同或相似的物体制造与某物体相互作用的物体，如用金刚石切割钻石。

例如存放在一般容器里的高纯度铜很容易被污染，被污染的铜降低了本身所固有的属性。为了避免出现这种情况，可以将高纯度铜储存在以同质材料制成的容器里，保证被储存的高纯度铜不被污染。

(34) 抛弃与修复原理

1) 当一个物体完成了其功能或变得无用时，抛弃或修复该物体中的一个物体，如用可溶解胶囊作为药面的包装、可降解餐具等。

2) 立即修复一个物体中所损耗的部分，如割草机的自刃磨刀具。

例 9-33 某些零部件内部流道非常复杂，有很多复杂的凹槽，这些凹槽是很难加工的（图 9-44）。解决的方法是：先把电线弯成所需形状，然后紧贴在板面上以形成这些凹槽，再在各条电线之间的空余地方添加熔融的金属或环氧树脂。当添加物变硬后，利用化学腐蚀的方法把其余的电线除掉，就形成了所需要的复杂的内部凹槽。

图 9-44 利用“抛弃与修复”原理形成复杂凹槽

(35) 参数变化原理

1) 改变物体的物理状态，即使物体在气态、液态、固态之间变化。

2）改变物体的浓度和黏度，如液态香皂的黏度高于固态香皂，使用会更方便。

3）改变物体的柔性，如用三级可调减振器代替轿车中的不可调减振器。

4）改变温度，如使金属的温度升高到居里点以上，金属由铁磁体变为顺磁体。

例9-34 通过将颗粒材料和液体相混合的方法，可以实现材料按颗粒大小逐渐分层。具有不同颗粒的材料与液体混合后，颗粒材料逐渐沉淀，大颗粒会逐渐沉到最底端，依次是比较小的颗粒。尽管如此，仍然很难移走材料层，因为轻微的动作都会引起不同颗粒的材料再次混合。但如果将已经分开的材料冻结，那么就会很容易地分开颗粒层了，如图9-45所示。

图9-45 利用冻结的方法移走分离层

（36）状态变化原理

在物质状态变化过程中实现某种效应，如利用水在结冰时体积膨胀的原理。

例9-35 水结冰时体积膨胀很大，但是产生的压力很有限，冰压设备可以用来克服这个缺陷。该设备包括三个形状相同、尺寸不同的锥形瓶，每次只冻结一个锥形瓶。第一个瓶子里的冻结水通过一个小孔在其余两个瓶子里产生很大的压力；然后，第二个瓶子里的冻结水会在第三个瓶子里产生很大的压力；最终第三个瓶子里的冻结水会产生很大的压力，如图9-46所示。这种压力可以用于钢板压力机上，压力可达几万千牛。整个冰压设备（不包括冷藏库）的质量只有几公斤，同时该设备携带方便。

图9-46 利用状态变化原理实现增压

（37）热膨胀原理

1）利用材料的热膨胀或热收缩性质，如装配过盈配合的两个零件时，将内部零件冷却而外部零件加热，然后装配在一起并置于常温中。

2）使用具有不同热膨胀系数的材料，如双金属片传感器。

典型应用有：为了控制温室天窗的闭合，在天窗上连接了双金属板。当温度改变时双金属板就会相应地弯曲，这样就可以控制天窗的闭合。

(38) 加速强氧化原理

使氧化从一个级别转变到另一个级别，如从环境气体到充满氧气，从充满氧气到纯氧气，从纯氧到离子态氧。

例 9-36 在氧化空气中焊接（图 9-47）。

如何防止金属液滴黏附到被焊的零件上？用特殊液体在零件表面上涂层会有一个缺点，即当金属液滴落到涂层上时，涂层就会分解成有毒物质。运用加速强氧化原理来提高焊接工艺的安全性。在焊接区域内提供氧（或氮），溅落的炽热液滴会被覆盖上一层氧化物（或氮化物）。这样既可以防止液滴黏附在零件上，又可以保证焊接工艺无毒。

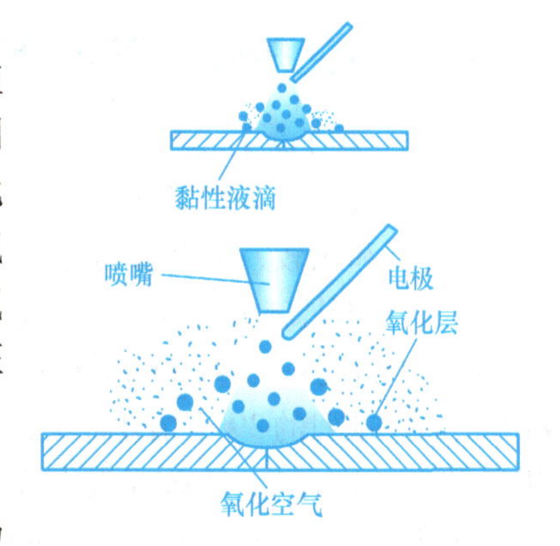

图 9-47 在氧化空气中焊接

(39) 惰性环境原理

1）用惰性环境代替通常环境，如为了防止白炽灯钨丝的失效，使其置于氩气中。

2）使一个过程在真空中发生。

例 9-37 清洁过滤器（图 9-48）。

在冶金生产中，往往是用从熔炉气体中分离出的一氧化碳在燃烧室中燃烧来加热水和金属。在给燃烧室供气之前，应先将一氧化碳气体中灰尘过滤掉。如果过滤器被阻塞，可用压缩空气将灰尘清除。然而，这样形成的一氧化碳和空气的混合物容易发生爆炸。运用惰性环境原理，使用惰性气体代替空气，如将氮气通过过滤器，可以保证过滤器的清洁和工作过程的安全。

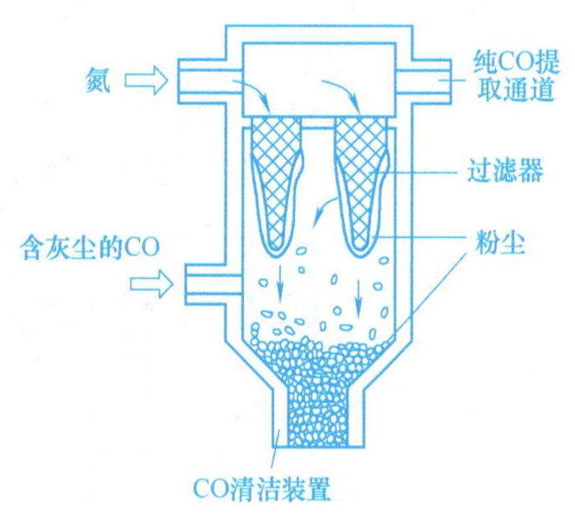

图 9-48 清洁过滤器

(40) 复合材料原理 将材质单一的材料改为复合材料。例如玻璃纤维与木材相比较轻，其在形成不同形状时更容易控制，用玻璃纤维制成的冲浪板，由于比木制板更轻，可灵活控制运动方向，也易于制成各种形状。

例 9-38 一般使用轻且薄的材料制造防火服，然而轻薄材料的隔热性能一般都比较低。聚乙烯纤维层是由弹性体或弹性材料组成的，该材料在外界温度升高的同时逐渐膨胀，可以有效地起到隔热作用，是制作防火服的可选材料之一（图 9-49）。

图 9-49 复合材料制造的防火服

上述这些原理都是通用发明原理，未针对具体领域，其表达方法是描述可能解的概念。例如建议采用柔性方法，问题的解是在某种程度上改变已有系统的柔性或适应性，设计人员应根据建议提出已有系统的改进方案，这样才有助于问题的迅速解决。还有一些原理范围很宽，应用面很广，既可应用于工程，又可用于管理、广告和市场等领域。

四、冲突矩阵及其创新应用

1. 冲突矩阵的组成

在设计过程中，如何选用发明原理产生新概念是一个具有现实意义的问题。通过多年的研究、分析和比较，阿奇舒勒提出了冲突矩阵。该矩阵将描述技术冲突的39个通用工程参数与40个发明原理建立了对应关系，很好地解决了设计过程中选择发明原理的难题。

冲突矩阵是一个40行40列的矩阵，图9-50所示为冲突矩阵简图。其中第一行或第一列为按顺序排列的39个描述冲突的通用工程参数序号。除了第一行与第一列外，其余39行39列形成一个矩阵，矩阵元素中或空，或有几个数字，这些数字表示40个发明原理中推荐采用原理的序号。矩阵中的第一列所代表的工程参数是希望改善的一方，第一行所描述的工程参数为冲突中可能引起恶化的一方。

应用该矩阵的过程是：首先在39个通用工程参数中，确定使产品某一方面质量提高及降低（恶化）的工程参数 A 及 B 的序号，然后由参数 A 及 B 的序号从第一列及第一行中选取对应的序号，最后在两序号对应行与列的交叉处确定一特定矩阵元素，该元素所给出的数字为推荐解决冲突可采用的发明原理序号。例如希望质量提高与降低的工程参数序号分别为5及3，在矩阵中，第五行与第三列交叉处所对应的矩阵元素如图9-50所示，该矩阵元素

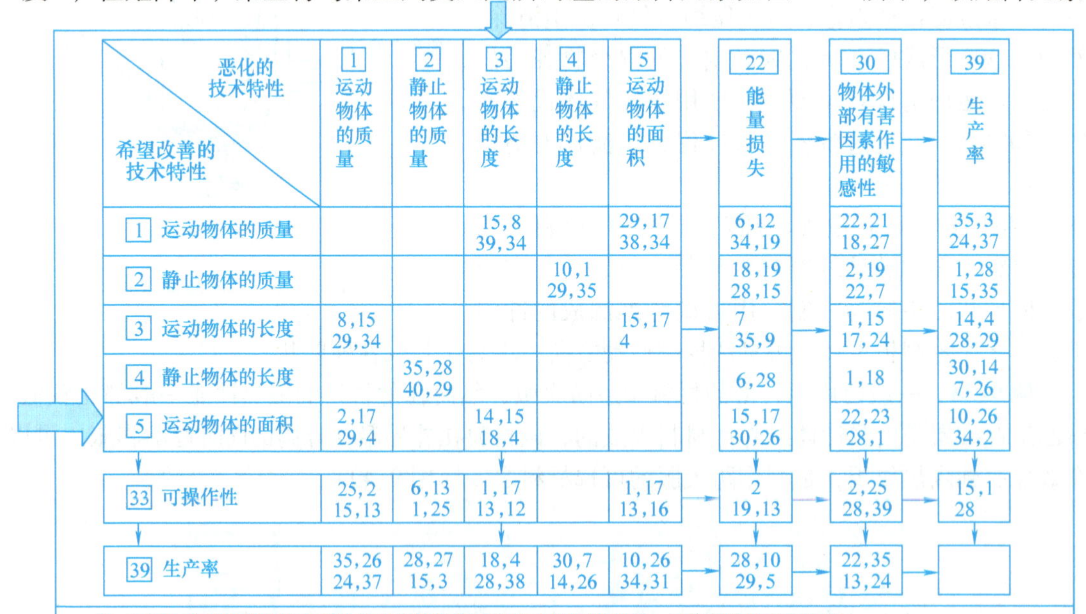

希望改善的技术特性 \ 恶化的技术特性	1 运动物体的质量	2 静止物体的质量	3 运动物体的长度	4 静止物体的长度	5 运动物体的面积	22 能量损失	30 物体外部有害因素作用的敏感性	39 生产率
1 运动物体的质量			15,8 39,34		29,17 38,34	6,12 34,19	22,21 18,27	35,3 24,37
2 静止物体的质量				10,1 29,35		18,19 28,15	2,19 22,7	1,28 15,35
3 运动物体的长度	8,15 29,34				15,17 4	7 35,9	1,15 17,24	14,4 28,29
4 静止物体的长度		35,28 40,29				6,28	1,18	30,14 7,26
5 运动物体的面积	2,17 29,4		14,15 18,4			15,17 30,26	22,23 28,1	10,26 34,2
33 可操作性	25,2 15,13	6,13 1,25	1,17 13,12		1,17 13,16	2 19,13	2,25 28,39	15,1 28
39 生产率	35,26 24,37	28,27 15,3	18,4 28,38	30,7 14,26	10,26 34,31	28,10 29,5	22,35 13,24	

注：希望改善的技术特性和恶化的技术特性的项目均有相同的39项，具体项目见下面说明。
1—运动物体的质量 2—静止物体的质量 3—运动物体的长度 4—静止物体的长度 5—运动物体的面积 6—静止物体的面积 7—运动物体的体积 8—静止物体的体积 9—速度 10—力 11—应力或压力 12—形状 13—结构的稳定性 14—强度 15—运动物体作用时间 16—静止物体作用时间 17—温度 18—光照度 19—运动物体的能量 20—静止物体的能量 21—功率 22—能量损失 23—物质损失 24—信息损失 25—时间损失 26—物质或事物的数量 27—可靠性 28—测试精度 29—制造精度 30—物体外部有害因素作用的敏感性 31—物体产生的有害作用 32—可制造性 33—可操作性 34—可维修性 35—适应性及多用性 36—装置的复杂性 37—监控与测试的困难程度 38—自动化程度 39—生产率

图9-50 冲突矩阵简图

中的数字 14，15，18 及 4 为推荐的发明原理序号，应用这四个或四个中的某几个就可以解决由工程参数 5 和 3 产生的冲突了。

2. 利用冲突矩阵实现创新

TRIZ 的冲突理论似乎是产品创新的“灵丹妙药”。实际上，在应用该理论之前的前处理与应用后的后处理仍然是关键的问题。

当针对具体问题确认了一个技术冲突后，用该问题所处的技术领域中的特定术语描述该冲突。然后，将冲突的描述翻译成一般术语，根据这些一般术语选择通用工程参数，再由通用工程参数在冲突矩阵中选择可用的发明原理。一旦某一个或某几个发明原理被选定后，必须根据特定的问题将发明原理转化并产生一个特定的解。对于复杂的问题仅有一个发明原理是不够的，因为原理的作用是使原系统向着改进的方向发展。在改进过程中，对问题的深入思考、创造性和经验都是必需的。

应用技术冲突矩阵解决问题的步骤可分为以下六步：

1）确定技术系统的名称和主要功能。对技术系统进行详细的分解，划分系统的级别，列出超系统、系统、子系统各级别的零部件，以及各种辅助功能。对技术系统、关键子系统、零部件之间的相互依赖关系和作用进行描述。定位问题所在的系统和子系统，对问题进行准确的描述。避免对整个产品或系统进行笼统的描述，以具体到零件级为佳，建议使用“主语 + 谓语 + 宾语” 的工程描述方式，定语修饰词尽可能少。

2）确定技术系统应改善的特性。确定并筛选待设计系统被恶化的特性。因为提升欲改善的特性的同时，必然会带来其他一个或多个特性的恶化，对应筛选并确定这些恶化的特性。对所确定的参数，对应表 9-2 所列的 39 个通用工程参数进行重新描述。对工程参数的冲突进行描述，欲改善的工程参数与随之被恶化的工程参数之间存在的就是冲突，注意冲突的表达不要过分专业化，这样有利于冲突的解决。对冲突进行反向描述，如降低一个被恶化的参数的程度，欲改善的参数将被削弱，或另一个恶化的参数将被加强。

3）查找阿奇舒勒冲突矩阵表，由冲突双方确定相应的矩阵元素，从而得到冲突矩阵所推荐的发明原理序号。

4）按照序号查找发明原理，得到发明原理的名称，查找发明原理的详解。结合专业知识将所推荐的发明原理逐个应用到具体的问题上，探讨每个原理在具体问题上如何应用和实现。

5）如果所查到的发明原理都不适用于具体的问题，则需要重新定义工程参数和冲突，再次应用和查找冲突矩阵。

6）如此反复，直到筛选出最理想的解决方案，随后可进入产品的方案设计阶段。

通常所选定的发明原理多于一个，这说明前人已用这几个原理解决了一些特定的技术冲突。这些原理仅仅表明解的可能方向，即应用这些原理过滤掉了很多不太可能的解的方向，尽可能将所选定的每个原理都用到待设计过程中去，不要拒绝采用推荐的任何原理。假如所有可能的解都不满足要求，那么需要对冲突重新定义并求解。

例 9-39 振动筛在选矿、化工原料分选、粮食分选以及垃圾分选中都是主要的设备。其中筛网的损坏是设备报废的原因之一，尤其对筛分垃圾的振动筛更是如此。分析其原因，分别确定对设备有利和有害的环节，并寻求解决问题的方法。

经分析，认为筛网面积大、筛分效率高，是有利的一个方面；但由此筛网接触物料的面积也就增大，则物料对筛网的损害也就增大。

将分析的结果用抽象的技术参数描述，有利的因素是5号“运动物体的面积”，有害的因素则是30号“物体外部有害因素作用的敏感性”。根据冲突矩阵可确定原理解为22号、1号、33号、28号。

1号发明原理是“分割原理”。根据这个原理，设计时可考虑将筛网制成小块状，再连成一体，局部损坏，局部更换。33号是“同质性原理”，即采用相似或相同的物质制造与某物体相互作用的物体。分析这个原理，认为用于筛分垃圾的振动筛筛网易损的主要原因是物料的黏湿性与腐蚀性所致。参考发明原理，采用同质性材料制作筛网，如耐腐蚀的聚氨酯。经过这样的改进，取得了很好的应用效果。

例9-40 管子与管接头联接的创新设计。

改进家用电热水器管子和管接头的联接，以方便的方式实现联接并防止管内液体泄漏。

（1）分析问题 家用电热水器中常用管子与管接头连接，两者头部分别加工成螺纹，用生料作为螺纹联接的填充材料进行密封。热水器经常在用与不用之间切换，生料温度随水温经常变化，导致生料老化失效。为了改善性能，可采用增加生料用量和加大管子与管接头的旋入程度，或者提高螺纹尺寸的精度来解决，但会造成其他常见的失效形式，如管接头开裂等。

（2）TRIZ方法解决问题 提取通用工程参数，组建冲突对，搜索解决冲突的发明原理。

参照TRIZ提出的39个通用工程参数，27号“可靠性”及36号“装置的复杂性”两者之间构成冲突，即采取现有措施，可靠性（即密封性能）提高的同时带来了系统复杂程度的提高。

对照TRIZ给出的冲突矩阵表，在27行36列的格子中，找到解决冲突的发明原理为13号（反向原理）、35号（参数变化原理）和1号（分割原理）。

（3）原理的筛选和具体化 原理13和原理1都很难应用到本问题中。拟采用原理35，且参数变化是指几何、化学和物理参数的变化。

工程技术人员搜索自身头脑中的已有知识，认为几何参数的变化是指采用不同的螺纹，甚至在管子与管接头端部取消螺纹；化学和物理学上的参数变化可采用其他材料和塑料管件来实现。

如图9-51所示，用金属制成电加热套，通电加热到某温度，传感器工作，切断电流。人工把塑料管和弯头插入加热套两端1～2s，管件受热面塑料熔化成厚糊状，拔出管件，立即把塑料管与弯头相互插入而对接成整体。

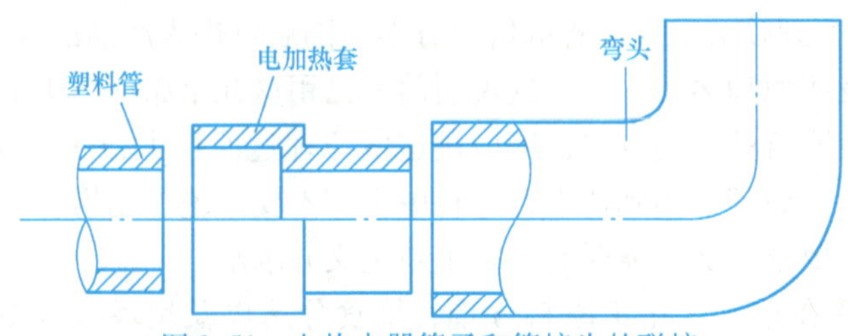

图9-51 电热水器管子和管接头的联接

（4）效果 本方法已由美国Shmith公司在其生产的电热水器中采用，在中国维修时可见到。本方法还有一个附加优点，即省去了传统方法必需有的活接头，进一步降低了成本。

TRIZ 理论对解决创新问题的思路有明确的方向指导性。但是，仅有解决问题的思路和方向还是不够的，从问题解决思路到解决问题的具体方案之间，还有一个复杂的创新过程，即如何构建一个可行的解决方案。根据已得到通用问题的通用解决方案，经过创新设计得到特定实际问题的实际解决方案，需要设计者具有大量的知识和经验。具体而言，这些知识和经验包括科学原理、技术知识、社会知识、实践经验、成功案例等，因此知识是创新的源泉。

第四节 计算机辅助创新设计简介

创新设计是新产品、新工艺开发过程中最能体现人类创造性的环节，它需要设计者有极强的综合分析能力和多领域的专业知识。虽然现有的许多 CAD/CAM 软件在产品的辅助设计、辅助计算、辅助绘图以及辅助制造等方面发挥了很大的作用，但是产品和工艺的妥协设计却依然比比皆是。因为新产品、新工艺开发更多更重要的是非数据计算的，通过思考、推理和判断来解决的创新活动。只有创新才能从根本原理上进行产品革新，才能为社会提供品种更多、功能更丰富、价格更低、性能更好的新产品。

当今新产品的发展趋势是：以光、机、电、液、磁一体化为特征的高新技术大量渗入到新产品中，产品日趋小型化、多功能化、智能化；产品易于制造、生命周期短、成本低。因而在新产品开发中需要有较为成熟的创新理论和工具支撑，于是计算机辅助创新（Computer Aided Innovation，CAI）技术应时而生。计算机辅助创新是新产品开发的一项关键技术，它是以近年来在欧美国家迅速发展的发明创造方法学 TRIZ 研究为基础，结合本体论、现代设计方法学、计算机技术、多领域学科知识综合而成的创新技术，不仅为产品研发、创新提供实时的指导，而且还能在产品研发过程中不断扩充和丰富，已经成为企业新产品开发、实现技术创新的必备工具。

所谓“本体论”，是研究世间万物之间联系的科学理论，主要内容有：①产品创新需要对自然科学和工程技术领域的基本原理以及人类已有的科研成果建立千丝万缕的联系；②构建大千世界普遍联系的关系网，研究自然科学及工程领域中万物之间关系及其应用的边缘学科；③关系是本体论的灵魂；④得到人们没有意识到的有用方案。因此，本体论在创新设计中具有重要的指导作用。

一、计算机辅助创新设计软件

目前以 TRIZ 理论为基础开发的计算机辅助创新设计软件有数十种之多，软件所用开发语言以英文为主，也有俄文、中文等其他语言的软件，主要有美国 Invention Machine 公司的 TechOptimizer 和 Ideation International 公司的 Innovation Workbench（IWB）等，它们是产品开发中解决技术难题实现创新的有效工具，在国外很多企业及研究机构中得到了广泛的应用。其中，TechOptimizer 由 6 个功能模块组成：①产品分析定义模块；②整理模块；③特征转换模块；④工程学原理知识库；⑤创新原理模块；⑥系统改进与预测模块。产品分析定义模块的主要目的是功能分解和产品分析，然后说明什么途径可以提高产品性能。整理模块和特征转换模块用来完善产品分析模块，主要方法是在保证产品的有用功能不受影响的前提下，通过去除产品的一些部件和特征来改进或消除产品的有害功能。特征转换模块将一个部件或特征的功能转移到需要改进的构件或特征上。工程学原理知识库存储了大量的物理、化学等多学科的原理，并配有图文并茂的说明和成功利用该原理解决问题的专利，通过功能检索可以得到。创新原理模块即为前述的40个发明原理，用来解决各种技术冲突问题。系统改进与预测模块首先利用物场分析方法建立问题的模型，根据预测树可以改变模型中作用的方式、强度等，为问题的改进提供探索的方向；同时还可以对技术系统的发展方向加以预测，为产品创新提供正确导向。由于TechOptimizer中的产品改进过程有非常丰富的知识库支持，因此用它来解决产品的技术问题和进行创新比传统的方法更有效，可以帮助使用者快速找到完成所需功能的方法。与TechOptimizer紧密结合的软件是Knowledgist，主要用于知识获取，它应用人工智能的最新成果即强大的语义处理技术代替人以极高的效率在浩瀚的信息海洋中查询相关的信息，并对其进行提炼、概括和总结，建立针对某一专题的知识库，为产品创新设计提供极有价值的最新信息。

CAI工具已经有了十多年的历史，其产生、发展主要历经了以下几个阶段：

1）1946～1986年。TRIZ理论的萌芽－成型期，仅有少数发明家在使用TRIZ理论。

2）1986～1992年。TRIZ理论日趋完善，进入了实际的工程化应用，主要使用者是专家、学者。

3）1992～2000年。TRIZ理论与IT技术相结合，形成了早期的CAI软件。同时，本体论开始出现并取得一定的研究成果。这个时期的使用者主体为接受一定层次TRIZ训练的工程技术人员。

4）2000年至今。TRIZ与本体论相结合，形成了更为先进的CAI理论基础。同时，在易用性上做了很大的改进，软件的使用者已经包括任何接受过高等教育的工程技术人员。

现代CAI技术的出现具有重大的意义和深远的影响，它把过去只有专家、学者才能使用的高深技术，把过去需要熟知创新理论才能学好的传统CAI软件，变成了易学好用的计算机辅助创新平台和创新能力拓展平台。使得人们无须熟知创新理论，只要受过高等教育和工程训练，就能在这样的平台上来培养创新意识，直至做出发明创新。

二、创新能力拓展平台CBT/NOVA

亿维讯公司（IWINT）根据TRIZ理论开发的CAI技术包括两大软件平台：计算机辅助创新设计平台（Pro/Innovator，The Computer Aided Innovation Solution）和创新能力拓展平台（CBT/NOVA，Computer－Based Training for Innovation）。计算机辅助创新设计平台（Pro/Innovator）将TRIZ创新理论、本体论、多领域解决技术难题的技法、现代设计方法、自然语言处理技术和计算机软件技术融为一体，成为设计人员的创新工具。借助其强大的分析综合工具和源于专利的创新方案库，技术人员在不同工程技术领域的产品概念设计阶段，可打破思维定式，拓宽思路，根据市场需求，正确地发现现有产品或工艺流程中存在的问题，并迅速解决产品开发中的关键问题，最终高质量、高效率地找出切实可行的创新方案。它含有问题分析、方案生成、方案评价、成果保护和成果共享等内容，是快速、高效解决问题的良好软件平台。现举一个应用该软件的有趣实例。曾有用户提出“如何清洁船用发动机的冷却水过滤器”的问题，结果Pro/Innovator的创新方案库提出的解决方案是“爆米花”。“爆米花”与“清洁船用发动机的冷却水过滤器”有什么联系？这就是TRIZ理论与本体论的妙处，应用瞬时的压力差，使米粒膨化，这就是爆米花原理的本质（图9-52）。因此应用这一原理，不同领域的许多相似问题都可以解决。例如，利用瞬时压力差可以打破物体的外壳，迅速批量剥除松子、葵花籽和花生的壳；利用瞬间压力差使人造宝石沿内部原有的微裂纹分割；清除下水管道中的淤泥。

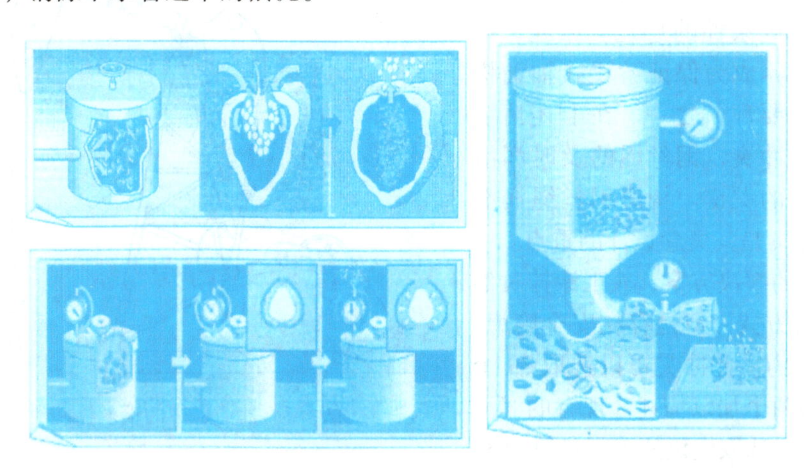

图 9-52 爆米花原理

创新能力拓展平台（CBT/NOVA）是专门用于拓展创新能力的培训平台。使用者通过培训平台的学习，能够在较短的时间内掌握创新技法，激发创新潜能，学会运用创新思维和方法，进行创新能力的提高和拓展，进而在解决实际问题时能够产生创造性的解决方法。

CBT/NOVA 所提供的培训内容涵盖了当今世界先进、实用的创新理论和技法，以培养全新的思维方式，创造性地解决实际创新设计问题，还提供有丰富权威的创新能力测试题库，并能够自动生成创新能力测试试卷。其创新理论和技法主要来源于发明问题解决理论 TRIZ 中的 40 个发明原理、物场分析法、技术进化法则、ARIZ 算法、76 种创新问题标准解法等。

CBT/NOVA 可以根据各专业特点，为不同课程定制教学平台，还可以方便地添加科研中积累的知识和经验，加速知识的传递和共享；用户可以随时通过网络进行学习，自主安排学习进程。

CBT/NOVA 主要用在企业员工创新能力拓展、企业智力资产储存和共享、高校创新教育体系的教学、社会再教育或咨询机构的创新能力培训、相关机构创新能力认证培训等方面。

三、计算机辅助创新设计应用

有杆抽油方法是应用最广泛的抽油方法，目前全世界拥有 85 万多口机械采油井，其中有 78 万多口有杆抽油机井，约占世界机械采油井的 91%。游梁式采油机由于其结构简单，可靠性高，并易于在全天候状态下工作，而成为一种广泛应用的有杆抽油设备。钢丝绳是游梁式抽油机中的韧性连接，用于连接“驴头”和抽油杆，将抽油机的动力传递给井下深井泵，其上部嵌在“驴头”上，下部悬挂悬绳器，与抽油杆连接，如图 9-53 所示。

钢丝绳在野外全天候状态下工作过程中，受到较大的交变载荷作用和自然环境的影响，易出现锈蚀或断裂等失效现象，严重影响着抽油机的正常工作。通常，工作现场没有专门的维护工具，多年来应用的传统钢丝绳维护方式是人工涂抹黄油，但是高空作业不利于保证人身安全，且长时间的停井会引起井下作业条件的恶化。因此，钢丝绳的及时保养成为保证游梁式抽油机高效工作的重要环节之一。在上述情境中显然出现了冲突，钢丝绳的及时润滑成为解决问题的关键。构思钢丝绳润滑装置的原理方案是其概念设计的重点。

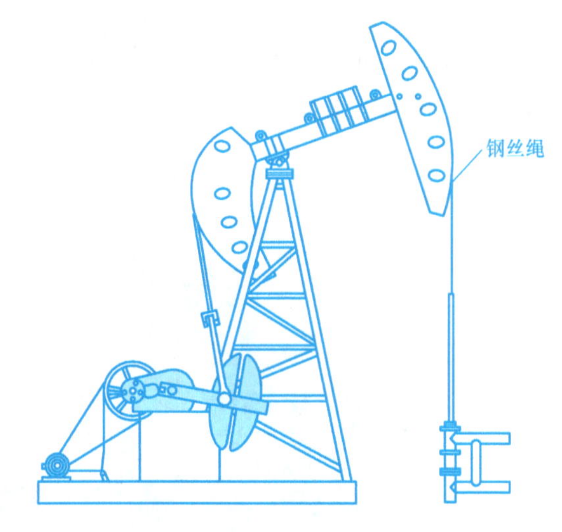

图 9-53　抽油机中的钢丝绳润滑问题

分析现有的解决方案，人工涂抹黄油是常用的润滑方式，但是存在安全隐患，同时又费时费力。此冲突可以选取 39 个工程参数中的两个加以描述。现有的润滑流程容易组织，选取优化的工程参数为 33 号，即操作流程的方便性，但同时带来了安全隐患和井下作业条件的恶化，选取恶化的工程参数为 30 号，即作用于物体的有害因素，如图 9-54 所示。

图 9-54　冲突的标准化

在 CAI 软件环境中，可以方便地通过冲突矩阵进行发明原理实例库的搜索。图 9-55 所示为在 Pro/Techniques5.0 中的发明原理知识库，用户可根据自己的客观条件参考可行方案，在此基础上进行具体设计。

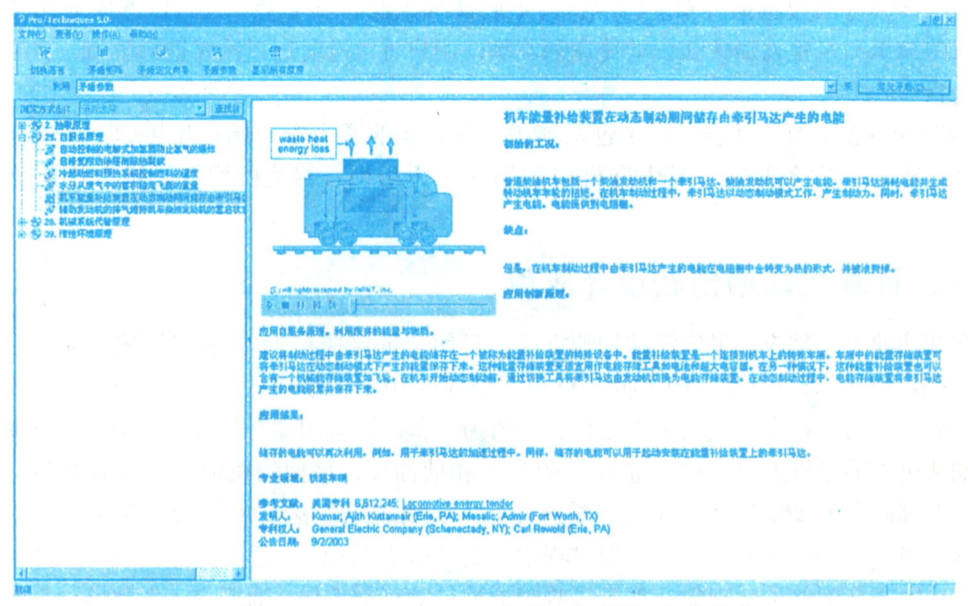

图 9-55　Pro/Techniques5.0 中的发明原理知识库

在冲突矩阵中，推荐有4个发明原理来解决该技术冲突，这4个发明原理分别是“分离原理”“自服务原理”“机械系统替代原理”和“惰性环境原理”。其中，“自服务原理”的含义是：一个物体通过辅助功能或维护功能为自身服务；利用废弃的资源、能量或物质。“自服务原理”为冲突的解决提供了有效的启示。如果抽油机在运行过程中能够“自我”完成钢丝绳的润滑功能，是比较理想的工作方式。TRIZ中包括7种潜在的资源类型：物质、能量/场、可用空间、可用时间、物体结构、系统功能和系统参数。针对游梁式抽油机运行系统开展资源分析，寻找隐性资源，充分利用废弃的资源、能量或物质。其中，超系统中存在的重力场和技术系统中游梁的周期性运动功能，是实现抽油机自服务润滑的关键资源。

在“驴头”上部安放一个润滑油容器，调节其位置和润滑油的滴油速度，在游梁的一个运动周期内，当“驴头”处于最低点时，钢丝绳处于竖直位置，油滴在重力场的作用下，可顺着钢丝绳流至低端。而系统自身的周期性运动，可以实现润滑的节奏控制，如图9-56所示。在发明原理的基础上，实现了钢丝绳润滑装置概念设计中的原理创新，此方案在实践中充分显示了其有效性。

图9-56　钢丝绳润滑装置原理示意图

第五节　TRIZ理论的发展趋势

经过多年的发展，TRIZ理论已经被世界各国所接受，为创新活动的普及、促进和提高提供了良好的工具和平台。从目前的发展现状来看，TRIZ理论今后的发展趋势主要集中在TRIZ理论本身的完善和进一步拓展新的研究分支两个方面，具体体现在以下几个方面：

1）TRIZ理论是前人知识的总结，如何进一步把它完善，使其逐步从“婴儿期”向“成长期”“成熟期”进化成为各界关注的焦点和研究的主要内容之一。例如，提出物场模型新的适应性更强的符号系统，以便于实现多功能产品的创新设计；进一步完善解决技术冲突的39个标准参数、40个发明原理和冲突矩阵，以实现更广范围内的复杂产品创新设计；可用资源的挖掘及ARIZ算法的不断改进等。

2）如何合理、有效地推广应用TRIZ理论解决技术冲突，使其受益面更广。例如，建立面向功能部件的创新设计技术集等，以推动我国功能部件的快速发展。

3）TRIZ理论的进一步软件化，并且开发出有针对性的、适合特殊领域、满足特殊用途的系列化软件系统。例如面向汽车领域，开发出有利于提高我国汽车产品自主创新能力的软件系统。

将TRIZ理论与计算机软件技术结合可以发挥巨大的作用，不仅可为新产品的研发提供实时指导，而且还能在产品研发过程中不断扩充和丰富。

4）进一步拓展TRIZ理论的内涵，尤其是把信息技术、生命科学、社会科学等方面的原理和方法纳入到TRIZ理论中。由此可使TRIZ理论的应用范围更广，从而适应现代产品创新设计的需要。

5）将TRIZ理论与其他一些创新技术有机集成，从而发挥更大的作用。TRIZ理论与其他设计理论集成，可以为新产品的开发和创新提供快捷有效的理论指导，使技术创新过程由以往凭借经验和灵感，发展到按技术进化规律进行。

6）TRIZ理论在非技术领域的研究与应用。由于TRIZ理论具有独特的思考程序，可以给管理者提供良好的架构与解决问题的程序，一些学者对其在管理中的应用进行了研究并取得了成果。因此，TRIZ理论未来必然会朝向非技术领域发展，应用的层面也会更加广泛。

TRIZ理论主要是解决设计中如何做的问题（How），对设计中做什么的问题（What）未能给出合适的工具。大量的工程实例表明，TRIZ理论的出发点是借助于经验发现设计中的冲突，冲突发现的过程也是通过对问题的定性描述来完成的。其他的设计理论，特别是QFD恰恰能解决做什么的问题。所以，将两者有机地结合，发挥各自的优势，将更有助于产品创新。TRIZ理论与QFD理论都未给出具体的参数设计方法，稳健设计则特别适合于详细设计阶段的参数设计。将TRIZ理论、QFD和稳健设计集成，能形成从产品定义、概念设计到详细设计的强有力支持工具，因此三者的有机集成已经成为设计领域的重要研究方向。

第十章

机械创新设计实例分析

第一节　自行车的发明与创新设计

自行车是普遍使用的一种交通工具，它质量轻、结构简单、造价低廉、无污染、使用和维修方便，既能作为代步和运输工具，又能用于体育锻炼，因而为人们广泛使用。希望能从自行车的产生、演化及创新发展过程中，受到某些启发，开发出更多对人类有用的创新产品。

一、自行车的产生和演变

人类可能受骑马的启发，联想制造出一种木马，试图作为一种游戏的玩具。这样在1816～1818年，在法国就出现了一种两轮间用木梁连接的双轮车，骑车人骑坐在木梁上，用两脚交替向后蹬地来推动轮子转动，使车子前进，如图10-1a所示。当时人们称这种车为“趣马”，是贵族青年的玩物，不久就过时了。

一种真正的双轮自行车是由苏格兰铁匠麦克米伦于1830年发明的。他在两轮小车的后轮上安装了曲柄，曲柄与两个脚踏板（摇杆）之间用两个连杆相连，如图10-1b所示。骑车人只要反复地蹬踏悬在前支架上的脚踏板，不用蹬地就可以驱动车子前进。这一发明实现了自行车发展的一次飞跃。

为了提高速度，法国人拉利门特在1865年对自行车的设计进行了改进，将回转曲柄安装在前轮上，骑车人直接蹬踏曲柄驱动车子前进。此时的自行车前轮装在车架前端可转动的叉座上，能够灵活地把握方向；后轮由杠杆制动，骑车人的控制能力加强了，如图10-1c所示。这种自行车脚踏板每转一周，车行驶的路程等于车前轮的周长，行车速度与前轮的直径成正比。于是为了加快行驶速度，人们不断增大前轮直径，并且为了减轻车的质量，需同时将后轮直径减小，如图10-1d所示。这种结构使骑车人使用很不方便，骑行也不安全，从而影响了它的推广使用。

1879年，英格兰人劳森又重新考虑采用后轮驱动，并设计了链传动自行车，采用了较大的传动比，从而避免了使用大直径车轮来提高车速，使骑车人可安全地骑坐在高度合适的车座上，成为现代自行车的雏形，如图10-1e所示。在这个时期，随着科学技术的发展，人们在自行车的结构设计上做了多项改进。例如，采用了受力更合理的菱形钢管车架，既提高了强度，又减小了质量；采用滚动轴承提高了传动效率，并使驱动省力；1888年，邓禄普引入充气橡胶轮胎，增加了自行车的弹性并减缓了路面颠簸产生的振动，使自行车行驶更加平稳舒适。至此，经历了近百年的不断改进演变，自行车逐渐成为一种比较完善的交通工具。

图10-1 自行车的演变

二、自行车的创新发展

随着科学技术的不断发展，人们对产品的要求也越来越高。根据原有自行车设计的缺点，人们提出了一些改进设计的要求，在此基础上开发出了多种新型自行车。

（1）新动力自行车 人们为了省力开发了多种助力车，其中电动自行车最受欢迎。小巧的电动机和减速装置安装在后轮轮毂中，直接驱动车轮，采用可充电的电池作为电源。

（2）宜人性自行车 英国发明家伯罗斯发明了躺式自行车。躺式自行车（图10-2）的车座根据人机工程学原理进行设计，躺式蹬车更省力，车速可达50km/h。

图10-2 躺式自行车

图 10-3 所示为摇杆式自行车，采用曲柄摇杆机构代替链传动，以摇杆为主动件，当脚踏摇杆时，使后轮转动，自行车便可行进。这种自行车将脚蹬的回转运动转变为往复摆动，使脚蹬力做功的压力角更小，减少了不做工的动作。

图 10-3 摇杆式自行车

（3）新材料自行车 采用新材料可以使自行车变得更轻便。图 10-4 所示为碳纤维自行车，采用碳纤维模压工艺制造整体式车架，其特点是强度高，避免了焊接质量对车身强度的影响；省略了横梁，使重心降低，行车易于控制；流线型外形使行车阻力小，速度快；车身质量比金属车架明显减小，约为 11kg。

图 10-4 碳纤维自行车

图 10-5 所示为全塑自行车，其车架、车轮皆为塑料整体结构，一次模压成型；车把为整流罩式全握把，车体呈流线型，质量轻、阻力小、速度快。日本伊嘉制作公司开发的全塑自行车整车质量仅为 7. 5kg。

图 10-5 全塑自行车

（4）传动系统的变异　图10-6所示为一种外形美观、轻巧，没有链条的自行车。它采用齿轮直接传动，工作时脚蹬带动主动齿轮，通过传动轴将动力传到后轴，提高了传动效率，减少了骑车人的力量消耗。其传动零件被包覆起来，既使传动部件受到保护，又可消除缠绞衣裙、裤脚的烦恼。这种自行车彻底消除了链传动磨损掉链的缺点，并且结构简单，维修方便。它有五档变速装置，操作灵便，可适应不同速度的需要。

图10-6　齿轮传动自行车

根据实际需要，可将单一速度的自行车改为可变速的自行车，有多达15种传动比。利用开发出的自适应调速装置，能够在上坡等需要较大蹬踏力的场合自动调至低速档，改变传动比，从而使骑行更省力。

（5）多功能自行车　根据需要可以在自行车上增加辅助功能，如增加车灯、反光镜、打气筒、饮水器、载物载人装置、无线通信设备等。

美国佛罗里达大学工程师发明了一种夜间发光的自行车，这种车的车架和两个车轮的轮圈能像夜光表一样在黑暗中发光，夜间骑车时从200m以外就能看到它，明显降低了自行车与汽车相撞的危险。

双人自行车或家庭型自行车（双人前后蹬踏，中间有几个孩子的车座）由两个人驱动，分别设有超越离合器，使驱动力同时驱动车轮，运动不发生干涉。

图10-7所示为一种巡警用自行车，车上装有无线通信设备、手电筒支架，以及便于爬坡追击用的电动助力装置。

图10-7　巡警用自行车

虽然自行车在许多场合使用起来十分方便，但是如果碰上下雪天，在被压扁结冰的雪地上骑自行车很容易摔倒。图 10-8 所示的雪地自行车，通过对轮子的改动使得自行车也可以很好地适应雪地：它的前轮被替换成滑雪板，后轮则被改装成履带以增加摩擦。

图 10-8 雪地自行车

（6）小型折叠式自行车　为了便于自行车的停放、搬运或携带外出旅行，人们开发了多种类型的折叠式自行车。例如一款折叠式自行车 A－Bike 在新加坡面世，其制造者是英国发明家克莱夫·辛克莱爵士。这种折叠式自行车外形十分普通，它具有很小的充气轮，车身长度要比普通自行车小许多，多数零件由垫板制成，因此它的质量不超过 5kg。尽管如此，A－Bike 却可承受 112kg 的重物，折叠或打开仅需 20s，虽然轮子很小，但行驶速度可达到 24km/h。

三、自行车发展的启示

1）普通自行车可以有多种新型原理和结构，而且人们还在对其不断进行改进和创新。可见处处有创新之物，创新设计大有可为。

2）人类社会的需求是创造发明的源泉。社会的需求促使了自行车的创新，紧紧抓住社会的需求，才能使创新设计更具有生命力。

3）不断发展的科学理论和新技术的引入，促使产品日趋先进和完善。因此，充分利用先进的设计理论和技术，是创新设计中必须重视的问题。

第二节　多功能齿动平口钳的创新设计

一、设计背景

小五金工具是生产和生活中常用的工具，其中钳子的应用最为广泛。但平时使用的钳子一般都只有夹紧和切断两个功能，且大都是 V 形开口，使用时产生向外的滑脱力，而且不适用于夹持较大的物体。通过列举普通钳子存在的问题后，可进行多功能齿动平口钳的创新设计。如图 10-9 所示，普通钳子在夹持物体时，钳口张开呈 V 字形，使得被夹持物体受产生脱离钳口趋势的分力 F_1 作用，并且钳口张开越大，这个分力也就越大，因而越不稳固，因此在夹持较大物体时，这种缺点也就更加明显。另外普通钳子的功能单一，若想转换功能就需要购置不同品种的钳子，实际上适用于不同功能的结构主要体现在钳口上，若进行整体更换，既造成浪费又占用空间。

二、工作原理

考虑并分析了普通钳子的这些缺点，发明者开始着手改进与创新。首先明确了钳子是利用杠杆原理手动操作夹持物体的，具有省力的特点，由旋转运动转化为旋转运动，因而形成了V形钳口。若将手操作的旋转运动转换为移动，就可以改变V形钳口的结构，从而实现平行钳口。这是一种属于机构运动形式转换的问题，可以采用机构创新技法解决。从机构可实现运动形式转换的功能进行分析，由转动转化为移动的常用机构有曲柄滑块机构、齿轮齿条机构、移动推杆凸轮机构等。其中曲柄滑块机构中活动构件数量是3个，移动推杆凸轮机构的位移量不能太大，综合考虑后确定采用齿轮齿条机构实现钳口的平行移动。

三、设计方案

1. 主体方案

图10-10所示为利用齿轮齿条机构实现钳口平行移动的创新方案草图，图中与手柄固连的扇形齿轮绕铰链中心转动，带动齿条钳口的平动，从而实现了单钳口的平行开合。

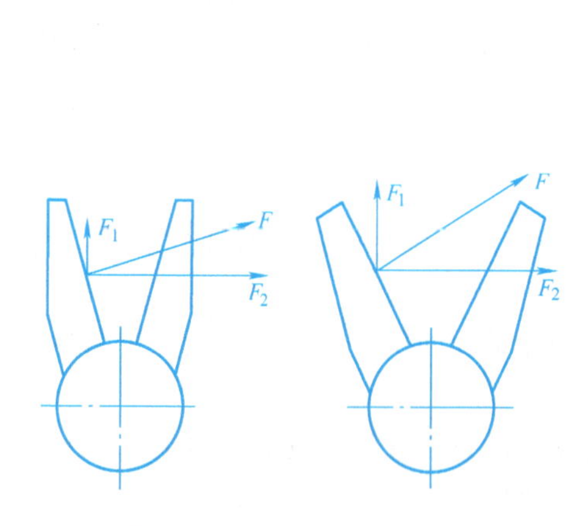

图10-9 V形钳口的受力分析

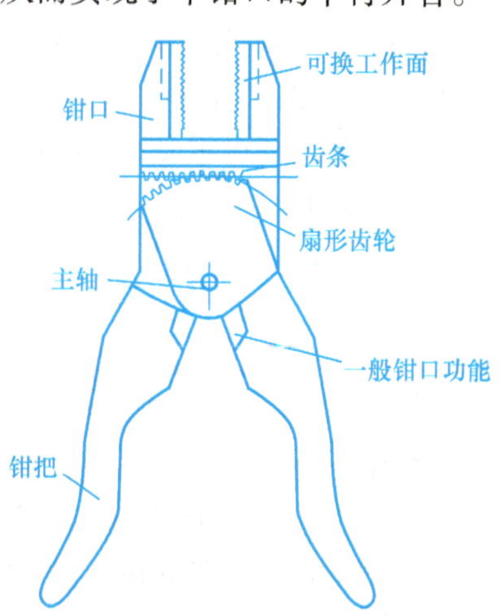

图10-10 创新方案草图

在结构上为了实现钳口张开更大，可采用双齿轮齿条机构，如图10-11所示。图中两个扇形齿轮分别固连在两个手柄上并绕各自的铰链中心转动，带动齿条钳口实现双钳口的平动，达到夹紧的目的。其钳口开口可超过100mm，而普通钳子仅达16mm。

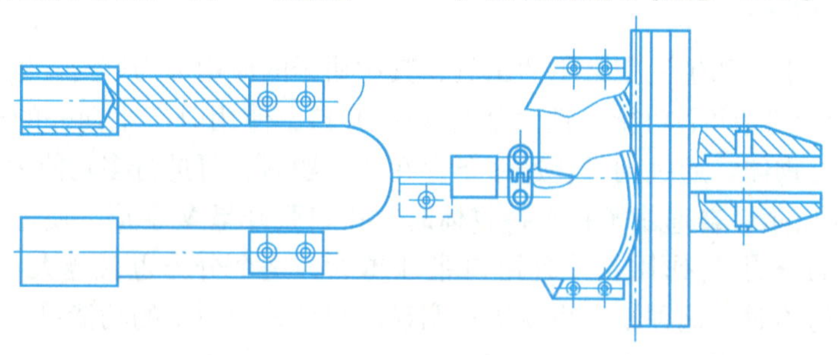

图10-11 双齿轮齿条机构

2. 附加方案

为了实现平行钳口的夹紧、剪断、剥线、压线等多项功能，可采用模块拼接法进行钳口的结构创新，即将钳口制作成燕尾槽，可在钳口本体上插接各种工作模块，以实现多功能，如图10-12所示。其中，剪切工作块可实现剪切功能；剥线工作块可实现剥线钳的功能；普通的压线钳在压线工作时同样存在 V 形斜压的误差，利用平行钳夹的优点制作了具有压线钳工作面的工作块，即拉线工作块，来实现压线钳的功能，可以消除误差；订书器工作块可实现订书器的功能，也具有平行订压的优点；尖嘴工作块可以实现尖嘴钳的功能；铰杠工作块可以实现铰杠、六角扳手的功能；橡胶材料工作块可以用来夹持玻璃、塑料等脆性材料，不但保护物体不受损伤，而且能保持钳夹的稳定；圆弧形工作块可用来夹持具有圆柱类表面的物体。此外，还有许多其他功能的组合，这里不再详细介绍。

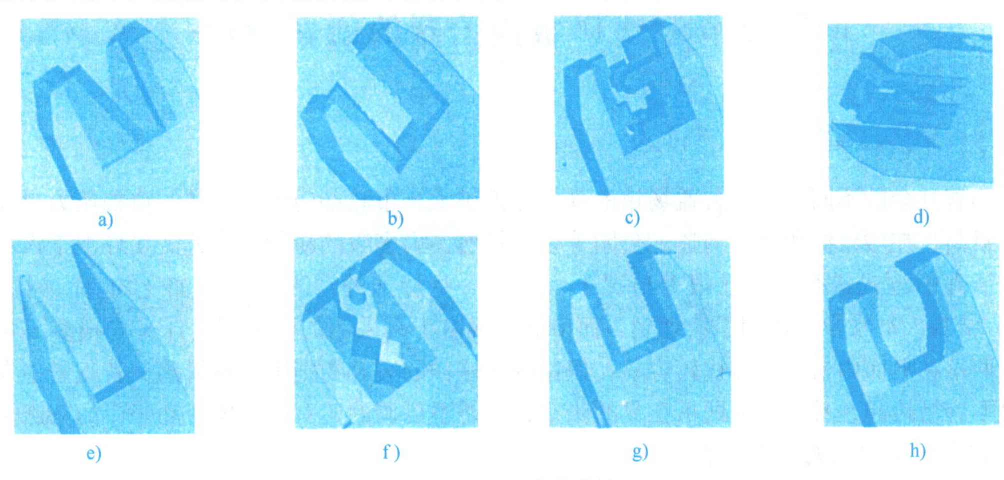

图 10-12　多功能模块

a）剪切工作块　b）剥线工作块　c）压线工作块　d）订书器工作块　e）尖嘴钳工作块
f）铰杠扳手工作块　g）橡胶材料工作块　h）圆弧形工作块

3. 系列组件

图 10-13 所示为多功能齿动平口钳的系列组件。它集普通钳子、尖嘴钳、剥线钳、锤子、螺钉旋具、锉刀等工具的功能于一体，从而以较小的空间和较低的成本实现了一整套工具箱的功能。

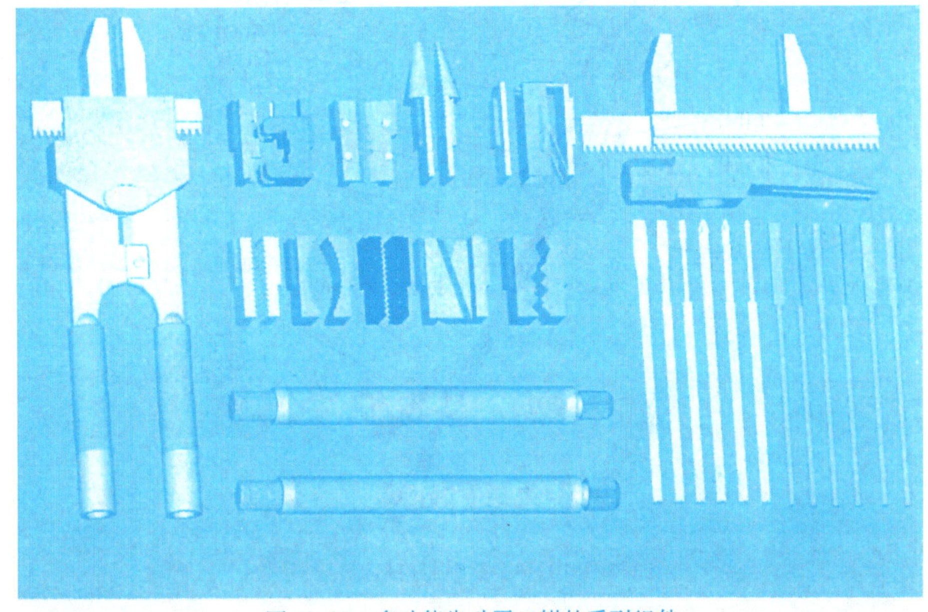

图 10-13　多功能齿动平口钳的系列组件

四、主要创新点

本案例的主要创新点是采用平口式夹紧与多功能组件的组合，实现了钳子夹紧力方向和大小的稳定性，扩大了普通钳的应用范围，实现了一钳多能的目的。创造过程主要体现了发散思维与工作经验的密切结合，这类创新活动其成果最多，应用也最为广泛。

第三节 饮料瓶捡拾器的创新设计

一、设计背景

随着社会的不断发展，公益场馆的规模逐渐扩大，市政部门工作人员的清扫压力也在增加。目前，在城市绿化区、街道、公园等公共场所，大多数的清扫工作还需要环卫工人采用手工清理的方式进行。但在很多情况下，对于一些特殊的清理位置（如座椅下、树丛中等），清理人员常常无法用手清理到，而市面上现有工具采用的两爪型设计又有很多不足之处。两爪在平面内拾起物体比较容易，但像瓶子这样的废弃物则很容易滑落，若瓶子中有水就更不容易拾起，且大多数两爪工具的张口大小是不可调的，对于需要变动张口的特殊拾起件（如大水瓶）就无能为力了。

二、工作原理

鉴于现有工具的诸多缺点，发明者设计了一款新型饮料瓶捡拾器，如图10-14所示。其特点如下：夹持部位采用4个持物钩，在360°范围内等间距分布，这样的设计将二维夹持的结构转变为三维夹持结构，在空间范围内保证了对夹持物体的抓持稳定性，弥补了平面夹持约束的不足，提高了捡拾工作的可靠性。

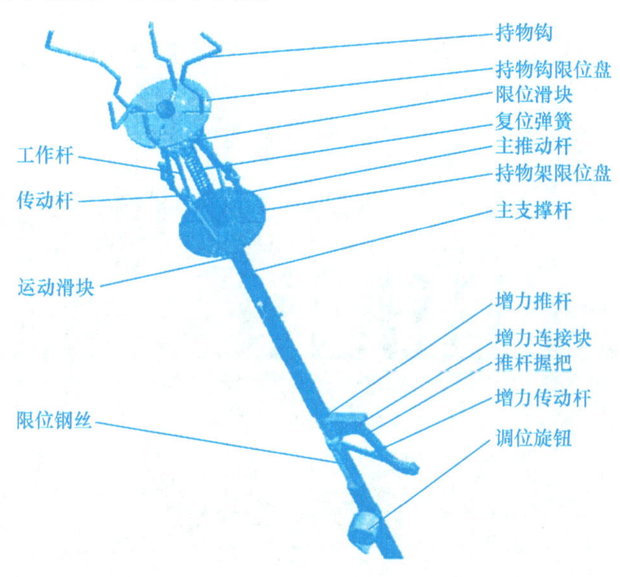

图10-14 饮料瓶捡拾器

由推杆握把、增力传动杆、增力推杆共同组成的增力传动机构，使持物钩同步向内运动夹持时，能提供给物体足够的夹持力，可靠地防止滑落，使整体稳定性提高。而主支撑杆后端的调位旋钮，通过调整限位钢丝的工作长度并配合以弹簧弹力，实现对持物钩张口大小的调节，这样的设计既保证了抓持工作性能又避免了行程浪费，而且结构简单可靠。两个限位盘使持物钩与持物架在均匀分布的四个导向槽内定向运动，这一导向作用为夹持部分的稳定运动提供了第二重保障。此外，在持物钩顶端设置的橡胶吸盘，不仅能捡拾纸片、烟头等更细小的物体，还为功能拓展创造了条件。图 10-15 所示为饮料瓶捡拾器结构。

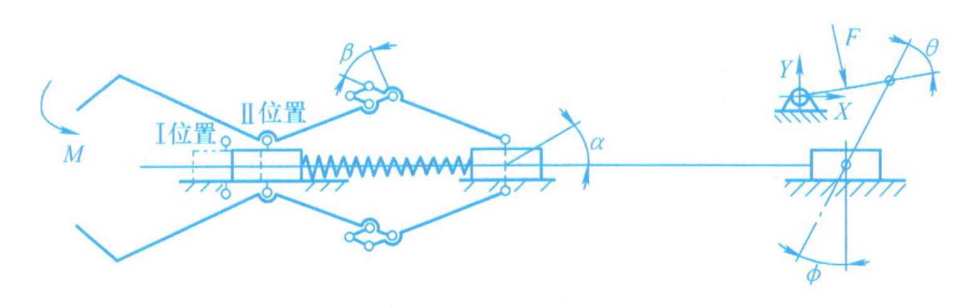

图 10-15　饮料瓶捡拾器结构

三、主要创新点

饮料瓶捡拾器设计主要采用了机构组合创新法，是由一个曲柄滑块机构（增力握把）和另外一个曲柄滑块机构（夹持驱动）进行串联组合，同时在连杆和曲柄的铰接处并联了一个平行四边形机构，以增加曲柄滑块机构的横向稳定性。采用联想法和移植法，将变速自行车的变速控制机构用到开口度控制滑块的控制中。采用串联组合法将夹持驱动曲柄滑块机构中的固定铰链串接一个移动副，以改变铰链的位置，最终达到改变夹持器开口度的目的。

第四节　省力变速车用驱动机构的创新设计

一、设计背景

手摇三轮车在室外使用时比轮椅方便得多，还可以进入步行区和公园等这些禁止车辆通行的场所，便于下肢不便的残障人士和老年人出行。但目前市场上的手摇三轮车一般都是单向驱动、单一的传动比，使用不方便，需要摇很多圈车子才移动一小段距离，使用者很容易疲劳，且这种三轮车无保护装置，上坡时易倒退，安全性差。针对这一问题，本案例设计了省力变速双向驱动的车用驱动机构，它采用独特的传动装置，既具有省力、变速、双向驱动、上坡保护等功能，操作也简单，方便了残障人士的出行，提高了行车安全性。

二、设计思路

本设计的创新思路在于：改变驱动装置，即驱动装置的内部采用行星齿轮机构，装有单向离合器（单向轴承），可实现特有的功能；双向驱动均向前行车，可以缓解手臂运动疲劳；向前、向后不同方向驱动时，传动比不同，即反向驱动可实现变速功能，从而提高了行车效率，减轻了旅途疲劳；采用防止后退装置，能够自动防止后退，保证上坡时的人身安全；采用单向离合器（单向轴承）代替传统的棘轮机构，可以减小摩擦，延长机构使用寿命。其设计思路如图10-16所示。

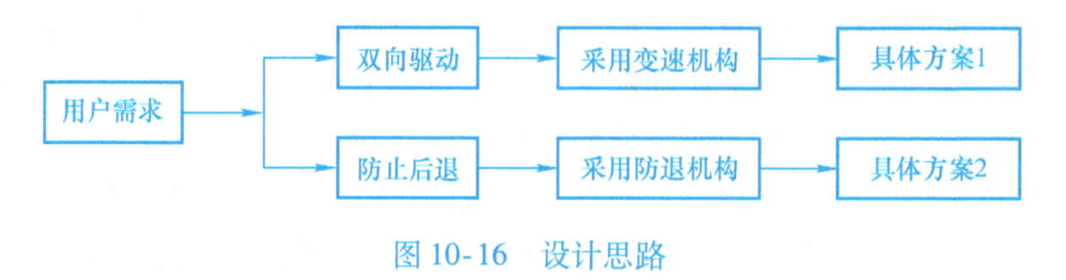

图10-16　设计思路

三、工作原理与方案

整个驱动机构由一个轮系组成，分别为内齿圈、太阳轮及3个行星轮等，如图10-17所示。

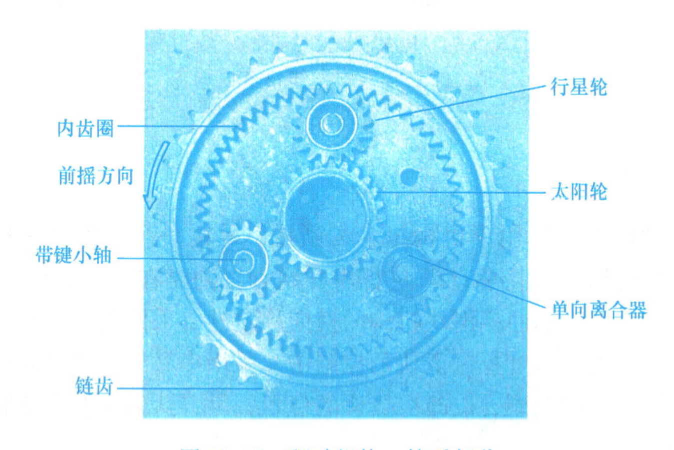

图10-17　驱动机构—轮系部分

1. 方案设计

（1）方案1　行星轮和带键小轴之间为单向离合器。图10-18所示为后摇控制与防止后退装置，其上带有斜槽和一个能自动弹回的楔块，将其罩于图10-17所示的轮系之上。当向前摇车时，单向离合器（单向轴承）锁定，整个轮系形成一个整体，这样就实现了向前摇车，

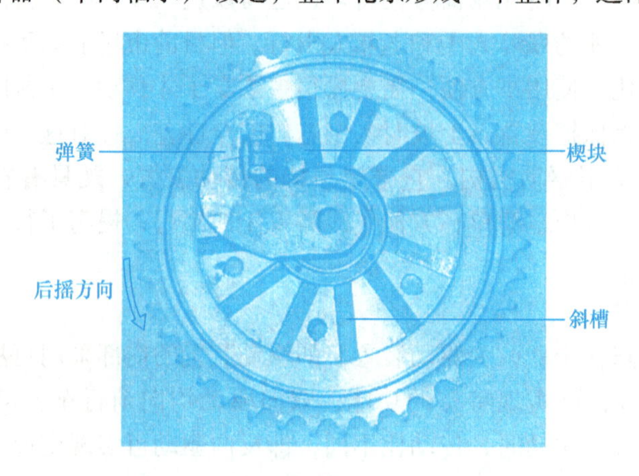

图10-18　后摇控制与防止后退装置

车轮向前转，车向前走；当向后摇车时，单向轴承可逆时针旋转，这时楔块将圆盘卡住，齿轮相互啮合，整个轮系成为一个定轴轮系，这样就实现了向后摇车，车轮向前转，车向前走。

（2）方案2 当车主动向后退时，单向轴承锁定，太阳轮有带动整个轮系逆时针转动的趋势，但这时楔块卡住了外面的圆盘，使轮系不能转动，从而使车不能向后退，保证了使用者摇车上坡时的安全。需要倒车时，拉一下车把上的手柄，使楔块与圆盘分离即可。

2. 设计参数

（1）轮系参数设计 3个齿轮的模数均取 $m=2\text{mm}$，根据单向轴承的外径尺寸 $D=24\text{mm}$ 可知，行星齿轮分度圆直径 $d_2 \geqslant D+5\text{mm}+2m(h_a^*+c^*)=34\text{mm}$。其中，$h_a^*$ 为齿轮齿顶高系数，取1，c^* 为齿轮顶隙系数，取0.25。取 $z_2=17$，由同心条件和装配条件以及3个行星轮，可以得到 $z_3=25$，$z_1=59$。

（2）传动比计算

往前摇的传动比 $$i_1=1$$

往后摇的传动比 $$i_2=\frac{z_3}{z_1}=\frac{25}{59}=0.424$$

由此可知，向后摇比向前摇速度高，速度约为向前摇车时的2.4倍。

四、主要创新点

省力变速双向驱动的车用驱动机构集省力、变速于一体，手臂可顺时针、逆时针双向驱动车子。可省力、减轻臂部疲劳、双速行驶，提高行车效率；可自动进行倒车保护，保证上坡时的人身安全；使用单向轴承代替传统的棘轮机构，减小了摩擦，延长了机构的使用寿命；兼容性好，无需对三轮车进行其他任何改装，避免了使用电动机构操作繁琐、可靠性差的弊端。

第五节 电动大门的创新设计

随着国民经济的发展和社会交往的日益增多，越来越多的单位开始注意形象设计。单位门面的装潢导致了电动大门的迅速发展，对电动大门的功能与造型的要求也日益提高。本例从电动大门的功能目标开始，分析其机械系统的创新设计过程。

一、功能目标

实现大门的自动打开和关闭。

二、技术途径

运用发散思维的方式，确定其实现的技术途径。图10-19所示为实现电动大门功能的技术途径框图。

平开门、推拉门、伸缩门、升降门和卷帘门的结构示意如图10-20所示。平开门的原理是大门绕垂直轴转动；推拉门的原理是大门沿门宽方向移动；伸缩门的原理是大门沿门宽方向移动，且大门由可伸缩的杆状平行四边形联接的多片金属框架组成；升降门的原理是大门

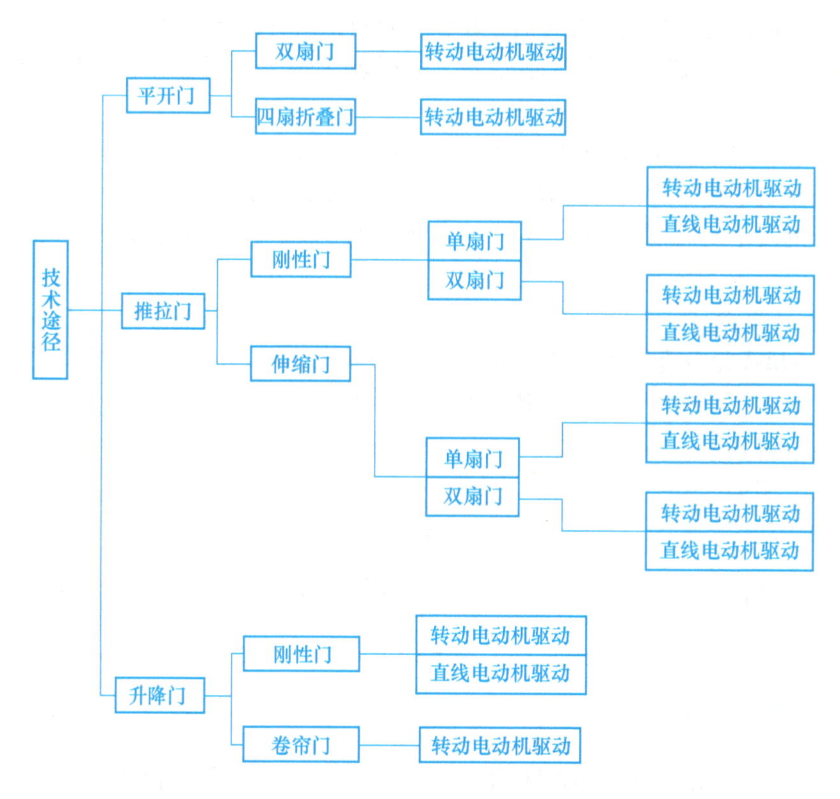

图 10-19 实现电动大门功能的技术途径框图

沿垂直方向移动；卷帘门的原理是大门绕门宽上方的水平轴转动。图中仅画出了大门的结构示意，没有给出具体的传动方式。

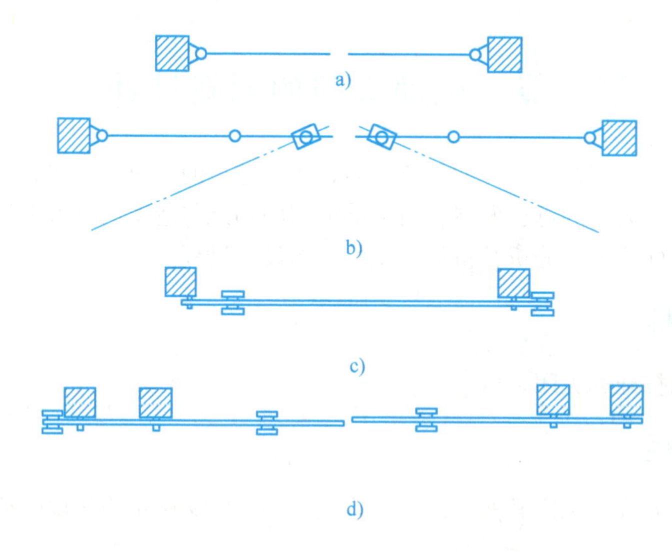

图 10-20 各种大门结构示意

a）平开门 b）四扇折叠门 c）推拉门 d）双扇推拉门

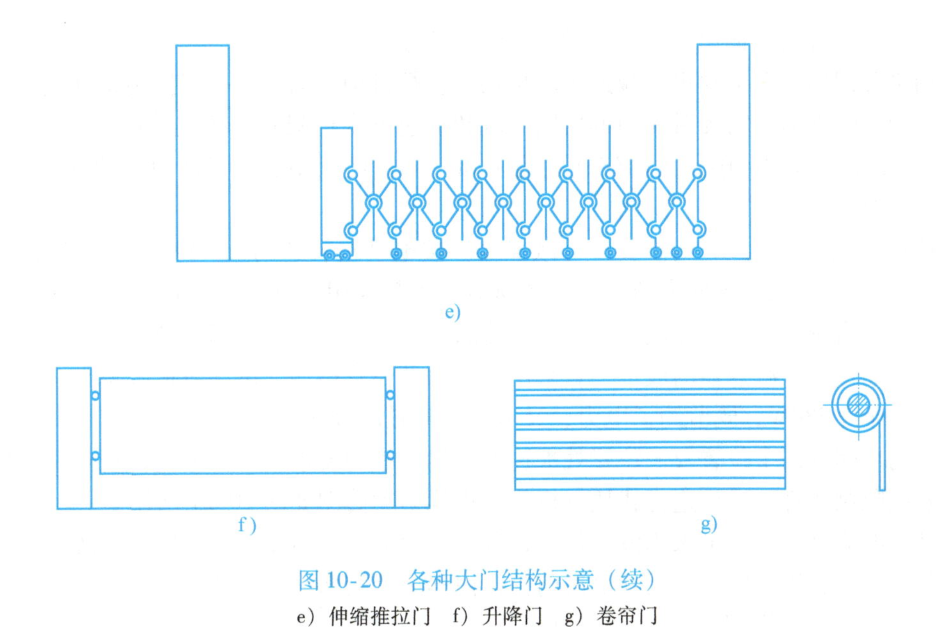

图 10-20 各种大门结构示意（续）

e）伸缩推拉门 f）升降门 g）卷帘门

三、技术原理

根据大门的宽度、大门两侧的具体建筑风格与空间，选择大门的运动方式及具体机构，按技术原理进行创新设计。

1）门宽为 4～5m，选择两扇平开门或单扇推拉门（含伸缩门）；门宽为 6～10m，选择四扇折叠门或双扇推拉门。

2）厂房式建筑还可以考虑采用升降门或卷帘门。

表 10-1 为各种不同类型电动大门的技术组合，可据此进行方案设计。不同的组合方式，均能完成相同的功能，但其成本相差很大。

表 10-1 电动大门的技术组合

类型		转动电动机	直线电动机	传动机构	执行机构	门体结构	数量/门	成本
平开门	两扇	√		√	√	简单	2	较低
	四扇折叠	√		√	√	简单	4	较高
推拉门	刚性单扇	√		√	√	简单	1	较低
			√		√	简单	1	最低
	刚性双扇	√		√	√	简单	2	较高
			√		√	简单	2	较高
	伸缩单扇	√		√	√	复杂	1	高
			√		√	复杂	1	高
	伸缩双扇	√		√	√	复杂	2	最高
			√		√	复杂	2	最高
升降门		√		√	√	简单	1	较低
卷帘门		√		√	√	较复杂	1	较低

现以两扇平开门为例说明其设计过程及创新的途径。

两扇平开门由两套电动机、减速传动机构、执行机构、门体及一套控制系统组成。为减小启闭大门的惯性力，需要对大门的启闭速度和加速度进行限制。按大门启闭角度为90°～100°计算，启闭时间为10s，大门转速约为1.8r/min。用三相交流异步电动机作为原动机，可降低原动机造价。

若选择机械传动方式，则需要设计减速器。按电动机转速为$n=1450$r/min设计，其传动比约为$i=780\sim800$。如此大传动比的减速器，大都采用二级蜗轮减速器。但其机械效率过低，且具有自锁性，一旦停电，将发生不能启闭大门的现象。所以在减速器内要安装电磁离合器，从而增加了减速器的成本。若采用二级平动齿轮传动，由于机械效率高，传动功率可从550W降为380W，既节约了电力，又节省了电磁离合器。

按大门启闭的两个位置及该位置处加速度要尽量小的要求，再考虑到传动角要尽量大的条件和安装限制条件，设计连杆式执行机构。机构运动简图如图10-21所示。

平开门的驱动方式也可采用液压传动，其机构运动简图如图10-22所示。液压驱动的电动大门外形整洁，用电安全，无须电磁门锁，但不适宜较寒冷地区使用。

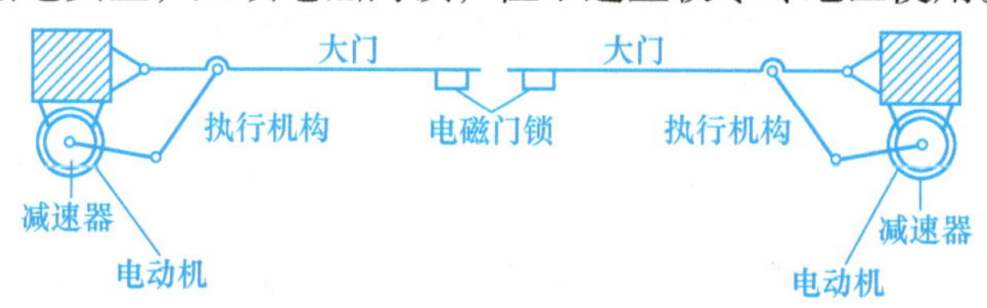

图10-21　平开式电动大门机构运动简图

图10-22　液压型电动大门机构运动简图

液压传动原理如图10-23所示。图中用限位开关（未画出）取代压力继电器，更加适应电动大门的工作。

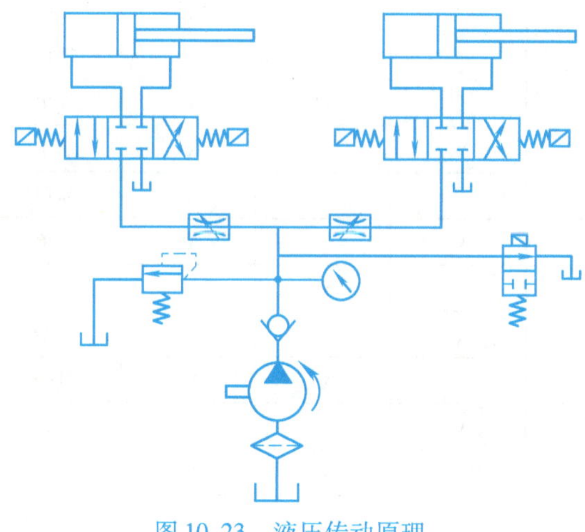

图10-23　液压传动原理

四、方案评价

根据电动大门的功能分析和技术原理，可创新设计出多种不同类型的电动大门。本案例仅讨论门宽较小的两扇平开门的创新设计。

采用二级蜗轮减速器和四连杆机构作为执行机构的电动大门的创新设计，由北京交通大学完成；采用二级摆线针轮减速器和四连杆机构作为执行机构的电动大门的创新设计，由天津大学完成；采用二级平动齿轮减速器和具有自锁特性的四连杆机构作为执行机构的电动大门的创新设计，由北京理工大学完成。

其创新之处主要有两点：电动大门机构运动方案的拟订和传动装置的设计。采用平开门时，地面不用安装导轨，减小了行车的颠簸和施工强度，适用大门两侧有建筑物的场合。电动大门的创新方案不是唯一的，要从门面建筑和周边环境的总体布局等方面综合考虑。

各种电动大门的出现，不仅减轻了操作者的劳动强度，而且也美化了建筑环境。图10-24所示为顶置式四扇折叠电动门创新设计。该电动门的机械系统采用了八杆机构，且为Ⅲ级机构，广泛用于超宽型的顶置式厂房大门。

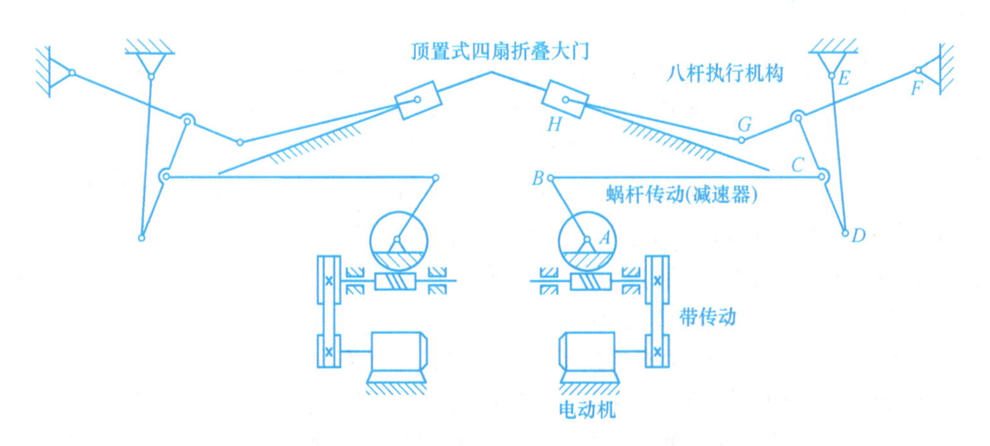

图 10-24 顶置式四扇折叠电动门

第六节 手推式草坪剪草机的创新设计

一、设计目的

目前市场上的剪草机大多需要动力装置，这样会产生较大的噪声，带来环境污染，在办公和学习的地方就显得不受欢迎。由于动力引擎剪草机有动力装置，保养、维护费用较高；同时动力引擎剪草机主要依靠刀片的高速旋转将草割断，再通过旋转气流将草排出，因此对整机的安全性要求较高，操作时也会给工人带来强烈的振动，使操作很不舒服。虽然，动力引擎剪草机剪草效率较高，剪草效果较好，但其价格也较贵，因此一般的用户难以接受。

通过市场调研，决定设计一种无引擎驱动、无噪声污染、剪草高度可调节、轻便简洁、操作方便和美观实用、适用于一般用户的草坪剪草机。

二、工作原理

如图10-25所示，剪草机工作时由人推动机器行走，从而使剪草机的后轮1转动，带动与其同在一根轴上的大齿轮2转动，通过齿轮2与齿轮3组成的增速机构使速度得以提升，并带动端面凸轮4（为了实现几何形状封闭和便于调整，采用两个端面凸轮以背靠背形式装配）回转，端面凸轮4带动拨杆5运动，通过端面凸轮4与拨杆5组成的转换机构将回转运动变为直线往复运动，使固定在其上的活动刀片与固定在机架上的固定刀片形成相对交错运动，完成剪草动作。

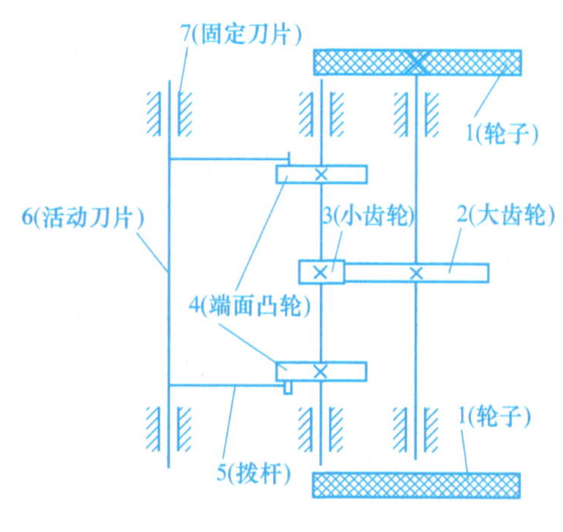

图10-25 机构运动简图

三、设计方案

设计的手推式草坪剪草机首先要通过一个传力构件将人力传递出去。为了使操作者在正常行走速度下操作，传递出去的力应通过增速机构继续传递。因执行修剪草动作刀片的相对运动方向与人行进的方向垂直，经前面增速机构传递过来的运动都需要再经过一级转换机构传递到执行构件。通过分析得到手推式草坪剪草机的组成框图，如图10-26所示。

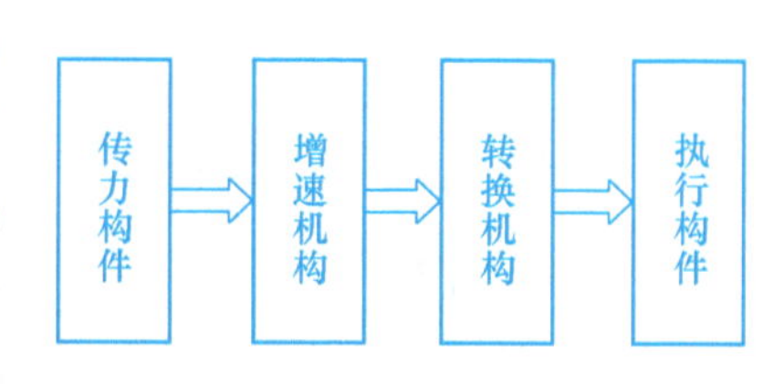

图10-26 手推式草坪剪草机的组成框图

能实现手推式草坪剪草机功能的技术原理较多，但各有利弊，具体分析如下：

（1）用脚驱动 用脚驱动时，一般操作者都需站在或坐在被驱动的机器上用力，这样所设计的修草机，除了要完成剪草动作外，还要承受操作者的自重，且要有方向控制装置，致使机器结构复杂，尺寸较大，不适合于小面积草坪使用。

（2）用手驱动 用手驱动，可避免用脚驱动时存在的问题，使所设计的机器小巧，可灵活操作。因此，本例中选择设计手动式修草机。

（3）用割的方式 即用刀将草截断。但草柔软，且一端自由，采用割的方式将草截断较难实现。

（4）用打的方式 即用刀片或打草绳将草打断。用此法修草时所需的速度非常高，以期在草还没有被打倒之前将草打断，这样的修草产品已有，但效果不好。

（5）用剪的方式 即用刀将草剪断。用两个刀片做相对运动的原理较易将草剪断，且不需很高的速度。

手动的形式又有用手摇动和用手推动两种。机械容易实现的是简单的转动和往复直线运动，如果用手摇动手柄实现执行构件的往复移动，由于剪草机还要靠人力推着向前行进，操作者要完成的动作过多，操作不方便。要使操作者只通过简单操作即可完成剪草动作，可以用手推剪草机向前行驶，靠剪草机轮子的转动将转动运动转变成往复移动而输出到执行构件。显然设计成手动式草坪剪草机是合理可行的。

根据所查资料，可选用组合－变异法构成初步方案。由前面的分析可知，手动式草坪剪草机只需一项运动形式变换功能（即转动变直线往复移动），所以不必列出矩阵表后构型。实现转动到直线往复移动变换功能最简单的机构为曲柄滑块机构、直动推杆盘状凸轮机构和齿轮齿条机构（图 10-27）。

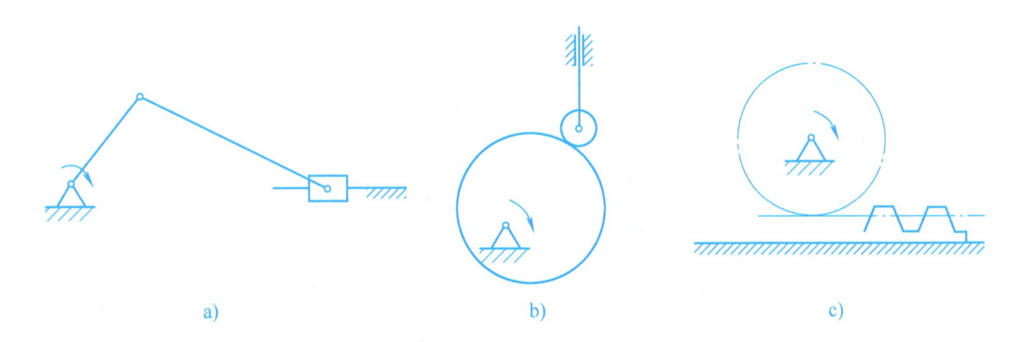

图 10-27　实现将转动转变为直线往复移动的机构

a）曲柄滑块机构　b）直动推杆盘状凸轮机构　c）齿轮齿条机构

1. 用组合法实现增速

为了使操作者在正常行走速度下操作，传递出去的力应通过增速机构继续传递。由于转换机构的运动输入构件做定轴转动，这样在剪草机动力输入构件轮子和转换机构的运动输入构件之间，可以采用链传动、带传动和齿轮传动。为了使所设计的剪草机结构紧凑，可以采用齿轮传动。而齿轮传动有直齿圆柱齿轮传动、斜齿圆柱齿轮传动、锥齿轮传动和蜗杆传动等。蜗杆传动的传动效率低，一般是蜗杆主动，且轴线空间交错，应用于剪草机，会使支承结构复杂。锥齿轮传动的轴线相交，且其中一个齿轮需悬置，也会使剪草机支承结构复杂。直齿圆柱齿轮传动和斜齿圆柱齿轮传动的轴线相互平行，支承结构较简单，同时剪草机的速度不高，载荷也不大，因此可选择直齿圆柱齿轮传动作为增速机构。机构组成方案如图 10-28所示。

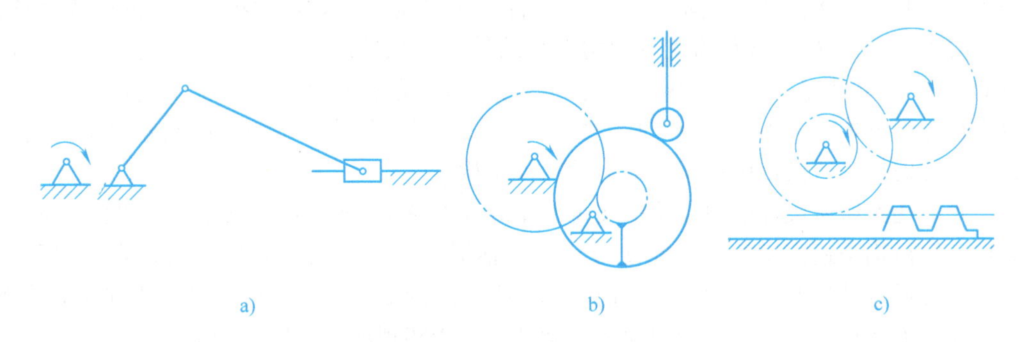

图 10-28　机构组成方案

a）带齿轮增速的曲柄滑块机构　b）带齿轮增速的直动推杆盘状凸轮机构　c）带齿轮增速的齿轮齿条机构

2. 用变异法实现刀具剪切运动方向与剪草机行进方向垂直

由于刀具的剪切运动方向与剪草机行进方向垂直，图 10-28 所示的机构组成方案不能最终满足设计要求，还需对机构进行进一步构型。

（1）方案1 利用梅花凸轮（凸轮廓线呈梅花状）和连杆机构来实现滑块在导轨上的往复运动，其工作原理如图10-29所示。

（2）方案2 利用圆柱凸轮机构将凸轮轴的旋转运动转化为滑块的往复运动，其工作原理如图10-30所示。

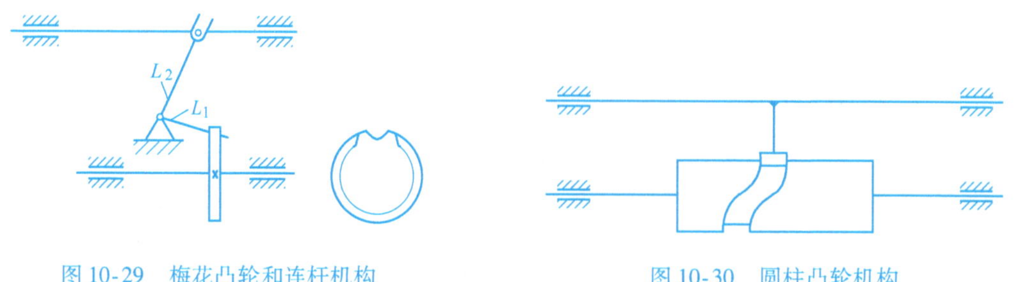

图10-29 梅花凸轮和连杆机构

图10-30 圆柱凸轮机构

（3）方案3 综合方案2，可以利用圆盘侧面的形状特征，在此圆盘旋转时通过侧面推动固定在滑块上的拨叉（可以横向调整）左右运动，这样就得到了一种新型的凸轮——端面凸轮，其工作原理如图10-31所示。

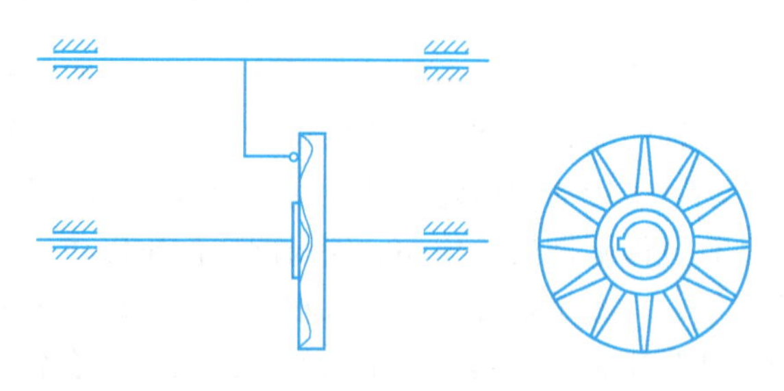

图10-31 端面凸轮传动机构

在图10-29所示的梅花凸轮机构中，为了把凸轮的转动变为执行构件的往复移动，需增加一个支点和一个构件两个低副（或一个构件一个高副），这样会增加整个机构的复杂性，且设计时L_1应该比L_2短（L_1为支点到构件与凸轮接触点的距离，L_2为支点到构件与滑块铰接点的距离），否则必然会增大梅花凸轮的尺寸，或引起梅花凸轮边缘曲线过渡较急，这样将减小传送到滑块上的力。图10-30、图10-31所示圆柱凸轮机构和端面凸轮机构的结构简单，可以考虑作为所设计的剪草机的运动转换机构。

但是，还希望所设计的剪草机能实现剪草高度的调节。要实现此功能，在图10-30所示的圆柱凸轮机构中还需增加一个能使刀架（包括活动刀片和固定刀片）沿垂直方向移动的移动副，使机构结构变得较为复杂。而图10-31所示的端面凸轮机构，可以使推杆沿端面凸轮的任意弦上下运动，从而带动刀架上下运动，易于实现剪草高度的调节。

经过结构设计将机构细化，最终得到的手推式草坪剪草机的组成，如图10-32所示。

四、功能及特点

本产品的功能及特点如下：

1）该剪草机采用固定刀片与活动刀片相对错动的剪切原理，结构紧凑、体积小、质量轻，噪声小、无污染，使用方便、灵活，适合于小面积草坪的剪草工作。

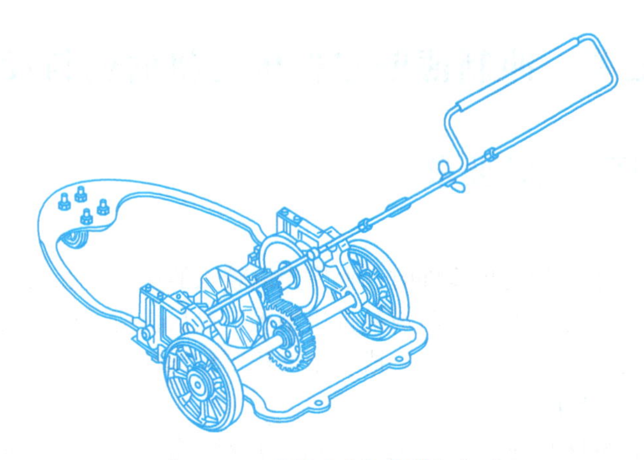

图 10-32　手推式草坪剪草机组成

2）无须动力装置驱动，使用安全可靠，便于维修。

3）剪草的高度可在 20 ~ 60mm 范围内调整，割幅 330mm，外形尺寸（长 × 宽 × 高）为 800mm × 450mm × 400mm，质量为 30kg（剪切机构材料为 45 钢）。

4）采用耐用的铸铝底盘和结构件，具有永不生锈、永不卷曲变形的特点。

5）前轮采用万向轮，具有良好的导向性；后轮的一个轮子装上寿命长的球轴承，使剪草机转弯时易于推动。

6）金属手柄易于折叠，以减少包装尺寸；手柄长度可伸缩，对于不同身高的操作者同样适用。

7）底盘独特的设计可防止草堵塞出口通道。

8）外观造型美观，更适合家庭用户的审美要求。

9）剪草的效果较理想，且成本低，是小面积草坪修剪的首选产品。

五、主要创新点

本产品的主要创新点如下：

1）从机构运动的功能出发，按变异－组合法和类比法完成机构的构型和设计。

2）在产品样机加工前，应用三维造型软件进行三维造型、虚拟装配和运动仿真，从理论上验证了设计的可行性，然后进行样机制作。

3）无动力装置驱动，节省能源，无污染，采用绿色环保设计。

4）外观造型新颖，推杆可折叠伸缩，适合家庭用户使用。

5）采用齿轮机构实现增速，提高了整机的工作效率，解决了手动剪草机效率不高的问题。

6）采用端面凸轮机构，将转动转变为直线往复运动，从而满足剪草运动要求；端面凸轮形状类似冠轮，解决了端面凸轮加工难的问题。

7）采用的剪草高度调节机构，解决了目前手动剪草机不易实现高度调节的问题。

8）产品制造和使用成本低，符合广大用户购买能力的要求。

第七节　冲制薄壁零件压力机的创新设计

一、原始数据及设计要求

1. 工作原理

如图10-33所示，在冲制薄壁零件时，上模先以较大的速度接近毛坯料，然后以匀速进行拉延成形工作，接着上模继续下行将成品推出型腔，最后快速返回。上模退出下模后，送料机构从侧面将坯料送至待加工位置，完成一个冲压工作循环。

2. 原始数据及设计要求

1）从动件（执行构件）为上模，做上下往复直线运动，其大致运动规律如图10-34所示，要求有快速下行、等速工作进给和快速返回的特性。

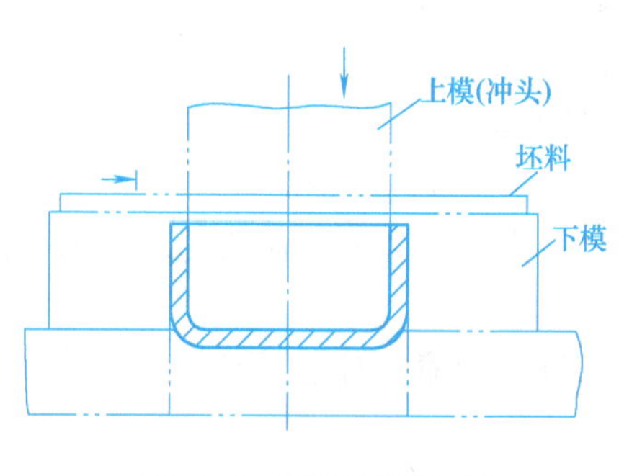

图10-33　冲压工作原理

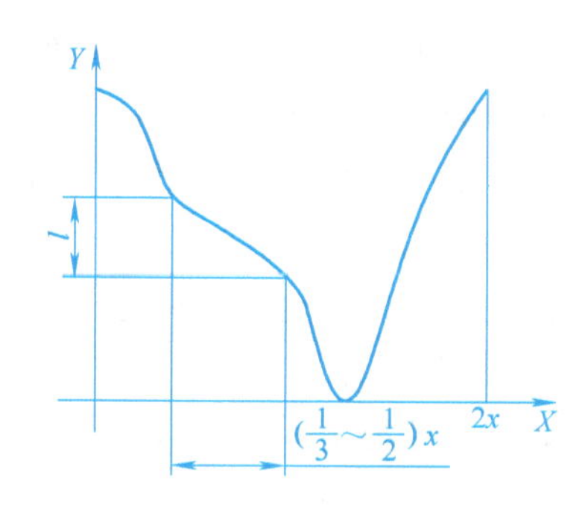

图10-34　冲压运动规律

2）机构应具有较好的传力性能，特别是工作段的压力角 α 应尽可能小，传动角 γ 应大于或等于许用传动角［γ］。一般取［γ］=40°。

3）上模到达工作段之前，送料机构已将坯料送至待加工位置（下模上方）。

4）生产率为每分钟约70件。

5）执行构件（上模）的工作段长度为30～100mm，对应曲柄转角 $\varphi=(1/3\sim1/2)\pi$；上模行程长度必须大于工作段长度的两倍以上。

6）行程速比系数 $k\geqslant1.5$。

7）送料距离 $H=60\sim250$mm。

8）设载荷为5000N，并按平均功率选用电动机。

二、功能分解与工艺动作分解

1. 功能分解

为了实现压力机冲压成形的总功能，将总功能分解为上料输送功能、压制成形功能、增压功能、脱模功能、下料输送功能。

2. 工艺动作过程

要实现上述分功能，主要有下列工艺动作过程：

1）利用成形板料自动输送机构或机械手自动上料，上料到位后，输送机构迅速返回原位，停歇等待下一循环。

2）冲头往下做直线运动，对坯料冲压成形。

3）冲头（上模）继续下行将成品推出型腔，进行脱模，最后快速直线返回。

4）将成形脱模后的薄壁零件在输送带上送出。

5）上模退出下模后，送料机构从侧面将坯料送至待加工位置，完成一个工作循环。

在上述动作中，冲压、脱模可用一个机构完成，下料输送动作简单可不予考虑。

三、方案选择与分析

1. 概念设计

根据以上功能分析，应用概念设计的方法，经过机构系统搜索，可得形态学矩阵的组合分类，见表 10-2。

表 10-2　组合分类

压制成形功能	曲柄滑块机构	组合机构	六杆机构
增压功能	曲柄滑块机构	组合机构	六杆机构
输送功能	组合机构	凸轮机构	六杆机构
工艺过程转换功能	槽轮机构	不完全齿轮机构	凸轮式间歇运动机构

因压制成形与增压功能可用同一机构完成，故可满足压力机总功能的机械系统原理方案有 N 个，即 $N=3\times3\times3$ 个 $=27$ 个。利用前述确定机械系统原理方案的原则与方法，进行方案分析与讨论。

2. 方案选择

对冲压机构的主要运动要求是：主动件做回转运动，从动件（执行构件，上模）做直线往复运动，行程中有等速运动段（称工作段），并具有急回特性，机构有较好的动力特性等，其中送料机构要求作间歇送进。要满足这些要求，用单一的基本机构，如偏置曲柄滑块机构是难以实现的。因此，需要将几个基本机构恰当地组合在一起来满足上述要求。

确定实现上述要求的机构组合方案时，应采用概念设计的方法，经过机构系统搜索，可以得出许多方案。下面介绍几种较为合理的方案。

（1）齿轮－连杆冲压机构（凸轮－连杆送料机构）　如图 10-35 所示，冲压机构采用了有两个自由度的双曲柄七杆机构，用齿轮副将其封闭为一个自由度。恰当地选择点 C 的轨迹并确定构件尺寸，可保证机构具有急回运动和工作段近于匀速的特性，并可使机构工作段压力角 α 尽可能小。

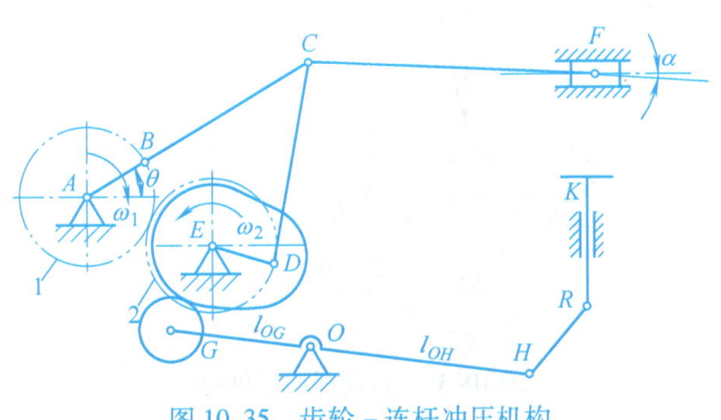

图 10-35　齿轮－连杆冲压机构

送料机构是由凸轮机构和连杆机构串联组成的，按机构运动循环图可确定凸轮推程运动角和从动件的运动规律，使其能在预定时间将工件推送至待加工位置。设计时，若使 $l_{OG} < l_{OH}$，则可减小凸轮的尺寸。

（2）导杆－摇杆滑块冲压机构（凸轮送料机构）　如图10-36所示，冲压机构是在导杆机构的基础上，串联一个摇杆滑块机构组合而成的。导杆机构按给定的行程速比系数设计，它和摇杆滑块机构组合可达到工作段近于匀速的要求。如适当选择导路位置，可使机构工作段压力角 α 较小。

送料机构的凸轮轴通过齿轮机构与曲柄轴相连，根据机构运动循环图确定凸轮推程运动角和从动件运动规律，则机构可在预定时间将工件送至待加工位置。

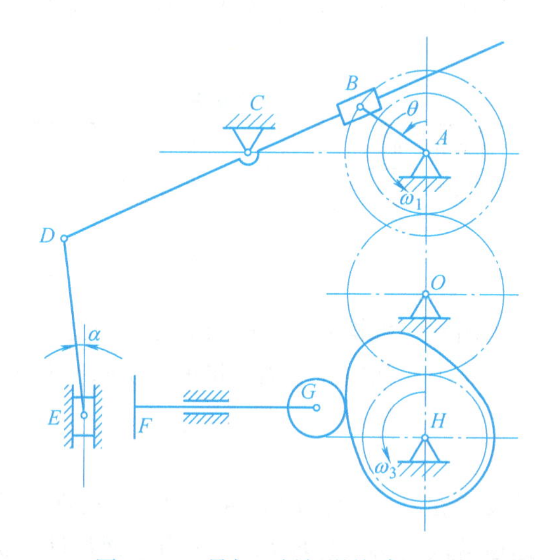

图10-36　导杆－摇杆滑块冲压机构

（3）六连杆冲压机构（凸轮－连杆送料机构）　如图10-37所示，冲压机构是由铰链四杆机构和摇杆滑块机构串联组合而成的。四杆机构可按行程速比系数设计，然后选择连杆长 l_{EF} 及导路位置，按工作段近于匀速的要求确定铰链点 E 的位置。若尺寸选择适当，可使执行构件在工作段中运动时机构的传动角 γ 满足要求，且机构工作段压力角 α 较小。

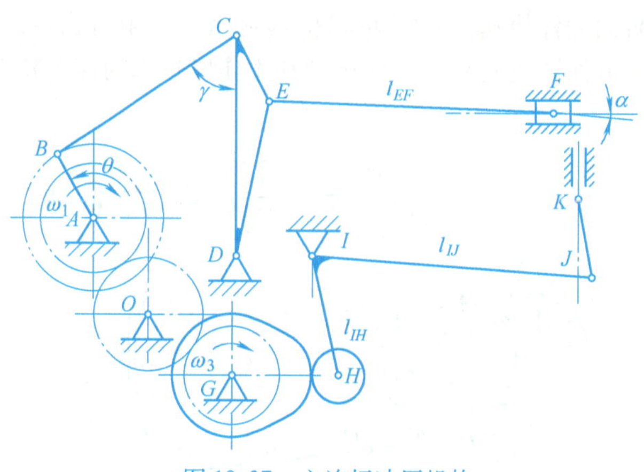

图10-37　六连杆冲压机构

凸轮送料机构的凸轮轴通过齿轮机构与曲柄轴相连，根据机构运动循环图确定凸轮转角及从动件的运动规律，则机构可在预定时间将工件送至待加工位置。设计时，使 $l_{IH} < l_{IJ}$，则可减小凸轮的尺寸。

（4）凸轮－连杆冲压机构（齿轮连杆送料机构）　如图 10-38 所示，冲压机构是由凸轮－连杆机构组合而成的，依据滑块 D 的运动要求，可确定固定凸轮的轮廓曲线。

送料机构是由曲柄摇杆（扇形齿轮）与齿条机构串联而成，根据机构运动循环图可确定曲柄摇杆机构的尺寸，机构可在预定时间将工件送至待加工位置。

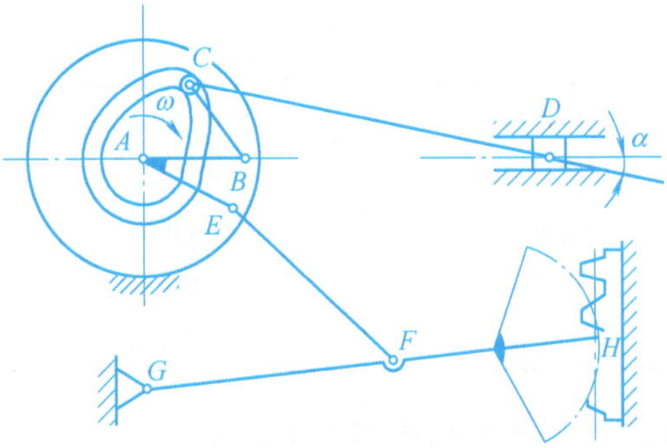

图 10-38　凸轮－连杆冲压机构

3. 方案分析与评价

1）选择原则。所选方案是否能满足要求的性能指标；结构是否简单、紧凑；制造是否方便；成本是否低。

2）经过前述方案评价方法，采用价值工程法进行分析论证，确定上述第一个方案是四个方案中最合理的方案。

第八节　蜂窝煤成形机的创新设计

冲压式蜂窝煤成形机的用途是将粉煤加入转盘的模筒内，经冲头冲压成蜂窝煤。其设计过程如下：

一、蜂窝煤成形机的功能

蜂窝煤成形机必须完成以下动作：

1）煤粉的输送及向型腔中加料。

2）冲压成形。

3）清除冲头及出煤盘上的煤屑。

4）把成形的蜂窝煤从模具中脱出。

5）输送蜂窝煤。

二、技术原理

为了满足蜂窝煤成形机的设计要求，把实现功能目标的要求限定在机械手段。这样，可把蜂窝煤成形机的工艺动作分解如下：

1）冲压机构完成冲压蜂窝煤的动作并可进行短暂保压。

2）间歇性运动机构完成带有周向圆孔的出煤盘的间歇性转动。

3）扫屑机构完成清扫冲头及出煤盘。

4）脱模机构完成把蜂窝煤从模具中脱出的动作。

5）减速传动机构调解适当的冲压速度。

表10-3列出了完成各工艺动作所对应的简单机构，把各机构进行组合后，机械原理方案的数目为（注意脱模机构相当于只有一种方案，因为与冲压机构同体者不能计入）

$$N=3\times3\times3\times1\times3\text{ 种}=81\text{ 种}$$

表10-3 蜂窝煤成形机的机构组合

冲压机构	曲柄滑块机构√	六杆增压机构	凸轮机构
间歇转动机构	槽轮机构√	不完全齿轮机构	凸轮式间歇机构
扫屑机构	连杆机构	移动凸轮机构√	齿轮机构
脱模机构	单独脱模机构	与冲压机构同体√	
传动机构	齿轮机构	带传动机构	带传动+齿轮传动机构√

根据蜂窝煤成形机要求性能良好、结构简单、操作容易、经久耐用、维修方便、成本低廉的特点，其机械系统可由曲柄滑块机构（冲压机构）、槽轮机构（分度机构）、移动凸轮机构（扫屑机构）以及带传动和齿轮传动机构（减速机构）组成，如图10-39所示。为增加冲头的刚度，可采用对称的两套冲压机构。

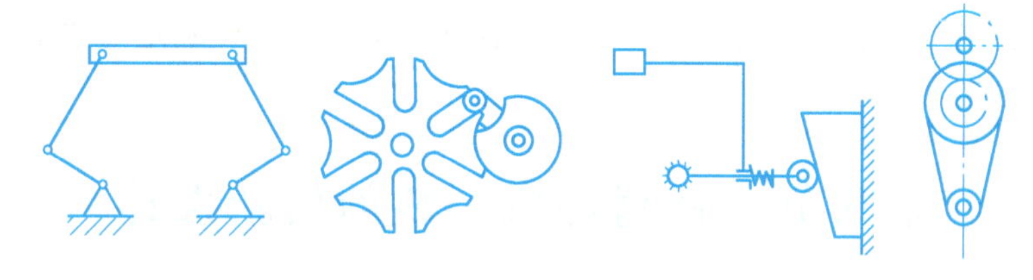

图10-39 蜂窝煤成形机组成图

三、运动循环图

蜂窝煤成形机中的各机构的动作具有严格的顺序，其运动循环如图10-40所示。在循环图中，以冲压机构为主机构，横坐标为曲柄轴的位置，纵坐标表示各执行机构的位置。

冲压过程分为冲程和回程，带有模孔的转盘工作行程在冲头回程的后半段和冲程的前半段完成，使间歇转动在冲压之前完成。扫屑运动在冲头回程的后半段和冲程的前半段完成。

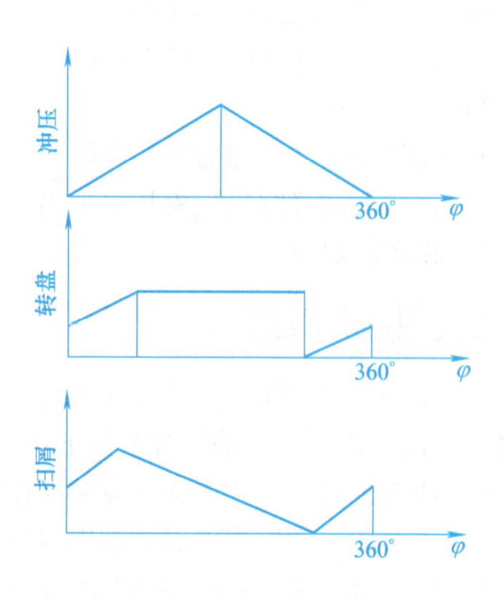

图10-40 蜂窝煤成形机运动循环图

四、机械系统原理方案的构思

把减速传动机构、冲压机构、分度机构和扫屑机构的运动协调起来，可按机构组合原理进行。各分支机构的连接框图如图10-41所示。

电动机驱动带轮机构，带轮机构驱动齿轮

机构；齿轮机构分别驱动冲压曲柄滑块机构和分度槽轮机构；冲压机构的冲头驱动扫屑凸轮机构。机械系统运动方案如图 10-42 所示。

其中，凸轮扫屑机构采用了移动式的反凸轮机构，在冲头回程（上行）时，其端部长形毛刷清扫冲头和脱模头。为了表达清楚，图中把凸轮扫屑机构转过 90°。

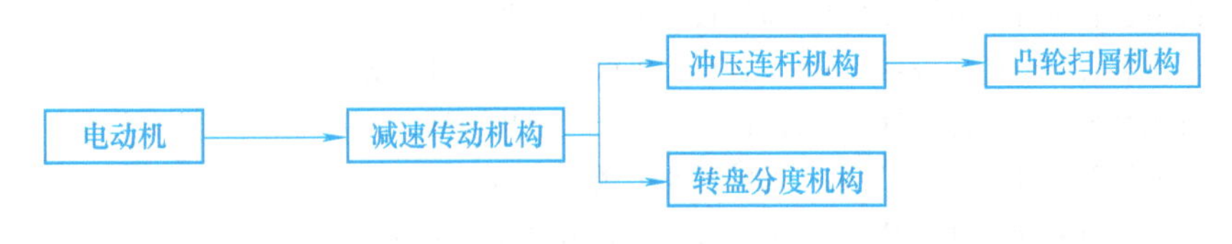

图 10-41　各分支机构的连接框图

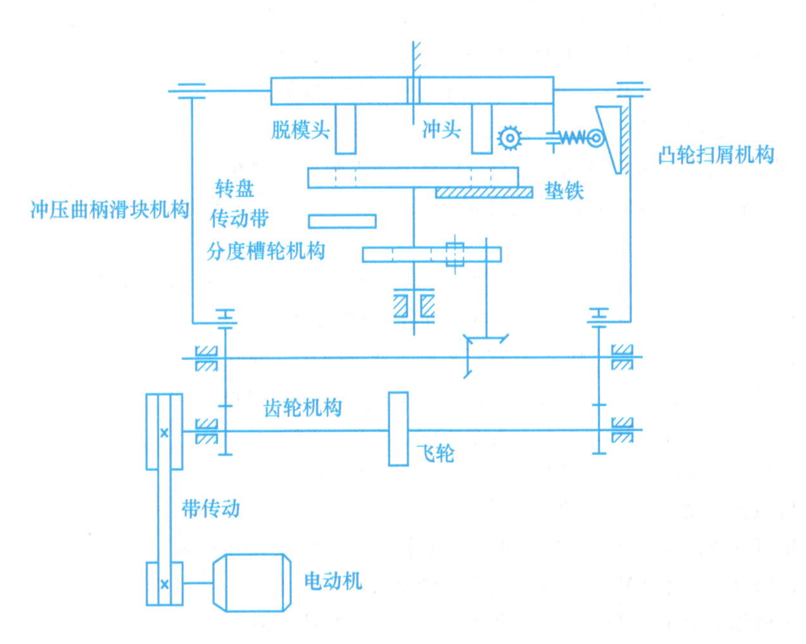

图 10-42　蜂窝煤成形机机械系统运动方案

五、方案分析

利用表 10-3 所给出的简单机构组合，可有 81 种方案。所选方案采用了简单机构的巧妙组合，设计出结构简单、性能可靠、成本低廉、经久耐用、维修容易且操作方便的蜂窝煤成形机，并占领了很大的市场份额。

该机械的创新之处在于用常用简单机构组成一个能完成既定动作、效果良好的机械原理方案。可见方案的创新设计在机械工程中具有非常重要的地位。

上述案例表明，机械创新设计不一定限于高科技领域，在机械工程中，利用简单机构的各种组合而创新设计的例子很多。设计一定要力求简单、经济、实用，前述机构中若把蜂窝煤成形机中的分度槽轮机构用机、电、液一体化的分度机构来代替，虽然提高了分度精度，但是增加了整机的造价，显然不符合市场的需求。

参 考 文 献

[1] 李立斌．机械创新设计基础［M］．长沙：国防科技大学出版社，2002.
[2] 曲继方．技术创新教程［M］．北京：冶金工业出版社，2005.
[3] 黄纯颖．机械创新设计［M］．北京：高等教育出版社，2000.
[4] 颜鸿森．机械装置的创造性设计［M］．北京：机械工业出版社，2002.
[5] 杨家军．机械系统创新设计［M］．武汉：华中理工大学出版社，2000.
[6] 罗绍新．机械创新设计［M］．北京：机械工业出版社，2003.
[7] 张春林，等．机械创新设计［M］．北京：机械工业出版社，2003.
[8] 赵新军．技术创新理论（TRIZ）及应用［M］．北京：化学工业出版社，2004.
[9] 黄华梁．创新思维与创造性技法［M］．北京：高等教育出版社，2007.
[10] 张美麟．机械创新设计［M］．北京：化学工业出版社，2005.
[11] 吕仲文．机械创新设计［M］．北京：机械工业出版社，2005.
[12] 刘莹．创新设计思维与技法［M］．北京：机械工业出版社，2004.
[13] 黄靖远．机械设计学［M］．3 版．北京：机械工业出版社，2006.
[14] 翁海珊，王晶．第一届全国大学生机械创新设计大赛决赛作品集［M］．北京：高等教育出版社，2006.
[15] 王晶．第二届全国大学生机械创新设计大赛决赛作品集［M］．北京：高等教育出版社，2007.
[16] 张春林．机械创新设计［M］．2 版．北京：机械工业出版社，2007.
[17] 胡家秀．机械创新设计概论［M］．北京：机械工业出版社，2006.
[18] 罗绍新．机械创新设计［M］．2 版．北京：机械工业出版社，2008.
[19] 丛晓霞．机械创新设计［M］．北京：北京大学出版社，2008.
[20] 汪哲能．机械创新设计［M］．北京：清华大学出版社，2011.
[21] 王红梅．机械创新设计［M］．北京：科学出版社，2011.
[22] 张美麟．机械创新设计［M］．2 版．北京：化学工业出版社，2010.
[23] 张有忱．机械创新设计［M］．北京：清华大学出版社，2011.
[24] 王树才．机械创新设计［M］．武汉：华中科技大学出版社，2013.
[25] 高志．机械创新设计［M］．2 版．北京：高等教育出版社，2010.
[26] 高志．机械创新设计［M］．北京：清华大学出版社，2009.
[27] 杨家军．机械创新设计技术［M］．北京：科学出版社，2008.
[28] 檀润华．TRIZ 及应用：技术创新过程与方法［M］．北京：高等教育出版社，2010.
[29] 沈萌红．TRIZ 理论及机械创新实践［M］．北京：机械工业出版社，2012.
[30] 李彦．创新设计方法［M］．北京：科学出版社，2013.
[31] 温兆麟．创新思维与机械创新设计［M］．北京：机械工业出版社，2012.